水资源系统分析与规划

常　娟　刘德地　编著

科 学 出 版 社

北　京

内 容 简 介

本书介绍了水资源规划和管理的系统分析方法，包括线性规划、整数规划、非线性规划、动态规划、多目标规划、随机规划以及近年来应用较为广泛的遗传算法等。本书结合简单的应用实例，阐述系统分析方法的原理及其在水资源系统规划、设计、管理中的应用。

本书可作为水文与水资源工程和水利水电工程等相关专业的本科生、研究生的教学用书，亦可供从事水资源评价、规划、设计、管理等相关工作的技术人员和研究人员参考。

图书在版编目 (CIP) 数据

水资源系统分析与规划/常娟，刘德地编著. —北京：科学出版社，2022.4
ISBN 978-7-03-072089-4

Ⅰ. ①水… Ⅱ.①常… ②刘… Ⅲ. ①水资源–系统分析 ②水资源–水利规划 Ⅳ.①TV211②TV212.1

中国版本图书馆 CIP 数据核字（2022）第 061694 号

责任编辑：郭允允　李嘉佳 / 责任校对：杨　赛
责任印制：赵　博 / 封面设计：蓝正设计

科学出版社出版
北京东黄城根北街 16 号
邮政编码: 100717
http://www.sciencep.com

北京华宇信诺印刷有限公司印刷

科学出版社发行　各地新华书店经销

*

2022 年 4 月第　一　版　开本：720×1000　1/16
2025 年 2 月第四次印刷　印张：13 1/2
字数：265 000

定价：98.00 元

(如有印装质量问题，我社负责调换)

前　言

水资源系统分析与规划是近几十年来迅速发展的一门交叉学科，它将运筹学和系统分析的思想、概念、理论和方法应用于水资源系统的研究与实践中。其最初只是用于制定流域规划工作，之后逐步扩展到水利水电工程规划、设计、施工和管理运行的各个领域，用于解决水资源利用和保护及实践生产中的多种问题，包括流域水资源优化配置和合理调度、水环境与水生生态及水沙过程的协调管控、流域防洪规划、城市供排水和灌区供排水等系统优化设计，在水资源系统的各个方面得到了越来越广泛的应用和关注。特别是目前绿色可持续发展成为人类社会共同追求的路径，控制污染、保护生态与协调不同用水主体的利益成为水资源利用与保护的主要原则。水资源系统已从过去水量、水质与水利用对象体系转变为水环境、水灾害、水生生态、水资源和人类社会以及相关流域生态与环境系统等多方面。水资源系统分析与规划这一学科方兴未艾，迎来更加广泛的应用前景。

水资源系统分析与规划是水利水电工程及相关专业本科生和研究生的主要专业基础课之一。由于该课程涉及的一些数学规划方法的推理过程比较复杂，一些学生在学习过程中产生畏惧心理，加之考虑到学生在学习本课程过程中的诸多问题，本书以基本的系统分析方法为主（主要包括线性规划、整数规划、非线性规划、动态规划、多目标规划和随机规划），尽可能简化规划方法的数学推理过程，辅以简单的应用实例，强化对学生系统分析方法的实践操作能力的培养。同时，本书介绍了近年来应用较为广泛的水资源系统的智能优化方法——遗传算法，不仅有助于学生对传统水资源系统分析方法的理解及了解最新方法，也有助于学生深入理解学科理论与方法发展中新技术与新手段的重要性。

本书共有九章。第一章为绪论，论述水资源现状及问题，介绍水资源系统分析与规划的概念及其应用与发展；第二章为水资源管理与规划方案概论，介绍规划管理方案的基本模型及相关概念；第三章至第八章介绍基本的系统分析方法（线性规划、整数规划、非线性规划、动态规划、多目标规划和随机规划）的原理及应用；第九章为水资源系统的智能优化，主要介绍目前应用较为广泛的遗传算法。可根据具体的课程教学要求、课时数及学生情况，适当安排每章的课时数开展教学。本书的第一章至第八章由常娟编写，第九章由刘德地编写，全书由常娟负责统稿。

本书是在作者十几年来水资源系统分析与规划的教学工作的基础上编写的，

在长期教学实践中以及本书撰写过程中参阅和借鉴了大量的相关学术论文、高等院校的已有教材及相关专著（见参考文献），同时本书的出版也得到了王根绪教授以及科学出版社的大力支持，在此向有关作者、老师及科学出版社表示衷心的感谢。

由于水资源领域的研究一直处于迅速发展的过程中，加上作者学识有限，书中难免有不妥之处，敬请读者批评指正。

作　者

2021年6月

目　　录

第一章　绪论……1
第一节　水资源及其利用现状与问题……1
第二节　水资源管理与可持续发展……5
第三节　水资源系统分析概述……7
一、系统分析方法概论……7
二、水资源规划导论……7
三、水资源系统分析的特点及步骤……8
第四节　水资源系统分析的应用和发展……10
第二章　水资源管理与规划方案概论……12
第一节　规划与管理方案……12
第二节　规划与管理模型……12
第三节　目标函数与约束条件……14
一、目标函数……14
二、约束条件……15
第四节　多目标问题……16
一、多目标规划的特点和数学表述……16
二、多目标规划解的概念和非劣解集……17
第三章　线性规划……21
第一节　线性规划的基本理论……21
一、线性规划问题的提出及模型的建立……21
二、线性规划的数学模型及其标准形式……23
第二节　线性规划的图解法……27
一、线性规划解的概念……27
二、线性规划的图解法原理……27
第三节　用单纯形法求解线性规划问题……30
一、单纯形法……30

二、单纯形法的矩阵表示……33
三、人工变量法……36
第四节　线性规划的对偶问题……40
第五节　线性规划的灵敏度分析……45
一、资源数量变化的分析……46
二、目标函数中价值系数 c_j 的变化分析……48
三、技术系数 a_{ij} 的变化分析……50
第六节　线性规划的应用……54
一、流域水资源规划问题……54
二、合理利用材料问题……56
三、农作物种植计划问题……57
四、水资源优化分配问题……58
习题……60
第四章　整数规划……62
第一节　整数规划问题的提出及其数学模型……62
第二节　分支定界法……64
第三节　割平面法……67
第四节　0-1 型整数规划……72
一、引入 0-1 变量的实际问题……72
二、0-1 型整数规划的解法……75
第五节　IP 问题解法的讨论……78
第六节　整数规划问题的应用……79
一、资源分配问题……80
二、投资项目的选择问题……80
三、项目开发次序的优化问题……81
习题……82
第五章　非线性规划……85
第一节　非线性规划的基本理论……85
第二节　无约束条件的非线性规划……86
一、单变量函数最优化……86
二、多变量函数最优化……87
第三节　有约束条件的非线性规划……88

一、等式约束条件下多变量函数的寻优方法……88
二、不等式约束条件下多变量函数的寻优方法……92
第四节　分解协调法……100
一、分解协调的分类……100
二、分解协调的一般表达式……100
三、可行分解法与不可行分解法……101
第五节　非线性规划的应用……107
一、灌溉用水的合理分配问题……107
二、河流水质处理的规划问题……108
习题……110
第六章　动态规划……112
第一节　动态规划的基本方法……112
一、基本概念……112
二、基本术语……115
第二节　动态规划的最优化原理和递推方程……117
一、最优化原理……117
二、动态规划的递推方程……117
三、动态规划的数学模型……118
四、动态规划的计算步骤……118
第三节　函数迭代法与策略迭代法……122
一、函数迭代法……123
二、策略迭代法……126
第四节　动态规划和静态规划的关系……128
习题……133
第七章　多目标规划决策的分析理论……135
第一节　规划决策问题的基本概念……135
一、决策与决策过程……135
二、决策问题的分类……136
第二节　多目标规划决策问题……138
一、多目标规划与单目标规划的区别……138
二、多目标规划的求解方法……139
第三节　目标规划问题……143

一、目标规划的概念……143
二、评价函数……144
三、目标规划模型……145
四、目标规划的求解方法（单纯形法）……148
习题……154
第八章　随机规划……155
第一节　概述……155
第二节　随机线性规划……156
第三节　随机动态规划……158
一、基本方程式……160
二、应用实例……161
第四节　马尔可夫决策过程……164
一、什么是马尔可夫决策过程……164
二、马尔可夫预测模型……165
三、马尔可夫决策过程实例……169
习题……177
第九章　水资源系统的智能优化……178
第一节　概述……178
第二节　遗传算法……178
一、遗传算法的发展与基本概念……178
二、基本遗传算法的应用步骤与算法结构……179
第三节　第二代非支配排序遗传算法（NSGA-Ⅱ算法）……192
第四节　模拟退火算法……194
一、物理退火过程与模拟退火模型……195
二、模拟退火算法的步骤与结构……197
第五节　粒子群优化算法……198
一、粒子群优化算法的基本原理……199
二、基本粒子群优化算法的步骤与流程……200
习题……204
参考文献……206

第一章　绪　　论

第一节　水资源及其利用现状与问题

水是地球上最重要的资源。水资源主要是指与人类社会和生态环境保护密切相关而又能不断更新的淡水、地表水和地下水，其补给来源主要为大气降水。根据世界气象组织（WMO）和联合国教育、科学及文化组织（UNESCO）出版的*International Glossary of Hydrology*（《国际水文学名词术语》，第三版，2012 年）中有关水资源的定义，水资源是指可以利用或有可能被利用的水源，这个水源应具有足够的体积和合适的质量，并满足某一地方在一段时间内具体利用的需求。在许多人的印象里，地球是一个蓝色星球，这是因为其表面的 70%被水覆盖，但现实是，其中的97.5%为咸水，淡水仅占 2.5%（胡明秀，2004）。近 70%的淡水分布在南极和格陵兰岛的冰层中，其余多为土壤水或深层地下水，不能被人类利用。地球上只有 0.007%的水可为人类直接利用（胡明秀，2004），主要分布在湖泊、河流、水库和地表浅层。1977 年 3 月在阿根廷马德普拉塔召开的联合国水会议上，有人打了一个非常生动的比方：如果用一个 2L 的瓶子能装下地球上所有的水，那么能利用的淡水只有半勺，在这半勺的淡水中，河水只相当于一滴水，其余都是地下水。由此可见，地球上的淡水十分稀少。目前世界许多地方对淡水资源利用都是不可持续的。水制约了人类社会经济和社会的发展。同时，保留足够的清洁水用于保护水生生态系统和陆生生态系统也是至关重要的。

早在 2001 年 3 月 22 日召开的第九个“世界水日”，联合国环境规划署在内罗毕发出报告，强调世界水危机已严重威胁人类生存。资料显示，目前我国淡水资源总量约为 28000 亿 m^3，虽然水资源总量丰富，在世界各国中排第 6 位，但是人均只有 2200m^3，仅为世界水平的 1/4，排在了第 121 位，因此也被列入 13 个水资源匮乏国之中（高云芳等，2020）。目前，我国多数城市地下水都受到不同程度的污染，且有逐年加重的趋势。而在几大淡水河流域，包括淮河、长江、松花江、珠江、黄河以及淡水湖，也都存在严重的污染情形。城市用水中，以首都北京为例，2009 年人均水资源占有量不足 300 m^3（吴春艳等，2009），近年来，由于年降水量逐年下降，北京地区地下水深度也随之逐年下降。统计资料显示，全国 600 多个城市中有 400 多个城市存在供水不足的情况，比较严重的缺水城市达 110 个，全国城市缺水总量为 60 亿 m³（金笙，2011）。随着“美丽中国”建设和城市化进程加快，可以看出人工生态环境补水和生活用水增加明显，而农业用水和工业用水在节水政策措施及先进技术引领下正在逐年减少。就目前而言，水资源短缺已经成为生态文明建设和经济社会可持续发展的瓶颈，迫切需要从国家层面统筹推动节水工作。根据国家发展和改革委员会与水利部联合印发的《国家节水行动方案》，到 2022 年，全国用水总量控制在 6700 亿 m³ 以内，节水型生产和生活方式初步建立；到 2035 年，全国用水总量严格控制在 7000 亿 m³ 以内，水资源节约和循环利用达到世界先进水平。

从全球范围来看，农业用水占淡水消耗量的 70%以上，主要用于农业作物的灌溉。农业对水的需求预计还将大幅度增加。我国农业需水量较大，占据了总用水量的 62.4%，并且其利用效率低，水资源浪费十分严重，单位水量生产的粮食量与世界领先水平差距较大（杨春杰，2010）。在城市地区，生活用水需求增长速度非常快，特别是在发达国家或发展中国家（张华和鹿爱莉，2002）。欧洲和北美洲是目前仅有的两个工业用水量超过农业用水量的地区。

目前大约 20%的人口缺乏安全的饮用水，大约 50%的人口缺乏安全的卫生设施系统。普通的水位下降带来严重的问题，它造成水短缺，又造成沿海地区的海水侵蚀。许多大城市都存在饮用水的问题，密集使用农药和化肥在许多地方已经导致化学品渗漏到淡水供应当中。全球淡水供应量不会增加，越来越多的人口依靠这一固定的供应，而越来越多的水源被污染。水安全将像粮食安全一样，在今后几十年中将成为世界上许多国家和区域的重点问题。

我国早期水资源利用不合理导致的生态、环境与可持续发展问题较多。目前，主要表现为以下几个方面的问题。

1. 干旱内陆流域中下游土地荒漠化

在干旱半干旱区，由于气候干旱、降水稀少、水资源短缺，水资源已经成为生态环境发展最主要的限制性因子。“有水是绿洲，无水是沙漠，多水是盐渍化”，水资源空间格局决定着生态环境的基本格局与差异性。由于干旱区平原绿洲区降水稀少，地表水资源主要是来自山区的地表径流，随着人口的增长和社会经济的发展，农田灌溉面积大幅度增加，用水量不断增加，水资源开发利用过度。在地表水开发利用的同时，地下水的开采利用量不断增加，出现了地下水超采的现象，导致地下水位连续下降。人类开发利用水资源和水利等工程建设，不仅干扰了原有的水循环路径，还造成水资源的区域再分配，由于水资源过度地开发利用，水环境发生很大的演变。随着水环境的变迁，河湖干涸断绝或减少了地下水的补给，地下水补给量的不断减少加剧了地下水位的下降。在干旱区特定的生态环境条件下，干旱区气候干旱，蒸发极为强烈，而天然降水不能满足自然植被生长耗水的要求，自然植被生长完全依靠地下水与土壤水，地下水埋深及包气带水分运动状况是主要生态环境指标，保持合理的生态地下水位是防治植物死亡和土地荒漠化的关键。一旦地下水的环境条件发生改变，自然植被便不可避免地发生变化，地下水位的不断下降使得土地干旱化以及自然植被不断地萎缩、衰败甚至死亡，继续恶化就可发展成为沙漠化土地，形成土地的沙化与沙漠的扩大。

干旱半干旱区由水资源短缺引发的土地荒漠化问题不仅与水资源自身的循环转化机理有关，而且与人类活动有密不可分的关系，与流域水资源管理不善亦关系密切。要科学解决水资源开发利用引起的土地荒漠化问题，必须在深刻认识流域水循环机理和水资源转化规律的基础上，进一步进行科学的、准确的水资源管理及调度，重新进行水资源的配置规划，强化全流域地表水和地下水资源的统一管理、水量与水质的统一管理。

2. 河口湿地萎缩、海水入侵以及海岸带污染

湿地是指地表积水或过湿且生长湿地生物的地区，以滨海湿地、湖泊湿地、沼泽湿地为主，是地球三大生态系统之一，在调节气候、涵养水源、净化环境、供应资源、防控灾害、维持生态等方面起着重要作用。然而，受自然和人类活动的双重影响，全球已有接近 50%的湿地消失。近年来，对湿地资源盲目开垦，扩大农业种植，过量开采地下水资源，引发水位急剧下降，湿地水资源得不到及时补充。随着全球气候变暖，频繁出现的持续性高温与干旱天气，导致一些地方的地表水面积出现了大量锐减，引发了沼泽水量明显降低，出现了严重的枯水状况，富集了大量的湿地矿物质，增加了水的矿化程度，导致盐碱化，湿地面积不断增加，对沼泽和河流水质造成了很大影响。随着经济社会建设和现代农业的发展，很多水利控制工程建成，很多下游沼泽湿地汛期洪水补给能力大大削弱，对湿地生态环境造成很大影响，引发了湿地盐碱化，更甚者出现了严重的干枯问题。上述这些问题都对湿地生态环境造成很大影响，致使湿地面积不断减小，人为因素对湿地资源造成的破坏性非常严重。

海水入侵是滨海地区人为超量开采地下水，引起地下水位大幅度下降，海水与淡水之间的水动力平衡被破坏，导致咸淡水界面向陆地方向移动的现象。海水入侵是各国沿海地区面临的最严重的环境问题之一，全球范围海水入侵的普遍性已经引起国际社会的共同关注，海水入侵已经成为制约海岸带经济、资源和环境可持续发展的重要因素。由于气候变化带来的海平面上升、降水减少以及人类活动加剧，使海岸带含水层系统中原有的各种物理、化学平衡被打破，从而导致区域地下水循环规律和地下水环境发生显著变化，海岸带地下水动力平衡的改变正在严重影响着该生态系统服务功能的发挥。据估计到 2100 年海平面上升将可能高达 100 cm，由此导致的海水入侵将会对海岸带生态系统造成多方面的影响，如陆

向运移的物质造成直接的毒性效应、动植物生活环境的退化以及营养物质循环的改变等。

海岸带是海陆相互作用的焦点区域，陆地与海洋环境中各种因素的不断变化和相互作用，一方面，为人类的生存和发展提供了丰富的资源，促进了沿岸经济发展，但另一方面，海岸带地区包括了全球面积的15%、人口的60%、世界主要城市的2/3，人类活动的过分集中，对海岸带资源环境产生了巨大压力，生态环境极其脆弱。随着社会经济活动的不断加剧和发展，海岸带作为陆海交汇的生态过渡地带，其污染问题日益突出，对区域生态环境产生显著的负面影响，导致海岸带这一地球关键带功能的退化。海陆物质交换使得泥沙、营养盐、重金属、有机污染物等物质以水为载体进行迁移、沉积和转化，对沿岸和近海地貌、水文、生物等产生影响，并进一步影响生态系统演替、质量与功能的相应变化。日益加剧的海岸带环境污染和生态退化已经成为制约海洋经济和海洋产业发展的主要因素。因此，需要综合运用规划、设计、工程、管理、政策等多学科交叉手段，建立主要污染物的陆海界面通量以及水环境容量，为从根本上改善海岸带生态环境提供依据。

3. 水电站开发引发的流域水生生态系统退化和物种消失

水电是国际公认的可再生能源，具有调度灵活、运行成本低等特点，在优化能源结构、减排温室气体、防洪减灾、实现节能减排目标、促进可持续发展等方面均发挥着重要作用。但是随着水电事业的蓬勃发展，许多河流系统都受到了人为干扰。水电开发会改变流域的原始地貌，从而带来生态环境问题，其中对流域下垫面的影响是水电开发产生生态效应最显著的表现之一，主要包括对土地利用、植被、地貌和土壤的影响，尤其是正在建设中的水电站对环境的影响更明显；水电开发会致使河道水量发生变化，部分河段断流、生态环境恶化，水体出现富营养化，下游流量峰值、洪水的影响范围和频率降低，同时改变了河流的日流量、月流量和季节流量，阻止了河流下游的矿物质沉积和有机质扩散，使下游防洪和用水安全受到严重影响，还会导致上游水位上升；水电开发影响下的河岸带、河岸带植被、重要的环境进程和河岸植物的多样生境都会发生显著变化。另外，河流水文是影响河岸植被结构和组成的主要因素，水电工程建设必定会对植被产生直接的破坏及间接的影响，同时会降低河岸植物的多度、多样性、成功繁殖和存活的概率。更重要的是，水电工程建设会不同程度地破坏生境，改变河道的自然水文过程，影响河流廊道系统的空间连通性，对河流廊道的自然动态造成严重干扰，影响河流生态系统的物种构成、栖息地分布，引起河流生态系统的结构和功能变化。如何协调水电开发和生态环境保护之间的关系、如何处理水电开发对河流生态系统的影响是值得关注的重要课题。因此，应统筹设计全流域生态环境保护制度，统筹管理水、岸线、生物等资源要素的开发与保护，统筹推进水资源开发利用、水生生态环境修复、特殊枯水年与突发重大水污染事件应急调度。大型水利水电工程要在满足防洪功能的前提下，确保生态保障功能，兼顾发电、航运功能，并相应优化和调整管理体制。

地下水为全球大约 1/3 的人口提供用水，地下水的抽取量大于蓄水层的自然补充量，在阿拉伯半岛、中国、印度、墨西哥和美国等地区和国家都普遍存在。其中一些地方，地下水位已经下降了数十米。地下水位下降迫使土地下陷加剧，造成海水侵入地下水和地面沉降。地下水有限的供应能力，污染和用水需求增加，已经使抽取地下水的成本越来越高。同时我们也越来越清楚地看到，良好的水资源管理可以解决许多水资源污染和短缺方面的问题。例如，在世界上“水荒”最严重的两个国家——约旦和以色列，通过实施有效的灌溉策略，大多数居民都已经得到了足够的安全用水。由此可见，合理开发利用水资源有深远的意义。

第二节 水资源管理与可持续发展

所谓“可持续发展”，英文为“sustainable development”，其一般性概念是由于近三四十年来世界人口的不断膨胀以及社会生产力的极大提高，造成不少自然资源的过度开发消耗和污染物质的大量排放，从而导致社会全球性的资源短缺、环境污染和生态破坏的严峻形势不断加剧。为了人类自身利益和全球生态系统的平衡，世界环境与发展委员会于 20 世纪 80 年代初提出了可持续发展战略，即为了满足人类社会的发展和提高人们生活水平的需要而追求经济发展时，不能以国民经济生产总值的增长为主要目标、以工业化为主要内容，忽视资源的合理开发利用，也不能采用以牺牲环境为代价的传统的发展模式。而是要寻求一种人与自然和谐相处、协调发展的新模式，将保护自然、资源和生态环境与发展经济、满足人类的需要、改善人类生活质量的要求有机地结合起来。可持续发展的发展思想和战略是“整体–综合–优化”思想的进一步发展和提高。

水资源问题早已成为全世界普遍关注的首要资源环境问题，实现水资源的有效利用与可持续发展，发挥水资源的经济、社会、生态效益，是当前和今后长时期的重要战略任务。基于我国水资源现状，推动生态保护和高质量发展，解决水资源水生生态的突出问题，完善水资源管理和推进可持续发展工作。此外，当前水资源分配、利用、治理能力与水平亟待提高。

1. 培养节水意识、发展节水经济

水是生命之源。加大我国水资源现状问题的知识普及，以提高人们的节水意识，构建水资源的优化配置和循环使用体系，充分调动广大群众的力量。在生活

中，广泛落实节水观念，提高水资源的利用效率，倡导人们对生活用水重复利用，从点滴生活方式的改变养成良好的用水习惯；在生产中，普及与节水有关的法律知识，使人们循环使用水资源提高用水效率；农业用水占据了我国总用水量的一半以上，一定要强调农业节水、工程节水与管理节水的综合，推行节水灌溉的先进技术，提高产业科技含量。共同构建绿色节水观念和全民节水的良好社会风气，解决我国水资源短缺问题，确保经济社会可持续发展。

2. 合理分配水资源

水资源合理分配，一是要做好水资源量在全国范围内的地区分配，加强水利设施建设，构建调水渠道网络，合理调配水资源，做到真正的除害兴利，改变我国水资源严重分布不均匀的地理现状。例如，南水北调工程有效地解决了区域性的用水困难问题，并做到了资源的合理分配。二是要做好生态文明建设，审视人口经济与资源环境的关系，在新型工业化、城镇化和农业现代化进程中做到人与自然和谐共生的科学路径。对肆意开发上、中游水资源导致流域下游土地荒漠化和生态环境退化等问题的行为要严加管控，以保证水资源分配在上、中、下游的统筹兼顾，既要考虑上、中游的适当开发，又要满足下游生态环境的需水量要求。

3. 推进系统治理

涉水行业众多，必须凝聚各方力量，建立健全治水机制，统筹解决江河湖泊问题。首先，应制定科学合理的治理规划，包括全国、流域内、各省（自治区、直辖市）的治理规划。治理的总体目标应是确保汛期洪水能迅速消退，旱季能够满足基本用水需求，以保护生态环境，保证生产和生活用水，做到在治理中保护生态环境，在保护提升生态环境时同步治理。其次，防治污染源治理水污染，严格控制工业和生活等污染物的排放与处理，从源头上缓解“病症”。应重视污水处理设备的建设，提高对污水的处理效率，注意对污水口的数量建设以及管理，不断优化现有的污水口的分布，提高其容纳污水的能力，还应以技术性革命为目标提高对水资源的科学检测和预报，促进水资源的管理，实现其可持续利用。编制重点区域地下水超采治理和保护方案，建立地下水位变化通报机制，以应对地下水开采过量及海水入侵问题。

4. 市场、政府两手抓

水作为一种自然资源，其具有商品的属性，充分发挥无形的手和有形的手的作用，即市场和政府的作用，来实现全面的水资源优化配置。政府方面要简政放权，但也要宏观调控依法行政，激发市场主体活力，充分发挥市场在资源配置中的决定性作用，切实履行政府治水的主要职责。探索研究城乡涉水事务一体化改革，建立事权清晰、权责一致、规范高效、监管到位的水行政管理体制。积极推进水权、水价、水资源税和水利工程产权制度改革，探索建立水资源、水生生态补偿机制。放开水利资本市场准入，鼓励和吸引社会资本投资水利，建立多元化的水利投融资机制。在工业和生活用水中，一方面需要逐步建立补偿资源成本、工程成本和环境成本的水价形成机制，推行阶梯水价制度，另一方面需要进一步创新和完善水价形成机制，形成能反映水资源稀缺性的定价机制。在农业用水中，要在全面推行终端水价制度基础上，加快实行定额内优惠，超定额累进加价制度，发挥价格机制对节水的促进作用。合理补偿供水成本，保障民营水利工程合理收益，吸引民间资本参与农田水利建设管护。

第三节　水资源系统分析概述

一、系统分析方法概论

系统分析方法是在系统思想高度发展和成熟的基础上产生的，以信息论、控制论和系统论为基础的方法性学科。这种方法不是把研究对象、事件、过程分解成固定的许多部分，然后再相加，而是如实地把它们看作具有有机联系的结合，从各要素的相互作用、制约的关系中揭示系统的特性和运动规律。在系统分析过程中，不论系统大小都是按一定的层次结构顺次进行的。一个系统可以有下层的子系统，而自身又是高一层次的子系统，通过从整体上分析各个不同等级的子系统间的内在联系和作用，既能解决宏观问题，又能分析微观世界。系统分析的另一个特征就是最优化，为系统定量地确定出达到最有目标的决策，在社会经济领域和自然科学研究工作中，为解决许多复杂问题提供了定量的、科学的解决途径。

系统分析和运筹学的应用方法是相同的，在 20 世纪 30 年代末，运筹学规划开始用于生产管理部门，第二次世界大战后，随着工业生产的高速发展，系统分析方法开始发展起来。60 年代以后，随着电子计算机的迅速发展，系统分析方法开始广泛地应用到各个领域，并得到了进一步的发展和完善，成为当今科学界热门的课题。

二、水资源规划导论

在水利上应用系统分析方法研究规划和管理等问题起始于20世纪60年代初。在我国用系统分析方法研究水源问题是 70 年代后期才开始发展起来的。

随着工农业生产的日益发展和人民生活对水量和水质的需求不断地增加，为了在特定的地点和时间，满足理想的保质保量的水的需要，水资源规划应运而生并得到发展。目前，水资源利用中存在着许多日益加剧的问题和矛盾，首先是城市供水日趋紧张，由于水源匮乏，供需矛盾日益突出；农业用水的发展很不平衡，不少农田仍然经常受旱，而有些地区存在用水管理不善、水资源严重浪费的现象。同时由于工业的发展，水资源的污染也日趋严重，给人民造成越来越大的威胁。因此，对水资源的规划、设计、运用与管理等问题的系统研究变得非常必要。水资源系统分析就是用系统分析的方法研究解决水资源的规划、设计、运用和管理等问题，并提出合理有效的方案。

水资源规划是一项极其复杂的系统工程，复杂不仅在于水资源本身的动态变化和随机性、水资源工程的多目标和多宗旨性，以及水资源网络内部地表水和地下水以及水量和水质等因素的相互耦合，还在于获得、传递和处理数据的困难，以及决策过程中技术、环境、社会、体制、经济等因素的综合考量。正因如此，并不是所有的最先进的数学方法都能直接应用在水资源规划上，也就是说用于水资源规划的系统方法并不限于数学模型，但建立定量的数学模型是获得定量的优化决策的基础，因此水资源规划应从客观世界中抽出对制定决策有重要作用的，且能用定量方法表示的组成成分以及它们之间的相互关系并用精确的数学表达式将其组合在模型中。

一般来说，水资源规划所要解决的问题主要有三方面。

（1）为了尽可能地减少天然来水（在实践、地质和质量上）与供水要求之间的矛盾，应该建立什么样的水资源系统。

（2）水资源的开发应达到何种程度，以及水资源系统所服务的地区范围应该多大。

（3）水资源系统一旦建立，应该怎样运用，以尽最大可能达到一系列既定目标。

另外，水资源系统分析与规划是一门多方面的综合性科学，它最突出、最重要的特点是把自然科学和社会科学的几个方面结合起来去分析和解决某一地区水资源的开发和利用问题。一般来说，其所涉及的自然科学主要有数学、化学、物理学、地质学、水文学等；所涉及的社会科学主要有社会学、经济学、公共管理学以及政治科学等。

三、水资源系统分析的特点及步骤

水资源系统分析具有以下几个特点。

（1）把某一水资源问题看成是有许多部分组成的系统，而各部分又可看成该系统低一层次的分系统。

（2）各分系统之间存在着相互关联、相互依赖、相互制约的关系。

（3）系统有一个或多个服务目的或目标。

（4）系统是可以控制（设计和管理）的。控制的任务是为服务目的而服务的。

（5）系统控制的原则是统筹兼顾。全面规划，低层次的目标服从高层次的目标，各方面的矛盾能相互协调。

水资源系统分析，大致可分为以下几个步骤。

1. 客观问题的系统分析抽象

把水资源系统分析问题抽象成系统分析模型应包括下列三个方面。

（1）确定研究的目的或目标，也就是系统分析模型的目标。该目标必须正确地反映整个系统的目标，而不是系统中某一部分的目标。

（2）分析确定系统中所有的可行决策方案。如果系统没有包括应有的全部可行方案，最合理的决策就可能遗漏。

（3）确定系统的所有控制条件，即约束条件。如果没有包括所应有的约束条件，则得到的解答可能是不正确的。

2. 建立数学模型

在分析确定某水资源系统的目标、可行决策和控制条件后，应建立相应的数学模型以描述系统的特征及各部分的依存关系。系统的目标、约束条件必须用数学形式的决策变量表示，使数学模型逼真地反映出该系统的特征。最常用的数学模型有最优规划（线性规划、动态规划及非线性规划等）模型和模拟模型两类。

3. 求解数学模型

确定模型的计算参数，选择适当的分析计算方法，求得最优方案，并对其进行灵敏度分析。

4. 模型的验收

按所用模型的性能与实际系统的性能是否相同来验证模型，确定计算结果的精度和可靠性，应对模型与实际不符之处进行修正。

5. 研究结果的实施

需要对应用过程中的情况和问题及时加以修正和调整。

第四节　水资源系统分析的应用和发展

将系统思想、概念、理论与方法应用于水资源系统的研究与实践，就构成了水资源系统分析。它始于20世纪50年代，首例是用于制定流域规划的工作，以后逐步扩大到水利水电工程规划、设计、施工和管理运行的各个领域，从水力发电工程到灌溉排水工程的各个领域几乎都引进和应用了系统工程的方法。近些年来，运用系统工程更有效地解决了实际生产问题，其在国内外普遍受到重视，从而使系统工程方法的应用具有更为广阔的前景。

把系统分析的方法引入水资源系统的规划、调度及自动化控制中，这一点十分必要。在大流域范围出现了一批水利设施和梯级库群后，它们在水文、水利、电力上相互联系的复杂性导致了应用运筹学的近代最优化技术的发展。而随着大型水利系统的形成，以及同时考虑水质、土地资源、环境质量等问题越来越重要，使人们规划水利系统时，不仅要着眼工程和水利的经济效益，还要考虑对社会和环境的影响，并在决策时充分估计或协调各方面的合理要求和意见，因而出现了应用系统分析的方法来研究水资源课题的新方向。

系统工程引入水利系统规划，以及系统分析的概念是由生产和社会发展的现实决定的。在水资源领域内，由于水资源利用的日益增加和复杂化，应用系统分析的必要性已日益明显。水资源系统分析能够更全面深入地进行水资源利用的分析研究，以及其对提高水利系统规划、管理水平和效益的作用，也日益成为共识。

从整体和综合的观点开发利用水资源，不仅是目前水利工作者普遍达成的共识，而且不少场合还有进一步发展的趋势，即从水、土、农、林等多资源开发及环境规划的角度来研究库群和水资源系统的优化规划和管理，或者是把一个地区（或流域）的水资源系统的开发利用规划纳入地区总的经济发展规划之中，带动地区经济的发展，其受地区经济、地理特点的约束和界定。

水资源系统分析在复杂的水资源规划中的应用尚较迟缓，主要原因如下。

（1）水资源规划问题不像私人企业问题那样简单，其包含的矛盾因素的不确定性等使详尽的分析较为困难。通常，其与国防和空间工业相比也更为复杂。确定目标定义系统和建立一个能反映所研究对象的真实世界的模型常常是非常困难的。

（2）缺少专门训练的熟练专家。大学教育中培养训练的高层次人才，特别是硕士、博士研究生数量较少；而大量其他领域的系统分析人员不熟悉公用事业部门的问题。系统分析途径不仅需要人们对问题有多学科的理解，还要擅长于数学理论。

（3）某些不成功的经验。例如，设定研究目标和要求时未能保证足够严格，或模型过分简化或过分复杂化，使管理者认为解答对决策没有多大用处。

水资源系统分析目前还在创建和发展阶段，因此应加强有关问题的研究。例如，与各种目标有关的系统输出定量化量度问题，特别是对环境质量目标定量的问题，以便能对各种目标的系统输出进行更好地分析。对常遇到的典型水资源问题最好能建立通用模型和程序（如城市给水规划、地区水平衡、防洪规划等）。

水资源的开发利用及其在策略思想上的新扩展，为经济、环境和社会可持续的协调发展奠定了基础，同时也给广大的水利工作者和有关领域的科技人员带来了机遇和挑战：如何正确和更有效地管好、用好水资源；如何把这种孕育、萌生的新的观念应用在水资源系统的规划和运行管理工作中，不断探索前进，逐步体现新的观念，以造福人类社会，这是水利工作者面临的一项时代任务。

第二章　水资源管理与规划方案概论

第一节　规划与管理方案

鉴别或制定可能的水资源系统规划设计、管理方案，并就经济、生态、环境及社会等方面的影响做出评价就是规划可行的水资源运行方案，包括大量工程设计和运行变量的选择，这些变量称为决策变量，水资源系统分析就是要确定这些变量的最优值，使可行的方案能达到预期的目的，水资源规划方案的目的用数学语言描述，就是目标函数。获得目标函数最大值的规划方案是比较每个方案所得的目标值，选定最佳的规划方案，改变特定规划方案中的一个或多个决策变量值，定义一个新的规划方案的过程。

规划方案的组成过程可用下列数学模型表达：

$$\max(\min)F(X) \tag{2-1}$$

受下列条件约束：

$$g_i(X)=b_i,\ \ i=1,2,\cdots,m \tag{2-2}$$

式（2-1）称为目标函数，是一个水资源系统规划要达到的目标，通常该函数要被极大化或极小化。

X 就是决策变量的组合，规划的工作就是要求得 X 中每个决策变量 X_j 的值，它们使目标函数 $F(X)$最优化（极大化或极小化）并满足决策变量的所有约束条件式（2-2），决策变量往往受自然的、技术的、法律的、财政的和其他条件的约束。例如，完全由一个用户使用的水量不能同时或随后分配给另一个用户，就约束了在不同时段对不同用户水量分配的变量的值。一般来说，技术性的约束最为常见，如管道、发电机和水泵的容量和尺寸要限制在目前能达到的范围内。不同用途的水的水质有不同的要求，工业用水和生活用水在水质上的要求就可能不同。另外还可能存在着水资源开发和利用工程的资金有一定的数额限制等。式（2-1）和式（2-2）共同组成一个规划与管理模型。

第二节　规划与管理模型

系统模型是系统分析中一个重要的手段。水资源系统都十分庞大和复杂，必须借助系统模型来描述真实系统的特性和变化规律。

水资源分析中常用的系统模型可分为两大类。

1. 抽象模型

抽象模型是对实际系统的数学表述，也称数学模型，是应用最广泛的系统模型。

2. 实际模型

把实际系统的结构和行为按原样作为组成因素，用集合的方法组成的模型，也就是所谓的模拟模型。

所构造的模型应满足下列要求：

（1）现实性—— 所建模型是可求解的和可实现的。

（2）可靠性—— 所建模型在允许的精度范围内能较好地反映实际系统的本质属性，具有代表性。

（3）简洁性—— 有简洁的结构及算法，并且灵活、省时。

系统模型通常由三部分组成，即模型部件、模型变量和相互关系，其各部分介绍如下。

（1）模型部件。模型部件是模型的组成元素，水资源系统的组成元素为水工建筑物，如水库、水电站、渠道、灌区和旅游设施等。

（2）模型变量。水资源系统中的模型变量有决策变量、状态变量、模型参数、输入变量和输出变量等。

（3）相互关系。所谓相互关系是指表征系统模型各部件间相互制约和相互依存的各种联系。在水资源系统分析中的相互关系表现为系统运行程序、约束和设计准则等。

求解规划与管理模型有两个基本的方法，即模拟和最优化。模拟是依靠试错法确定近似的最优解。设定每一个决策变量的值进行估算，从而得到目标值。模拟方法的困难是经常有大量无效的可行解或可行方案。即使利用一些有效的方法选择每一个决策变量的值，花费大量的时间和计算所得到的解可能仍然距最优解甚远。但是，模拟方法能够求解具有高度非线性关系和约束条件的水资源系统规划与管理模型，而有约束条件的最优化方法就很难处理这类含有复杂的非线性关系的问题。最优化方法包括拉格朗日乘子法，线性规划、动态规划、非线性规划及随机规划等，本书将在后续几章中依次对其进行介绍。这些解法都密切依赖于所建立的规划与管理模型的数学结构。这些方法，特别是线性规划和动态规划，在水资源系统管理中最为常见。

第三节　目标函数与约束条件

一、目标函数

目标表示水利开发或系统设计要达到的一种目的，是表现最优化运行的一种准则。水资源开发主要目标通常是最大化国家或地区的福利，目标的表达式可有很多种，如最优化经济效益，即国家或地区在水资源系统的投资产生的收入为最大，还有其他尚有收入的再分配、充分就业及某些无形的目标。这些目标可由水利开发来达到并表示为设计运行的准则，一般它们之间会有矛盾和相互牵连。这些目标中，以经济效益为衡量标准的目标比其他目标更易处理。目标又有定量目标和非定量目标之分，前者能以某种数值精度来量度，后者最多能以顺序的或定性的意义来量度。定量目标，又分为可比量目标和非可比量目标。非可比量目标是指不能以统一的单位表示，或一个目标在运算中的误差数量级掩盖了另一个目标数量的有效值。

当开发目标转化为设计准则时，它可以用数学式来表达，就称为目标函数，如以经济效益来表达的目标函数。目标函数是一种在已给定策略、状态变量的初值和系统参数时，可决定系统的结果和输出的方程。此名词过去一般限用于“取与决定完全同量的那些目标”。这虽然使系统工程的原来意义受到限制，但在没有一种有效方法来解决目标函数中包含两个非同量目标的最优化问题之前，这一应用局限是确实存在的。目前由于多目标规划（multi-objective programming，MOP）方面的研究进展，这种局限已在一定程度上消失了。

由于目标函数是系统工程科学的关键，对目标的那种简化的数学描述的某种局限性还应有足够的了解。目标函数与决策者的目标不是同义词，决策者的目标往往远为广泛，即使在多目标规划的模型中也往往不能完全反映。

然而，从数学上而言，非同量目标（或称不可公度目标）并不存在古典意义的（如传统所理解的）那种优化问题，因此在研究和选择规划目标时，要仔细区分：哪些是同量目标，哪些是非同量目标，甚至非定量目标，水资源系统在这一方面是特别复杂的，这是因为它有许多非同量目标和非定量目标。另外它所包含的定量函数关系，常同迄今所有的数学最优化技术的标准形式所要求的一般应用条件不太一致。另一个复杂化的因素是存在庞大数量的决策变量，因此常需做合理的分解，即把系统分成几个易处理的子系统。

典型的规划与管理模型一般至少包括一个目标函数，这个目标函数或者被极大化或者被极小化，并用于评定可供比较的解或规划方案。要注意的是，在每种情况下，目标函数是一个标量，也就是说，不管它包括多少项，每项的量纲必须是相同的。例如，不能把同时求解灌溉水和水电站发电量的极大化当作一个单一的目标函数。

水资源系统规划的总体目标是促进整个社会或某一地区的经济发展，改善环境质量，不管其具体内容是什么，下列三个问题必须统筹协调解决。

（1）必须确定坝、水库、地下水补给设施、水电站、泵站、渠道、压力管道等的最优尺寸标准。

（2）必须确定灌溉、水力发电、防洪等开发目标的规模。

（3）必须制定最优运用策略，如必须制定水库的最优蓄水和放水调度计划。

二、约束条件

除了目标以外，规划问题包括一系列用约束方程表示的要求，规划问题的最优解是这样一个规划方案，它使目标函数达到最大（或最小）值，同时满足所有的约束条件。在系统设计中选择了某一目标作为最优化的设计准则时，其他目标的特定要求水平，可以作为一种必须满足的制约要求，引入设计规划之中。这种要求条件，即称为约束（或限制）条件。约束可以有两类：一类约束表示实际的物理限制，这是无论如何也不能违反的。这样的限制可能包括质量守恒、能量守恒、固定资源的数量，或者已有的和拟建设施的容量等。另一类约束在某种意义上是隐式的目标或目的，它实际上是可能被破坏的，这种破坏的代价可能很高。这类约束包括有为维持水质而对河川最小流量的限制、分类计划以及预算的限制等。当目标表示为约束条件时，所有的可行解必须满足这些目标。

在水资源系统设计中，待选变量的允许变幅也是一种约束条件。这种约束可分几类，即技术上的、预算资金上的、规章和法律上的等。技术约束是物理性质的限制，如水文或地理特性方面的。预算资金限制是指投资局限，它限制水资源开发于一定规模以内。规章限制如省际或国际对水量的分配的协议和条约规定等。法律限制是按法律规定要求来使用水。

在最优规划中最主要的约束条件是物理方面的，这种约束通常是对设计变量（规划时）和状态变量给定的种种限制（如最大允许坝高，最小库容——死水位的限制）。而在最优运行阶段，则是对决策变量和状态变量的各种限制。例如，水电站装机容量，对水库放水量的最大、最小限制等。

有时，难以决定某一需求量是约束还是目标，这是因为在规划组成过程初期，目标往往不是很明确。在某些情况下，将需要量表示为目标和表示为约束的区别甚小。

第四节　多目标问题

一、多目标规划的特点和数学表述

在水资源的优化规划和管理中，当优化的目标不是一个，而是两个或两个以上时，这就是多目标规划问题。例如，综合利用的水电开发中，如果既要求经济效益最高，又要求对生态环境的不利影响最小，两种目标都要考虑，这就是典型的多目标规划问题。

多目标规划，虽然可以看作从单目标数学规划问题发展而来，但是它已有了质的区别。即由于最优化的目标不止一个，这些目标间常常不能公度，或相互间存在一定的矛盾，有些目标甚至还不能定量，这样就会对求解带来一系列困难。而传统的单目标规划则不存在这些问题。

由于在经济、工程和管理等部门的规划管理领域，当今已存在大量需要同时考虑多个目标如何优化的问题，对于这种有多种优化目标和要求的情况，我们从中仅选出一个来写成目标函数，是有一定的人为性和局限性。传统的数学规划，要求只选择与问题有关的单一目标，不能在函数点集中同时最大化（或最小化）一个以上的点，只是选其中之一作为目标函数。而其他要求，则最多能作为约束条件来反映（考虑），这样做当然是不理想的。

应该说，把几个目标函数包括那些不可公度，甚至不可定量的目标结合到决策规划中这一点，在国内外都是早就认识到的。多目标规划的数学理论基础，所谓向量最优化的概念早就在 1951 年由库恩、塔克以及柯普曼提出了。但是，国外直到 20 世纪 60 年代中期，当多目标公共投资问题更普遍，协调方案和“交换比”的概念在规划和管理工作中频繁出现后，才促使其有较快的发展。我国虽然在 60 年代初期，在综合利用水利水电工程开发方案的比较中，就提出了多目标、多准则、多比较指标的思想，也提出了一些有益的、半经验解决办法，但由于随后 10 年的停滞，未得到进一步的发展，特别是理论上应有的发展。目前水资源规划领域，可以说已开始了一个重建期工程规划评价方法，并发展相应的计算技术的时期。即从传统的多方案多指标的直观性的综合比较，或单目标规划模型的公式，转到有较好理论基础的多目标分析。这一转变相应地也促进了数学规划的一个新的领域的发展，即向量最优化的发展。

多目标规划（MOP），也称多准则规划。从数学角度也可称向量最优化（vector optimization，VOP），其不同于传统的单目标规划的是：决策变量虽仍相同，但反映最优准则的目标函数不止一个，而有好几个。这种多目标规划问题，其数学表达式可有两种形式。

（1）第一种：

$$\max Z(x)=\left[Z_1(x),Z_2(x),\cdots,Z_p(x)\right] \tag{2-3}$$

约束于：$g_i(x)$或$G_i \leqslant 0$，$i=1,2,\cdots,m$

$$x_j \geqslant 0，\quad j=1,2,\cdots,n$$

式中，$Z(x)$为p维目标函数，即有p个目标；x_j为n维向量，代表n个决策变量；$g_i(x)$为m个约束函数。这一表达式也被称为向量最优化模式。

式（2-3）是一般的多目标函数的数学表达式。对于多目标线性规划问题，则可写成：

$$\begin{cases}\max Z = CX \\ AX \leqslant \bar{b},\ \bar{x} \geqslant 0\end{cases} \tag{2-4}$$

式中，Z为$p\times1$向量；C为$p\times n$矩阵；X为$n\times1$向量；A为$m\times n$矩阵；$\bar{b}$为$m\times1$向量。

（2）第二种：

$$\begin{aligned}&\max f_1(\bar{x})=\bar{c}^1\bar{x}\\&\max f_2(\bar{x})=\bar{c}^2\bar{x} \qquad \left.\begin{aligned}A\bar{x}\leqslant b\\ \bar{x}\geqslant 0\end{aligned}\right\}\\&\qquad\cdots\cdots\\&\max f_p(\bar{x})=\bar{c}^p\bar{x}\end{aligned} \tag{2-5}$$

亦可简写为

$$\begin{cases}\max\limits_{\bar{x}\in X} f_K(\bar{x})=f_K\left(\bar{x}_K^*\right),\ K=1,2,\cdots,P \\ X\Rightarrow X\left\{\bar{x}|A\bar{x}\leqslant\bar{b},\bar{x}\geqslant 0\right\},\ \bar{x}\in E^n\end{cases} \tag{2-6}$$

这种表达形式也有人称为多准则线性规划模型。

从式（2-4）或式（2-6）可见，我们的目的是能找到一个解，使得全部目标函数同时为最优。但除了在罕见的情况下，可能存在各目标共同的最优解外，一般不可能使各目标同时为最优。这说明在有多个目标时，一般不存在严格意义的“单一最优解”，而只能根据规定的多目标的优先顺序或其他特定指标（如权重、距理想点的相对距离等）来寻求“协调的”最优解（或最优的协调解），也就是某种条件下的“单一最优解”。

二、多目标规划解的概念和非劣解集

水资源问题的分析常包含不可公度（包括非定量）甚至矛盾的目标，从而使传统的、明确的最优解不复存在。因此对于“最优解”的理解也就有必要另作定义，这也就是解的劣与非劣的概念。

多目标问题的解，可分为劣的或非劣的两类。粗略地说，对求最大值问题的劣的解是指：至少有一个目标其所达到的（效益）水平有所增加，而不使其他任何一个目标所达到的水平有任何递减。反之，一个非劣解是指：没有一个目标其所达到的（效益）水平有所增加，同时也不使其他任何目标所达到的水平有所递减。

为了更好地理解多目标分析中劣与非劣解的含义，引入下述转换曲线（TC）的概念，并为了使概念具体起见，以设想的例子说明。设有一油田开发工程，规划的两个目标为增加国家收入（石油开采收入，以货币表示）和尽量减少因铺设油管对环境生态的不利影响（即破坏冻土环境以及妨碍野生动物每年迁居习性的影响，以某种野生动物保存数为代表衡量）。规划工程可以有很多方案，如图 2-1 所示。这些方案中，根据满足决策变量的给定的约束条件与否，可划分为可行与不可行两区。其分界曲线 *GFE* 称为转换曲线，在经济问题中也就是效益转换曲线。现在研究此转换曲线上的各点与曲线内域点间的关系。比较图中 *A*、*B* 两点，显然图中 *A* 点可行，但劣于 *B* 点。因为从 *A* 点移向 *B* 点，环境质量不变，而国家收入增加。同理 *C* 点也优于 *A* 点。但 *B* 点对于 *C* 点而言，哪一个相对更好，就不容易比较了（*B*、*C* 实际上就是非劣点）。

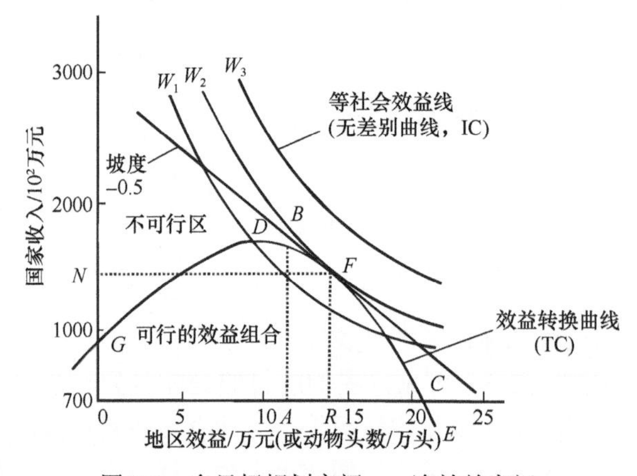

图 2-1 多目标规划空间——净效益空间

对于上述图中解的劣与非劣，如用数学形式表示，解 $x_1 \in X$ 称为劣的，即存在某些解 $\omega \in X$，使

$$Z(\omega) \geqslant Z(x_1) \tag{2-7}$$

本例两个目标情况下，即有

$$Z_1(\omega) \geqslant Z_1(x_1), Z_2(\omega) \geqslant Z_2(x_1) \tag{2-8}$$

且式（2-8）中至少有一个不等式是严格的不等式。

类似地，解 x_1 称为非劣的，即不存在一个 $\omega \in X$ 使

$$Z(\omega) \geqslant Z(x_1) \tag{2-9}$$

且至少有一个不等式为严格的不等式。

非劣解集定义了有关的可行区的边界，见图 2-1 中的 TC。可行区的任何内域点（A 点）必劣于至少一个边界点（B 点和 C 点）。然而全部可行区的边界线不一定都属于非劣解集。图中位于纵坐标轴和 D 点之间的那一段 TC 就劣于 D 点，即所谓的非劣解的“东北原则”（求最大问题时）。非劣解在经济学文献中亦称为帕累托最优。

TC 的概念仅是提供了多目标分析的一个方面，虽然是极为重要的一个方面。如前面提及的，在 TC 上 $D \rightarrow E$ 的各点，究竟哪一个相对更好，光从曲线本身仍是难以判定的。为此需要引入另一个概念，即所谓无差别曲线（IC）及与它有关的交换比。无差别曲线也称为等社会效益线（W 曲线），或社会优先曲线，其是把国家收入与环境质量要求的各种组合进行排队。如果对这些组合方案能定出哪些优先、哪些较次、哪些等价，这就可以给出 W_i 的等社会效益线。这些曲线反映了从社会（或决策者）的角度来看，当某些目标值增值多少，对代替另一目标的值减少多少是值得的这一联系关系。如果假定可以做出上述无差别曲线，则最优解是极易求得的。它与转换曲线的相切点，见图 2-1 中 F 点，即是所需的最优解答。但遗憾的是，在实际规划中，一般不可能有这种详细的等效曲线情报；而无差别曲线的生成，也存在着基本理论上的困难。

现在来看图 2-1 中 F 点的特性和含义。通过 F 点可以作两曲线的一条公切线。此线的负坡度（图中等于$1500 \times 10^6 / 150000 = 10000\text{元/头}$）反映国家效益同环境保护动物保存数之间相对的边际社会价值。在本例情况下，此 F 点说明如果能得到国家净收益现值 1 万元的补偿，社会可能愿意减少一头野生动物保存数。或者说，可愿意放弃 1 万元的国家收益以便多保存一头各类野生动物。转换曲线上各点切线的负坡度，反映某个目标对另一个目标“净效益”的交换比值，称为（效益的）交换比。而 F 点的交换比就称为边际交换比，或最优交换比。但是正如前面已指出的，要估计无差别曲线，或至少要明确最优社会权重是多少，使用上往往很难用什么方法很有根据地定出。因此通过这一直接途径求解，存在不少困难。迄今为止的各种多目标问题的解法研究，大多着重于非劣解集的各种生成技术以及与此相结合的间接寻求最优的协调解的途径。

对于最优的协调解的推求，还有一类比较简便的方法，那就是用“距理想点最短距离”的概念所导出的一些方法。

另外，还需要注意两点：一是图 2-1 中所示的非劣解集及可行区和不可行区的划分，是在目标平面中来定义的。它与单目标最优规划的约束集之间定义决策

变量的坐标平面是不同的。当然，目标平面的可行区，实际上就是从传统的决策变量坐标平面（或 n 维决策空间）的约束集，通过式（2-3）的 p 维目标函数，映射到 p 维目标空间的。因此两者具有对应的关系。二是提出目标平面上非劣解集这一概念，是特别重要的，这是因为它是多目标规划的向量的目标函数变换为比较单纯的纯量函数，而变换后的问题的解，只是非劣集上的一点。

真实的水资源系统，不论大小，都是多目标和多宗旨的，对水资源的开发，也应该尽可能是综合利用的，如西北地区最大的刘家峡水库是一个防洪、灌溉、发电、养殖和娱乐等多种用途的综合利用水库，它的开发目标除了希望其运行效益达到最大外还应有其他可能的目标，如：

（1）区域经济的增长。满足区域工农业生产的用电需要，以促进经济的发展，有了充足的电力和水资源供给，就可以兴办各种企业，提供更多的就业机会，加速区域经济的增长。

（2）环境质量和环境安全。水库调节了区域水的时空分布，有利于缓解干旱给环境带来的危害；水库又起到防洪的作用，保护区域良好的生态环境和社会安全，保障国家和人民的利益。

（3）社会福利。水库建成以后，给社会福利事业提供了许多有利条件，如把水库开辟为游乐公园、发展渔业养殖等。

许多这样的目标就构成了水资源系统所特有的多目标问题。在这些目标中，有些是相互矛盾或相互竞争的，如防洪和水力发电，库水位越高，发电量越大（因为水头越高），但防洪库容竞争就越小，在这里，促进第一个目标就必然牺牲或损害第二个目标，它们之间的关系如图 2-2 所示。正因如此，对于多目标规划问题不可能得出各个目标都满足的最优解，只能在一定条件下一个目标方向上得到一个较优的解，称为非劣解或有效解。关于多目标的求解问题在以下章节有专门介绍。

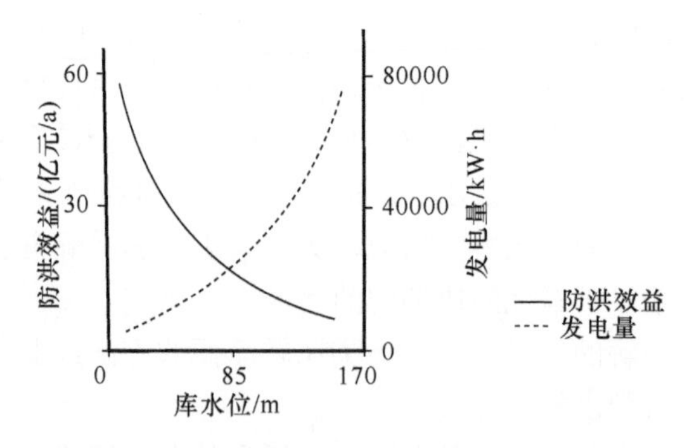

图 2-2　库水位与防洪效益及发电量的关系图

第三章　线 性 规 划

第一节　线性规划的基本理论

线性规划是数学规划的重要组成部分，其特点是目标函数及约束条件的数学形式均为线性的。由于它有标准的求解方法，且线性规划求解的算法程序很容易得到，因而促使我们常常把许多复杂的水资源规划或管理问题构造成线性规划模型。本章将讨论线性规划模型的建立及其基本理论。

一、线性规划问题的提出及模型的建立

在水资源系统规划与管理中，经常会面临下述两类问题：一是如何在既定任务下寻求完成任务且使系统费用最小或净效益最大的水资源最优分配方案；二是如何在有限资源条件下寻求最有效的资源开发利用模式。下面我们通过几个简单的线性规划实例，来说明线性规划模型的建立及其组成结构。

例 3-1　某冲积平原有四个供水井，拟取砂石承压含水层地下水作供水之用，设四个井的允许降深分别为 15m、18m、17m、20m，问各井抽水量为多少，才能使总开采量最大。

解：设各抽水井的抽水量分别为 x_1、x_2、x_3、x_4，四个井同时工作，水位产生的干扰，依线性叠加原理，对于流场内任一点，水位降深，等于各井抽水对该点影响降深之和。设 a_{ij} 代表 j 井单位抽水量在 i 井处产生的降深，则四个井的降深分别为

$$\sum_{j=1}^{4}a_{1j}x_j,\sum_{j=1}^{4}a_{2j}x_j,\sum_{j=1}^{4}a_{3j}x_j,\sum_{j=1}^{4}a_{4j}x_j\left(j=1,2,3,4\right)$$

依题意，该问题的目标是使总开采量最大，即

$$\max Z = x_1 + x_2 + x_3 + x_4 \tag{3-1}$$

同时，各井的降深不能超过各井的允许降深。即约束条件为

$$\begin{cases} a_{11}x_1 + a_{12}x_2 + a_{13}x_3 + a_{14}x_4 \leqslant 15 \\ a_{21}x_1 + a_{22}x_2 + a_{23}x_3 + a_{24}x_4 \leqslant 18 \\ a_{31}x_1 + a_{32}x_2 + a_{33}x_3 + a_{34}x_4 \leqslant 17 \\ a_{41}x_1 + a_{42}x_2 + a_{43}x_3 + a_{44}x_4 \leqslant 20 \end{cases} \tag{3-2}$$

显然，还应有

$$x_1, x_2, x_3, x_4 \geqslant 0 \tag{3-3}$$

式（3-3）即为非负约束条件。式（3-1）～式（3-3）构成该问题的线性规划模型。

例 3-2 有甲、乙两个水库同时向 A、B、C 三个城市供水，单位水费如图 3-1 所示。甲水库的日供水量为 $28\times10^4\text{m}^3/\text{d}$，乙水库的日供水量为 $35\times10^4\text{m}^3/\text{d}$，A、B、C 三个城市的日需水量分别不低于 $10\times10^4\text{m}^3/\text{d}$、$15\times10^4\text{m}^3/\text{d}$、$20\times10^4\text{m}^3/\text{d}$。由于水库与各城市的距离不等，输水方式不同（如明渠或管道等），因此单位水费也不同。各单位水费分别为 C_{11}、C_{12}、C_{13}、C_{21}、C_{22}、C_{23}。试确定满足三个城市用水需求条件下使输水费用最小的水资源分配方案。

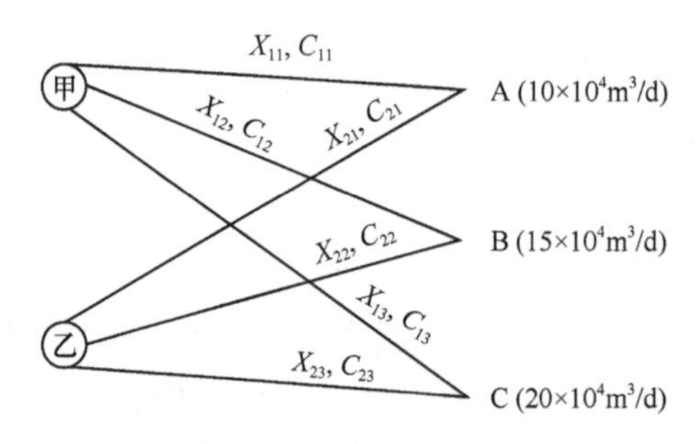

图 3-1 供水简图

解：设甲水库向三城市日供水量分别为 X_{11}、X_{12}、X_{13}，乙水库向三城市日供水量分别为 X_{21}、X_{22}、X_{23}。

根据题意，本问题有以下几种条件：

（1）供水量应满足各城市需水量，即

$$\begin{cases} X_{11} + X_{21} \geqslant 10 \\ X_{12} + X_{22} \geqslant 15 \\ X_{13} + X_{23} \geqslant 20 \end{cases} \tag{3-4}$$

（2）供水总量要小于水资源总量，即

$$\begin{cases} X_{11} + X_{12} + X_{13} \leqslant 28 \\ X_{21} + X_{22} + X_{23} \leqslant 35 \end{cases} \tag{3-5}$$

（3）非负要求。水库向各城市供水量应大于等于零，即

$$X_{11}, X_{12}, X_{13}, X_{21}, X_{22}, X_{23} \geqslant 0 \tag{3-6}$$

式（3-4）～式（3-6）就是数学模型的约束条件。

最佳方案以水费最少为目标，即目标函数为

$$\min Z = C_{11}X_{11} + C_{12}X_{12} + C_{13}X_{13} + C_{21}X_{21} + C_{22}X_{22} + C_{23}X_{23} \quad (3\text{-}7)$$

从上述例题可知，对一个实际问题建立线性规划数学模型时，需先根据问题条件要求选择一组非负的决策变量 $X_1, X_2, \cdots, X_n$；然后，根据问题要求建立目标函数关系式。目标函数关系式为非线性时，应将它线性化；目标函数单位可以是货币单位，也可以是物理量的其他单位；目标函数可以是极大化，还可以是极小化。最后，根据客观条件的限制，如资源量、工程规模、水环境标准等，建立约束方程。由此共同构成了线性规划数学模型。

二、线性规划的数学模型及其标准形式

根据上述问题的分析结果，我们可以把线性规划问题抽象为普遍的数学模型，求一组决策变量 X_i（i=1,2,⋯,n）的目标函数为

$$Z = \sum_{i=1}^{n} a_i x_i$$

取极大或极小化形式，并满足约束条件：

$$\sum_{i=1}^{n} a_{ij} x_i \geqslant (=, \leqslant) b_j,\ j = 1,2,\cdots,m$$

$$x_i \geqslant 0$$

若用矩阵表示可写成：

$$\max（或\min）Z = CX$$

$$AX \geqslant (=, \leqslant) B$$

$$X \geqslant 0$$

式中，

$$X = (X_1,\ X_2, \cdots,\ X_n)^{\mathrm{T}}$$

$$A = \begin{bmatrix} a_{11} & a_{12} & \cdots & a_{1n} \\ a_{21} & a_{22} & \cdots & a_{2n} \\ \vdots & \vdots & & \vdots \\ a_{m1} & a_{m2} & \cdots & a_{mn} \end{bmatrix}$$

$$B = (B_1,\ B_2, \cdots,\ B_m)^{\mathrm{T}},\quad C = (C_1,\ C_2, \cdots,\ C_n)^{\mathrm{T}}$$

式中，A 为约束方程组的系数矩阵（$m\times n$ 阶），一般情况下 $m<n$；m，n 为向量整数；B 为限定向量，$B_j \geqslant 0$；C 为价值向量；X 为决策变量或结构变量。

为了便于讨论和求解，通常把线性规划的数学模型统一为标准形式，即线性

规划的标准式。目标函数均取极大化形式：

$$\max Z = \sum_{i=1}^{n} c_i x_i \tag{3-8}$$

约束条件取等式的形式，变量非负，即

$$\sum_{i=1}^{n} a_{ij} x_i = B_j,\ j = 1,2,\cdots,m \tag{3-9}$$

及

$$x_i \geqslant 0,\ i = 1,2,\cdots,n \tag{3-10}$$

如果目标函数取极大化，约束条件取等式的形式，变量非负，称为线性规划的“范式”。

线性规划的其他数学形式可通过下述五种变换，化为标准形式。

（1）目标函数的极小化，在数学上相当于其负函数的极大化。可令 $Z' = -Z$，则可得

$$\max Z' = -CX$$

（2）若常数 B_j 为负值，不等式两端乘以–1，改变不等式方向，使 B_j 变为正值：$a_1x_1 + a_2x_2 \geqslant B_j$，$B_j < 0$ 相当于 $-a_1x_1 - a_2x_2 \leqslant -B_j$。

（3）若约束不等式左端是绝对值的形式，通常可用相应的两个不等式替代，如 $|a_1x_1 + a_2x_2| \leqslant B_j$ 可用式：$a_1x_1 + a_2x_2 \leqslant B_j$ 和 $a_1x_1 + a_2x_2 \geqslant -B_j$ 表示。

（4）若约束条件属于“≤”型，则在其左端加入非负的松弛变量；若约束条件属于“≥”型，则在方程左端减去一个非负的剩余变量，使不等式变为等式。若原约束方程为

$$\sum_{i=1}^{n} a_{ij} x_i \leqslant B_j$$

引入松弛变量后可以表示为

$$\sum_{i=1}^{n} a_{ij} x_i + x_{n+j} = B_j$$

若原约束方程为

$$\sum_{i=1}^{n} a_{ij} x_i \geqslant B_j$$

引入剩余变量后可以表示为

$$\sum_{i=1}^{n} a_{ij} x_j - x_{n+j} = B_j$$

约束方程引入松弛变量及剩余变量（人工变量）后，目标函数相应地改为

$$\max Z = \sum_{i=1}^{n} c_i x_i + \sum_{i=n+1}^{n+m} c_i' x_i'$$

式中，x_i' 为松弛变量或剩余变量，其相应的价值系数 c_i' 均为零。

（5）决策变量 x_i 不限制为非负（即可正可负），可将该变量变换为两个非负的新变量之差。如 x_i 不限制为非负，则可变换为 $x_i = x_i' - x_i''$，$x_i', x_i'' \geqslant 0$

例 3-3　把下面线性规划的形式改变成标准形式。

目标函数：

$$\min Z = 3x_1 - 3x_2 + 7x_3$$

约束条件：

$$\begin{cases} x_1 + x_2 + 3x_3 \leqslant 40 \\ x_1 + 9x_2 - 7x_3 \geqslant 50 \\ 5x_1 + 3x_2 = 20 \\ \left|5x_2 + 8x_3\right| \leqslant 100 \\ x_1, x_2 \geqslant 0，x_3\text{无正负约束} \end{cases}$$

解：将目标函数改为极大化：

$$\max Z' = -3x_1 + 3x_2 - 7x_3 \tag{3-11}$$

把所有不等式约束，添加松弛变量或剩余变量改为等式：

$$\begin{cases} x_1 + x_2 + 3x_3 + s_1 = 40 \\ x_1 + 9x_2 - 7x_3 - s_2 = 50 \\ 5x_2 + 8x_3 + s_3 = 100 \\ -5x_2 - 8x_3 + s_4 = 100 \end{cases} \tag{3-12}$$

令 $x_3 = x_3' - x_3''$ 且 $x_3', x_3'' \geqslant 0$，加到式（3-11）、式（3-12）中，则原线性规划模型变为

$$\max Z' = -3x_1 + 3x_2 - 7\left(x_3' - x_3''\right) + 0s_1 + 0s_2 + 0s_3 + 0$$

$$\begin{cases} x_1 + x_2 + 3\left(x_3' - x_3''\right) + s_1 = 40 \\ x_1 + 9x_2 - 7\left(x_3' - x_3''\right) - s_2 = 50 \\ 5x_1 + 3x_2 = 20 \\ 5x_2 + 8\left(x_3' - x_3''\right) + s_3 = 100 \\ -5x_2 - 8\left(x_3' - x_3''\right) + s_4 = 100 \\ x_1, x_2, x_3', x_3'' \geqslant 0 \end{cases}$$

松弛变量与剩余变量的物理含意是表示没有被利用的条件（或资源），对目标函数值不产生影响。

例 3-4 靠近某河流有两个化工厂（图 3-2），流经第一化工厂的河流流量为每天 500 万 m^3，在两个化工厂之间有一条流量为每天 200 万 m^3 的支流。第一化工厂每天排放含有某种有害物质的工业污水 2 万 m^3，第二化工厂每天排放这种工业污水 1.4 万 m^3。从第一化工厂排出的工业污水流到第二化工厂以前，有 20%可自然净化。根据环保要求，河流中工业污水的含量应不大于 0.2%。这两个化工厂都需各自处理一部分工业污水。第一化工厂处理工业污水的成本是 1000 元/万 m^3，第二化工厂处理工业污水的成本是 800 元/万 m^3。在满足环保要求的条件下，每个化工厂各应处理多少工业污水，使这两个化工厂总的处理工业污水费用最小。

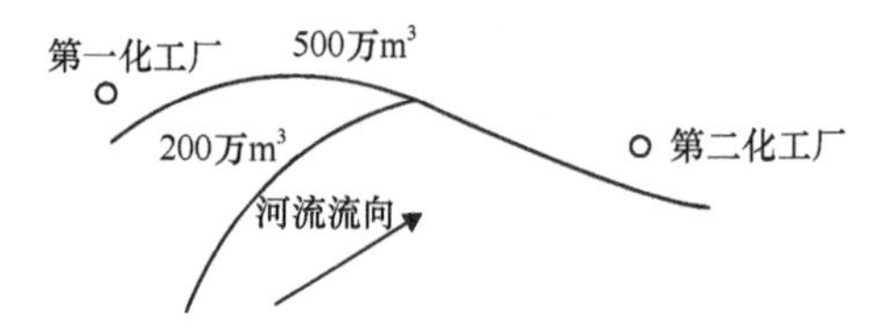

图 3-2　河流化工厂位置示意图

解：设第一化工厂每天处理工业污水量为 x_1 万 m^3，第二化工厂每天处理工业污水量为 x_2 万 m^3，从第一化工厂到第二化工厂之间，河流中工业污水含量要不大于 0.2%，由此可得近似关系式：

$$(2-x_1)/500 \leqslant 2/1000$$

流经第二化工厂后，河流中的工业污水量仍要不大于 0.2%，这时有近似关系式：

$$\left[0.8(2-x_1)+(1.4-x_2)\right]/700 \leqslant 2/1000$$

由于每个化工厂每天处理的工业污水量不会大于每天的排放量，故有

$$x_1 \leqslant 2;\ x_2 \leqslant 1.4$$

这个问题的目标是要求两个化工厂用于处理工业污水的总费用最小。若用 Z 表示总费用，即 $Z=1000x_1+800x_2$。综合上述，这个环保问题可用数学模型表示为

目标函数：

$$\min Z = 1000x_1 + 800x_2$$

约束条件：

$$\begin{cases} x_1 \geqslant 1 \\ 0.8x_1 + x_2 \geqslant 1.6 \\ x_1 \leqslant 2 \\ x_2 \leqslant 1.4 \\ x_1, x_2 \geqslant 0 \end{cases}$$

第二节　线性规划的图解法

一、线性规划解的概念

在讨论线性规划的求解方法以前，先简单介绍一下线性规划解的概念。由式（3-8）～式（3-10）可知：

（1）可行解，凡满足约束条件［式（3-9）及式（3-10）］的解，称为线性规划的可行解。所有可行解的集合称为可行域。

（2）最优解，使目标函数达到最大值的可行解称为最优解。

（3）基本解，假设约束方程［式（3-9）］的系数矩阵的秩为 m，因 $m<n$，故有无穷多个解，如令任意的（$m-n$）各变量为零，其余变量相应的列向量组成的方阵为非奇性的。则其余变量的解是唯一的，称为线性规划的一个基本解。

（4）基本可行解，满足式（3-10）非负条件的基本解。

二、线性规划的图解法原理

线性规划的图解法简单直观，有助于了解线性规划问题求解的基本原理。

例 3-5　某工厂在计划期内要安排生产Ⅰ、Ⅱ两种产品，已知生产单位产品所需的设备台时及 A、B 两种原材料的消耗，产品生产的相关信息如表 3-1 所示。

表 3-1　产品生产的相关信息

	Ⅰ产品所需资源	Ⅱ产品所需资源	可使用资源总量
设备台时数	1	2	8
原材料 A/kg	4	0	16
原材料 B/kg	0	4	12

该工厂每生产一件产品Ⅰ可获利 2 元，每生产一件产品Ⅱ可获利 3 元，应如何安排生产计划使该工厂获利最多？

解：设 x_1 、x_2 分别表示在计划期内产品Ⅰ、Ⅱ的产量。因为设备的有效台时是 8，这是一个限制产量的条件，所以在确定产品Ⅰ、Ⅱ的产量时，要考虑不超过设备的有效台时数，即可用不等式表示为

$$x_1 + 2x_2 \leqslant 8$$

同理，因原材料 A、B 的限量，可以得到以下不等式：

$$4x_1 \leqslant 16$$

$$4x_2 \leqslant 12$$

该工厂的目标是在不超过所有资源限量的条件下，如何确定产量 x_1、x_2 以得到最大的利润。若用 Z 表示利润，这时 $Z = 2x_1 + 3x_2$。综上所述，该计划问题可用数学模型表示为

目标函数：

$$\max Z = 2x_1 + 3x_2$$

满足约束条件：

$$\begin{cases} x_1 + 2x_2 \leqslant 8 \\ 4x_1 \leqslant 16 \\ 4x_2 \leqslant 12 \\ x_1,\ x_2 \geqslant 0 \end{cases}$$

现对上题进行图解。在以 x_1、x_2 为坐标的直角坐标系中，非负条件 x_1，$x_2 \geqslant 0$ 是指第一象限，其他每个约束条件都代表一个半平面。如约束条件 $x_1+2x_2 \leqslant 8$ 是代表以直线 $x_1+2x_2=8$ 为边界的左下方的半平面，同时满足 x_1，$x_2 \geqslant 0$、$x_1+2x_2 \leqslant 8$、$4x_1 \leqslant 16$ 和 $4x_2 \leqslant 12$ 的约束条件的点，必然落在第一象限中由三个半平面交成的区域内，见图 3-3 中的阴影部分。阴影区域中的每一个点（包括边界点）都是这个线性规划问题的解（称可行解），因而此区域是这个线性规划问题的解集合，称它为可行域。

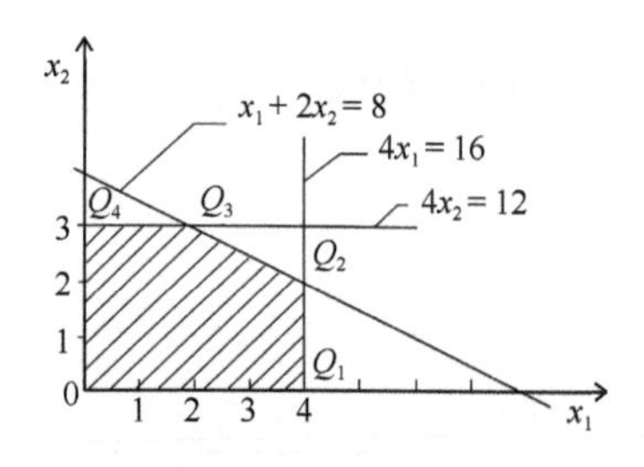

图 3-3 可行域的示意图

再分析目标函数 $Z = 2x_1 + 3x_2$，在坐标平面上，它可表示以 Z 为参数、$-2/3$ 为斜率的一族平行线：

$$x_2 = -(2/3)x_1 + Z/3$$

位于同一直线上的点，具有相同的目标函数值，因而称它为“等值线”。当 Z 值由小变大时，直线 $x_2 = -(2/3)x_1 + Z/3$ 沿其法线方向向右上方移动，当移动到 Q_2 点时，Z 值在可行域边界上实现最大化（图 3-4），这就得到了最优解，Q_2 点的坐标为（4，2），于是可计算出 $Z = 14$。

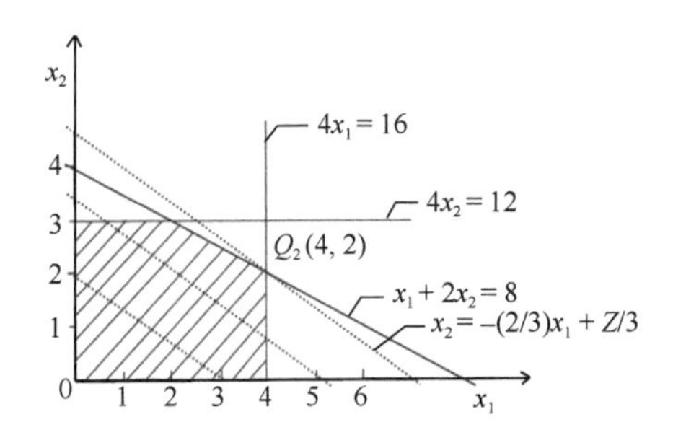

图 3-4 唯一最优解的示意图

这说明该厂的最优生产计划方案是：生产 4 件产品Ⅰ，生产 2 件产品Ⅱ，可得到最大利润为 14 元。

上例中求解得到问题的最优解是唯一的，但对一般线性规划问题，求解结果还可能出现以下几种情况：

（1）无穷多最优解（多重解）。若将上例中的目标函数变为求 $\max Z = 2x_1 + 4x_2$，则目标函数中以 Z 为参数的这族平行直线与约束条件 $x_1+2x_2 \leqslant 8$ 的边界线平行。当 Z 值由小变大时，将与直线 Q_2Q_3 重合（图 3-5）。线段 Q_2Q_3 上任意一点都使 Z 取得相同的最大值，这个线性规划问题就有无穷多最优解（多重解）。

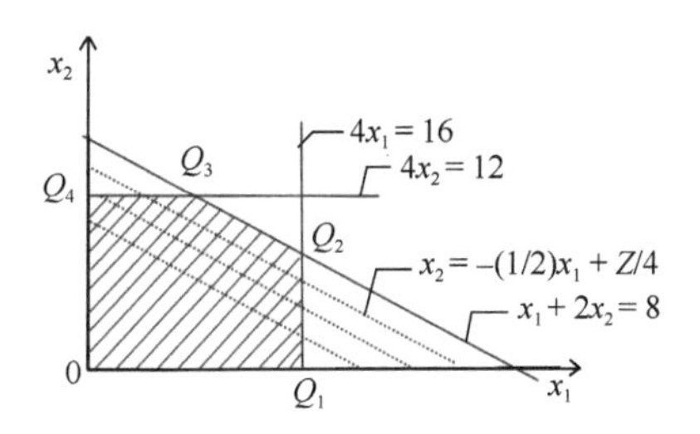

图 3-5 无穷多最优解的示意图

（2）无界解。对下述线性规划问题：

$$\max Z = x_1 + x_2$$

$$\begin{cases} -2x_1 + x_2 \leqslant 4 \\ x_1 - x_2 \leqslant 2 \\ x_1, x_2 \geqslant 0 \end{cases}$$

用图解法求解结果见图 3-6。从图中可以看到，该问题可行域无界，目标函数值可以增大到无穷大，称这种情况为无界解或无最优解。

（3）无可行解。如果在例 3-5 的数学模型中增加一个约束条件 $-2x_1 + x_2 \geqslant 4$，该问题的可行域为空集，既无可行解，又不存在最优解。

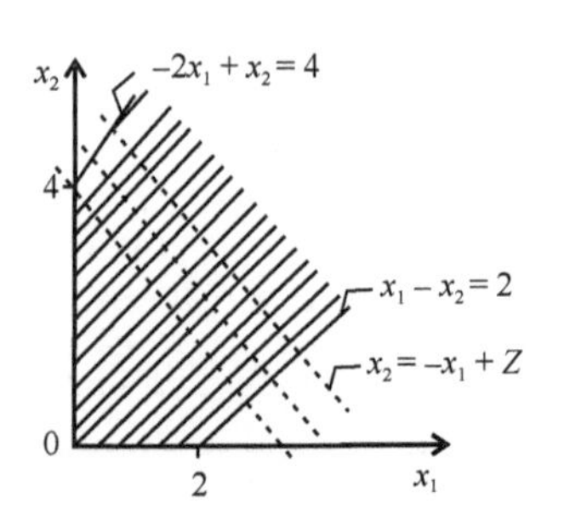

图 3-6　无界解的示意图

当求解结果出现（2）、（3）两种情况时，一般说明线性规划问题的数学模型有错误。前者缺乏必要的约束条件，后者是存在矛盾的约束条件，建模时应注意这两种情况。

从图解法中可以直观地看到，当线性规划问题的可行域非空时，它是有界或无界凸多边形。若线性规划问题存在最优解，它一定在可行域的某个顶点得到；若在两个顶点同时得到最优解，则它们连线上的任意一点都是最优解，即有无穷多最优解。

图解法虽然直观、简便，但当变量数多于三个时，它就无能为力了。因此在本章第三节中介绍一种代数法——单纯形法。

第三节　用单纯形法求解线性规划问题

一、单纯形法

单纯形法是一种求解线性规划问题的通用算法，其基本思想是：给出一种规则，由线性规划问题的一个基本可行解换算到另一个基本可行解，目标函数值是增加的，两个基本可行解之间的换算是容易实现的。经过有限次迭代，即可求得所需的最优解。因此，如何寻找第一个（初始）基本可行解，如何判断基本可行解为最优解，又如何进行相应的两个基本可行解的换算，是利用单纯形法求解线性规划问题的关键。

单纯形法的计算步骤一般可分为以下几步。

（1）将原来的线性规划问题的数学形式变换为标准式。

（2）选择初始基本可行解，该部分分为两种情况来考虑：第一，若原题中所有约束条件均为“≤”形式，则松弛变量可作为初始基本可行解；第二，若原题中的约束条件包括“≥”或“=”形式，则需要人工变量法求得初始基本可行解。

（3）求基本可行解。新的基本可行变量应按最优性和可行性的情况来选择，然后逐步迭代求得最优解。

下面通过例题来说明上述步骤。

例 3-6　用单纯形法求下列线性规划问题的最优解。

$$\max Z = 3x_1 + 2x_2 + 5x_3$$

$$\begin{cases} x_1 + 2x_2 + x_3 \leqslant 430 \\ 3x_1 + 2x_3 \leqslant 460 \\ x_1 + 4x_2 \leqslant 420 \\ x_1, x_2, x_3 \geqslant 0 \end{cases}$$

解：第一步，将原来的数学形式变换成标准式

$$\begin{cases} Z - 3x_1 - 2x_2 - 5x_3 = 0 & (3\text{-}13) \\ x_1 + 2x_2 + x_3 + x_4 = 430 & (3\text{-}14) \\ 3x_1 + 2x_3 + x_5 = 460 & (3\text{-}15) \\ x_1 + 4x_2 + x_6 = 420 & (3\text{-}16) \\ x_i \geqslant 0, i = 1,2,\cdots,6 & (3\text{-}17) \end{cases}$$

式中，x_i（i=1,2,3）为决策变量，x_i（i=4,5,6）为松弛变量。

第二步，本题属于第一种情况，松弛变量系数均为 1，若令 $x_1=x_2=x_3=0$，则松弛变量可选为满足约束条件的初始基本可行变量，并可求出其基本可行解为 $x_4=430$，$x_5=460$，$x_6=420$。

第三步，根据最优条件和可行性条件对变量进行置换，求出新的基本可行解。

最优性条件—— 使目标函数增长最快的条件。

显然，要使 Z 增长最快应选式（3-13），即非基本变量中系数最负者（标准式中系数最大者）。x_3 与 x_1、x_2 相比能使 Z 值增加更快。因此，选 x_3 为新的基本变量，我们称之为进入基本变量。

可行性条件—— 不破坏约束条件。

进入基本变量必须取代一个现有的基本变量，这由现有的基本变量与进入基本变量在相应的约束条件中各正系数的比值确定，取比值最小的相应基本变量为换出变量，以保证约束条件不被破坏。若有两个相等的最小比值，可任选其一。

按上述规则检查本例，则有

现有的基本变量	现有的基本变量与进入基本变量在相应的约束条件中各正系数的比值
$x_4 = 430$	430/1=430
$x_5 = 460$	460/2=230
$x_6 = 420$	420/0

可以看出，x_5 与 x_3 的系数比值最小，因此进入基本变量取代现有的基本变量 x_5 是可行的。若不遵守上述规则，如以 x_3 代替 x_4，此时 x_3、x_5、x_6 为基本变量，$x_1 = x_2 = x_4 = 0$ 为非基本变量，由式（3-14）可求得 $x_3 = 430$，代入式（3-15）得 $3x_1 + 2x_3 + x_5 = 0 + 2\times 430 + x_5 = 860 + x_5 > 460$，破坏了原来的约束条件，因此它不是基本可行解。这样就得到了新的基本变量为 x_4、x_3、x_6。

第一次迭代：在确定了换入和换出变量之后，采用消元法把基本变量用非基本变量表示，得

$$x_3 = \frac{1}{2}(460 - 3x_1 - x_5) = 230 - \frac{3}{2}x_1 - \frac{x_5}{2}$$

$$x_4 = 430 - x_1 - 2x_2 - \left(230 - \frac{3}{2}x_1 - \frac{x_5}{2}\right) = 200 + \frac{x_1}{2} - 2x_2 + \frac{x_5}{2}$$

$$x_6 = 420 - x_1 - 4x_2$$

移项得一组新的方程：

$$\frac{3}{2}x_1 + x_3 + \frac{x_5}{2} = 230 \tag{3-18}$$

$$-\frac{x_1}{2} + 2x_2 + x_4 - \frac{x_5}{2} = 200 \tag{3-19}$$

$$x_1 + 4x_2 + x_6 = 420 \tag{3-20}$$

$$\begin{aligned} Z - 3x_1 - 2x_2 - 5x_3 &= Z - 3x_1 - 2x_2 - 5\left(230 - \frac{3}{2}x_1 - \frac{x_5}{2}\right) \\ &= Z - 1150 + \frac{9}{2}x_1 - 2x_2 + \frac{5}{2}x_5 = 0 \end{aligned} \tag{3-21}$$

这样新的基本可行解为 $x_1 = 0$，$x_2 = 0$，$x_3 = 230$，$x_4 = 200$，$x_5 = 0$，$x_6 = 420$，迭代结果 $Z = 1150$。

第二次迭代：由于式（3-21）中 x_2 的系数仍为负值，目标函数 Z 值仍可增大，应继续进行迭代。迭代过程与第一次相同，其进入基本变量为 x_2，换出基本变量为 x_4，则新的基本变量为 x_2、x_3、x_6。把基本变量用非基本变量表示，并移项得到另一组新的方程，即

$$Z - 1350 + 4x_1 + x_4 + 2x_5 = 0 \tag{3-22}$$

$$x_2 = \frac{1}{2}\left(200 + \frac{1}{2}x_1 - x_4 + \frac{x_5}{2}\right) = 100 + \frac{x_1}{4} - \frac{x_4}{2} + \frac{x_5}{4} \tag{3-23}$$

$$x_3 = 230 - \frac{3}{2}x_1 - \frac{x_5}{2} \tag{3-24}$$

$$x_6 = 420 - x_1 - 4\left(100 + \frac{x_1}{4} - \frac{x_4}{2} + \frac{x_5}{4}\right) = 20 + 2x_4 - x_5 - 2x_1 \tag{3-25}$$

由此可得一组新的基本可行解 $x_1 = 0$，$x_2 = 100$，$x_3 = 230$，$x_4 = 0$，$x_5 = 0$，$x_6 = 20$，相应的 $Z = 1350$。由于此时，式（3-21）迭代为式（3-22）各变量的系数均为正值，说明目标函数 Z 值不可能再增大，已经达到了最优解。因此目标函数的最优值为 $Z = 1350$，该问题的最优解为 $(x_1', x_2', x_3')=$（0，100，230）。

为了便于计算，上述过程也可用表的形式表示，该表称为单纯形表。表 3-2～表 3-4 即为例 3-6 的单纯形表求解。

表 3-2　初始解表

方程号	基变量	Z	x_1	x_2	x_3↓	x_4	x_5↑	x_6	解值	比值
式（3-13）	Z	1	−3	−2	−5	0	0	0	0	
式（3-14）	x_4	0	1	2	1	1	0	0	430	430
式（3-15）	x_5	0	3	0	2	0	1	0	460	230
式（3-16）	x_6	0	1	4	0	0	0	1	420	—

注：↓表示换入变量，↑表示换出变量（在迭代计算过程中），下同。

表 3-3　第一次迭代

初等变换	方程号	基变量	Z	x_1	x_2↓	x_3	x_4↑	x_5	x_6	解值	比值
式（3-18）×5+式（3-13）	式（3-21）	Z	1	9/2	−2	0	0	5/2	0	1150	
式（3-14）−式（3-18）	式（3-19）	x_4	0	−1/2	2	0	1	−1/2	0	200	100
式（3-15）/2	式（3-18）	x_3	0	3/2	0	1	0	1/2	0	230	—
式（3-16）	式（3-20）	x_6	0	1	4	0	0	0	1	420	105

表 3-4　第二次迭代

初等变换	方程号	基变量	Z	x_1	x_2	x_3	x_4	x_5	x_6	解值	比值
式（3-23）×2+式（3-21）	式（3-22）	Z	1	4	0	0	1	2	0	1350	
式（3-19）/2	式（3-23）	x_2	0	−1/4	1	0	1/2	−1/4	0	100	
式（3-18）	式（3-24）	x_3	0	3/2	0	1	0	1/2	0	230	
式（3-20）−式（3-23）×4	式（3-25）	x_6	0	2	0	0	−2	1	1	20	

二、单纯形法的矩阵表示

线性规划问题用矩阵表示时，其求解方法及过程如下。

（1）线性规划问题的目标函数（标准形式）：

$$\max Z = \sum_{j=1}^{n} c_j x_j \tag{3-26}$$

$$\sum_{j=1}^{n} p_j x_j = b \tag{3-27}$$

$$x_j \geqslant 0,\ j = 1,2,\cdots,n \tag{3-28}$$

从 p_j（$j = 1,2,\cdots,n$）中一般能直接观察到存在一个初始基本可行解：

$$B = [p_1, p_2, \cdots, p_m] = \begin{bmatrix} 1 & 0 & \cdots & 0 \\ 0 & 1 & \cdots & 0 \\ \vdots & \vdots & & \vdots \\ 0 & 0 & \cdots & 1 \end{bmatrix}$$

（2）对所有约束条件是“≤”形式的不等式，可以利用化标准式的方法，在每个约束条件的左端加上一个松弛变量。经过整理，重新对 x_j 及 a_{ij}（i=1,2,⋯,m；j=1,2,⋯,n）进行编号，则可得下列方程组：

$$\begin{cases} x_1 + a_{1,m+1}x_{m+1} + \cdots + a_{1n}x_n = b_1 \\ x_2 + a_{2,m+1}x_{m+1} + \cdots + a_{2n}x_n = b_2 \\ \cdots\cdots \\ x_m + a_{m,m+1}x_{m+1} + \cdots + a_{mn}x_n = b_m \\ x_j \geqslant 0,\ j = 1,2,\cdots,n \end{cases} \tag{3-29}$$

显然得到一个 $m \times m$ 单位矩阵：

$$B = [p_1, p_2, \cdots, p_m] = \begin{bmatrix} 1 & 0 & \cdots & 0 \\ 0 & 1 & \cdots & 0 \\ \vdots & \vdots & & \vdots \\ 0 & 0 & \cdots & 1 \end{bmatrix}$$

以 B 作为基本可行变量，将式（3-29）每个等式移项得

$$\begin{cases} x_1 = b_1 - a_{1,m+1}x_{m+1} - \cdots - a_{1n}x_n \\ x_2 = b_2 - a_{2,m+1}x_{m+1} - \cdots - a_{2n}x_n \\ \cdots\cdots \\ x_m = b_m - a_{m,m+1}x_{m+1} - \cdots - a_{mn}x_n \end{cases} \tag{3-30}$$

令 $x_{m+1} = x_{m+2} = \cdots = x_n = 0$，由式（3-30）可得

$$x_i = b_i,\ i = 1,2,\cdots,m$$

又因 $b_i \geqslant 0$，所以得到一个初始基本可行解：

$$X=(x_1,x_2,\cdots,x_m,0,\cdots,0)^{\mathrm{T}}$$
$$=(b_1,b_2,\cdots,b_m,0,\cdots,0)^{\mathrm{T}}$$

其中有 $n-m$ 个 0。

（3）对所有约束条件是“≥”形式的不等式及等式约束情况，若不存在单位矩阵时，就采用人造基方法，即对不等式约束减去一个非负的剩余变量后，再加上一个非负的人工变量；对于等式约束再加上一个非负的人工变量，总能得到一个单位矩阵。后文将介绍这个方法。

（4）最优性检验与解的判别。线性规划问题的求解结果可能出现唯一最优解、无穷多最优解、无界解和无可行解四种情况，这就需要有对解的判别定理。一般情况下，式（3-30）经过迭代后变成：

$$x_i=b_i'-\sum_{j=m+1}^{n}a_{ij}'x_j,\ \ i=1,2,\cdots,m \tag{3-31}$$

将式（3-31）代入目标函数［式（3-26）］，整理后得

$$Z=\sum_{j=1}^{n}c_ib_i'+\sum_{j=m+1}^{n}\left(c_j-\sum_{i=1}^{n}c_ia_{ij}'\right)x_j \tag{3-32}$$

令

$$Z_0=\sum_{i=1}^{m}c_ib_i',\ \ Z_j=\sum_{i=1}^{m}c_ia_{ij}',\ \ j=m+1,\cdots,n$$

于是

$$Z=Z_0+\sum_{j=m+1}^{n}(c_j-z_j)x_j \tag{3-33}$$

再令

$$\sigma_j=c_j-Z_j,\ \ j=m+1,\cdots,n$$

则

$$Z=Z_0+\sum_{j=m+1}^{n}\sigma_jx_j \tag{3-34}$$

第一，最优解的判别定理：若 $X^{(0)}=(b_1',b_2',\cdots,b_m',0,\cdots,0)^{\mathrm{T}}$ 为对应于基本可行变量 B 的一个基本可行解，且对于一切 $j=m+1,\cdots,n$ 有 $\sigma_j\leqslant 0$，则 $X^{(0)}$ 为最优解，称 σ_j 为检验数。

第二，无穷多最优解的判别定理：若 $X^{(0)}=(b_1',b_2',\cdots,b_m',0,\cdots,0)^{\mathrm{T}}$ 为一个基本可行解，对于一切 $j=m+1,\cdots,n$ 有 $\sigma_j\leqslant 0$，又存在某个非基本可行变量的检验数

$\sigma_{m+k}=0$，则线性规划问题的目标函数有无穷多最优解。

第三，无界解的判别定理：若 $X^{(0)}=(b_1',b_2',\cdots,b_m',0,\cdots,0)^{\mathrm{T}}$ 为一个基本可行解，有 $\sigma_{m+k}>0$，并且对 $i=1,2,\cdots,m$ 有 $a_{i,m+k}\leqslant 0$，那么该线性规划问题的目标函数具有无界解（或称无最优解）。

以上讨论都是针对标准式，即求目标函数极大化时的情况。当求目标函数极小化时，一种情况如前所述，将其化为标准式。如果不化为标准式，只需在上述最优解和无穷多最优解的判别定理中把 $\sigma_j\leqslant 0$ 改为 $\sigma_j\geqslant 0$，在无界解的判别定理中将 $\sigma_{m+k}>0$ 改为 $\sigma_{m+k}<0$ 即可。

既然我们了解了单纯形法的矩阵表示，例 3-6 用单纯形法的计算过程就可用表 3-5 表示。

表 3-5 例 3-6 的单纯形表计算过程

c_j			3	2	5	0	0	0	比值
c_b	x_b	b	x_1	x_2	x_3	x_4	x_5	x_6	
0	x_4	430	1	2	1	1	0	0	430
0	x_5	460	3	0	[2]	0	1	0	230
0	x_6	420	1	4	0	0	0	1	—
c_j-z_j		0	3	2	5	0	0	0	
0	x_4	200	–1/2	[2]	0	1	–1/2	0	100
5	x_3	230	3/2	0	1	0	1/2	0	—
0	x_6	420	1	4	0	0	0	1	105
c_j-z_j		–1150	–9/2	2	0	0	–5/2	0	
2	x_2	100	–1/4	1	0	1/2	–1/4	0	
5	x_2	230	3/2	0	1	0	1/2	0	
0	x_6	105	2	0	0	–2	1	1	
c_j-z_j		–1350	–4	0	0	–1	–2	0	

注：表中[ ]的元素表示换入基本变量与换出基本变量相交的位置，以此元素为主元素进行单纯形法的基本变换（把主元素的值变为 1，主元素所在的那一列的其他值变为 0，进行初等变换）。M 为任意大的正数。下同。

通过以上的单纯形表的计算，最终就可得到线性规划的最优解，x_2=100，x_3=230，x_6=20，其他的非基本变量都为零，得到相应的目标函数值 Z=1350。

三、人工变量法

当线性规划问题的约束条件存在“≥”形式时，首先将目标函数变换成标准

形式，为

$$\sum_{j=1}^{n} p_j x_j = b$$

再分别给每一个约束方程加入人工变量 $x_{n+1},\cdots,x_{n+m}$，得

$$\begin{cases} a_{11}x_1 + a_{12}x_2 + \cdots + a_{1n}x_n + x_{n+1} = b_1 \\ a_{21}x_1 + a_{22}x_2 + \cdots + a_{2n}x_n + x_{n+2} = b_2 \\ \qquad\qquad \cdots\cdots \\ a_{m1}x_1 + a_{m2}x_2 + \cdots + a_{mn}x_n + x_{n+m} = b_m \\ x_1,\cdots,x_n \geqslant 0, x_{n+1},\cdots,x_{n+m} \geqslant 0 \end{cases}$$

以 $x_{n+1},\cdots,x_{n+m}$ 为基本变量，并可得到一个 $m\times m$ 单位矩阵。令非基本变量 $x_1,\cdots,x_n$ 为零，便可得到一个初始基本可行解：

$$X^{(0)} = \left(0,0,\cdots,0,b_1,b_2,\cdots,b_m\right)^{\mathrm{T}}$$

人工变量是后加入原约束条件中的虚拟变量，将它们从基本变量中逐个替换出来。若经过变换，基本变量中不再含有非零的人工变量，就表示原问题有解。若在最终表中当所有 $c_j - z_j \leqslant 0$，还有某个非零的人工变量，就表示无可行解。

1. 大 M 法

在一个线性规划问题的约束条件中加入人工变量后，要求人工变量对目标函数取值不产生影响，为此假定人工变量在目标函数中的系数为$-M$（M 为任意大的正数），这样目标函数要实现最大化时，必须把人工变量从基本变量中换出，否则目标函数不可能实现最大化。

例 3-7　现有线性规划问题：

$$\min Z = -3x_1 + x_2 + x_3$$

$$\begin{cases} x_1 - 2x_2 + x_3 \leqslant 11 \\ -4x_1 + x_2 + 2x_3 \geqslant 3 \\ -2x_1 + x_3 = 1 \\ x_1, x_2, x_3 \geqslant 0 \end{cases}$$

试用大 M 法求解。

解：在上述问题的约束条件中加入松弛变量、剩余变量、人工变量，得

$$\min Z = -3x_1 + x_2 + x_3 + 0x_4 + 0x_5 + Mx_6 + Mx_7$$

$$\begin{cases} x_1 - 2x_2 + x_3 + x_4 = 11 \\ -4x_1 + x_2 + 2x_3 - x_5 + x_6 = 3 \\ -2x_1 + x_3 + x_7 = 1 \\ x_1, x_2, x_3, x_4, x_5, x_6, x_7 \geqslant 0 \end{cases}$$

这里 M 是一个任意大的正数。

用单纯形表进行计算（表 3-6）。因本例是求 min，所以用 $c_j - Z_j \geqslant 0$ 来判别目标函数是否实现了最小化。表 3-6 中的最终表表明得到的最优解是

$$x_1 = 4,\ x_2 = 1,\ x_3 = 9,\ x_4 = x_5 = x_6 = x_7 = 0$$

目标函数：

$$Z = -2$$

表 3-6　采用单纯形表的计算过程

c_j			−3	1	1	0	0	M	M	比值
c_b	x_b	b	x_1	x_2	x_3	x_4	x_5	x_6	x_7	
0	x_4	11	1	−2	1	1	0	0	0	11
M	x_6	3	−4	1	2	0	−1	1	0	3/2
M	x_7	1	−2	0	[1]	0	0	0	1	1
c_j-Z_j			$-3+6M$	$1-M$	$1-3M$	0	M	0	0	
0	x_4	10	3	−2	0	1	0	0	−1	
M	x_6	1	0	[1]	0	0	−1	1	−2	1
1	x_3	1	−2	0	1	0	0	0	1	
c_j-Z_j			−1	$1-M$	0	0	M	0	$3M-1$	
0	x_4	12	[3]	0	0	1	−2	2	−5	4
1	x_2	1	0	1	0	0	−1	1	−2	
1	x_3	1	−2	0	1	0	0	0	1	
c_j-Z_j			−1	0	0	0	1	$M-1$	$M+1$	
−3	x_1	4	1	0	0	1/3	−2/3	2/3	−5/3	
1	x_2	1	0	1	0	0	−1	1	−2	
1	x_3	9	0	0	1	2/3	−4/3	4/3	−7/3	
c_j-Z_j		2	0	0	0	1/3	1/3	$M-1/3$	$M-2/3$	

2. 两阶段法

用电子计算机求解含人工变量的线性规划问题时，只能用很大的数代替 M，

这就可能造成计算上的错误，这里介绍两阶段法求解线性规划问题。

第一阶段：首先不考虑原问题是否存在基本可行解，给原线性规划问题加入人工变量，并构造仅含人工变量的目标函数，要求实现最小化，即

$$\min \omega = x_{n+1} + \cdots + x_{n+m} + 0x_1 + \cdots + 0x_n$$

$$\begin{cases} a_{11}x_1 + \cdots + a_{1n}x_n + x_{n+1} = b_1 \\ a_{21}x_1 + \cdots + a_{2n}x_n + x_{n+2} = b_2 \\ \qquad \cdots\cdots \\ a_{m1}x_1 + \cdots + a_{mn}x_n + x_{n+m} = b_m \\ x_1, x_2, \cdots, x_{n+m} \geqslant 0 \end{cases}$$

然后用单纯形法求解上述模型，若得到 $\omega = 0$，就说明原问题存在基本可行解，可以进行第二阶段计算，否则原问题无可行解，应停止计算。

第二阶段：将第一阶段计算得到的最终表，除去人工变量。将目标函数的系数，换为原问题的目标函数的系数，作为第二阶段计算的初始表。

各阶段的计算方法及步骤与单纯形法相同，下面举例说明。

例 3-8　线性规划问题：

$$\min Z = -3x_1 + x_2 + x_3$$

$$\begin{cases} x_1 - 2x_2 + x_3 \leqslant 11 \\ -4x_1 + x_2 + 2x_3 \geqslant 3 \\ -2x_1 + x_3 = 1 \\ x_1, x_2, x_3 \geqslant 0 \end{cases}$$

试用两阶段法求解。

解：先在上述线性规划问题的约束方程中加入人工变量，给出第一阶段的数学模型为

$$\min \omega = x_6 + x_7$$

$$\begin{cases} x_1 - 2x_2 + x_3 + x_4 = 11 \\ -4x_1 + x_2 + 2x_3 - x_5 + x_6 = 3 \\ -2x_1 + x_3 + x_7 = 1 \\ x_1, x_2, x_3, x_4, x_5, x_6, x_7 \geqslant 0 \end{cases}$$

其中 x_6、x_7 是人工变量。用单纯形法求解，见表 3-7。第一阶段求得的结果是 $\omega = 0$，得到的最优解是

$$x_1 = 0,\ x_2 = 1,\ x_3 = 1,\ x_4 = 12,\ x_5 = x_6 = x_7 = 0$$

$$\min \omega = 0$$

表 3-7　采用单纯形法的计算过程（第一阶段）

	c_j		0	0	0	0	0	1	1	比值
c_b	x_b	b	x_1	x_2	x_3	x_4	x_5	x_6	x_7	
0	x_4	11	1	–2	1	1	0	0	0	11
1	x_6	3	–4	1	2	0	–1	1	0	3/2
1	x_7	1	–2	0	[1]	0	0	0	1	1
	$c_j–Z_j$		6	–1	–3	0	1	0	0	
0	x_4	10	3	–2	0	1	0	0	–1	—
1	x_6	1	0	[1]	0	0	–1	1	–2	1
0	x_3	1	–2	0	1	0	0	0	1	—
	$c_j–Z_j$		0	–1	0	0	1	0	3	
0	x_4	12	3	0	0	1	–2	2	–5	
0	x_2	1	0	1	0	0	–1	1	–2	
0	x_3	1	–2	0	1	0	0	0	0	
	$c_j–Z_j$	0	0	0	0	0	0	1	1	

因人工变量 $x_6 = x_7 = 0$，所以 $(0,1,1,12,0)^{\mathrm{T}}$ 是这线性规划问题的基本可行解。于是可以进行第二阶段运算。将第一阶段的最终表中的人工变量去除，并填入原问题的目标函数系数，进行第二阶段计算（表 3-8）。

表 3-8　采用单纯形法的计算过程（第二阶段）

	c_j		–3	1	1	0	0	比值
c_b	x_b	b	x_1	x_2	x_3	x_4	x_5	
0	x_4	12	[3]	0	0	1	–2	4
1	x_2	1	0	1	0	0	–1	—
1	x_3	1	–2	0	1	0	0	—
	$c_j–Z_j$		–1	0	0	0	1	
–3	x_1	4	1	0	0	1/3	–2/3	
1	x_2	1	0	1	0	0	–1	
1	x_3	9	0	0	1	2/3	–4/3	
	$c_j–Z_j$	2	0	0	0	1/3	1/3	

从表 3-8 中得到最优解为

$$x_1 = 4,\ x_2 = 1,\ x_3 = 9$$

目标函数：

$$Z = -2$$

第四节　线性规划的对偶问题

对偶是线性规划问题的一个重要特征。对于任何求极大值的线性规划问题，都有一个与之对应的求极小值的问题，其有关的约束条件的系数矩阵具有相同的数据，但形式上互为转置；且目标函数的系数与约束方程的右端项互换，目标函数值相等，这就是线性规划的对偶问题。在水资源系统规划与管理中，同一问题往往可以从两个不同的角度提出，如对于某供水工程的规划问题，既可以是在一定的条件下寻求使工程供水效益最大的最优规划方案，又可以是在供水范围一定的条件下寻找使工程投资费用最小的最优规划方案。这两者是等价的，存在相互对称的关系，此类问题的关系也称为对偶关系。此种对偶问题中，其中之一称为原问题，另一伴生的线性规划问题称为对偶问题。研究两个互为对偶的线性规划问题的解之间的关系就构成了对偶理论。关于对偶问题的数学模型，即

设有线性规划问题，

目标函数：

$$\max Z = Cx$$

约束条件：

$$Ax \leqslant b, x \geqslant 0$$

则有对偶问题，

目标函数：

$$\min \omega = Yb$$

约束条件：

$$YA \geqslant C, Y \geqslant 0$$

对偶问题与原问题的相互关系，其变换形式可用表 3-9 表示。

表 3-9　原问题与对偶问题的相互转化关系

原问题（或对偶问题）	对偶问题（或原问题）
目标函数 $\max Z$	目标函数 $\min \omega$
n 个变量	n 个约束条件
$\geqslant 0$	$\geqslant$
$\leqslant 0$	$\leqslant$
无约束	$=$
m 个约束条件	m 个变量
$\leqslant$	$\geqslant 0$
$\geqslant$	$\leqslant 0$
$=$	无约束
约束条件的右端项	目标函数变量的系数
目标函数变量的系数	约束条件的右端项

例 3-9　试求下述线性规划问题的对偶问题

$$\min Z = 2x_1 + 3x_2 - 5x_3 + x_4$$

$$\begin{cases} x_1 + x_2 - 3x_3 + x_4 \geqslant 5 & \text{（3-35）} \\ 2x_1 + 2x_3 - x_4 \leqslant 4 & \text{（3-36）} \\ x_2 + x_3 + x_4 = 6 & \text{（3-37）} \\ x_1 \leqslant 0; x_2, x_3 \geqslant 0; x_4\text{无约束} \end{cases}$$

解：设对应于约束条件［式（3-35）～式（3-37）］的对偶变量分别为 y_1、y_2、

y_3，则由表 3-9 中原问题和对偶问题的相互转化关系，可以直接写出上述问题的对偶问题：

$$\max Z' = 5y_1 + 4y_2 + 6y_3$$

$$\begin{cases} y_1 + 2y_2 \geqslant 2 \\ y_1 + y_3 \leqslant 3 \\ -3y_1 + 2y_2 + y_3 \leqslant -5 \\ y_1 - y_2 + y_3 = 1 \\ y_1 \geqslant 0, y_2 \leqslant 0, y_3 \text{无约束} \end{cases}$$

由以上的例题，我们可以得知对偶问题的基本性质如下。

（1）对称性。对偶问题的对偶是原问题。

（2）弱对偶性。若 $\bar{X}$ 是原问题的可行解，$\bar{Y}$ 是对偶问题的可行解，则存在：

$$c\bar{X} \leqslant \bar{Y}b$$

（3）无界性。若原问题（对偶问题）为无界解，则其对偶问题（原问题）无可行解。

（4）可行解是最优解时的性质。设 $\hat{X}$ 是原问题的可行解，$\hat{Y}$ 是对偶问题的可行解，当 $c\hat{X}=\hat{Y}b$ 时，$\hat{X}$、$\hat{Y}$ 是最优解。

（5）对偶定理若原问题有最优解，那么对偶问题也有最优解，且目标函数值相等。

（6）设原问题是 $\max Z = cX$；$AX + X_s = b$；$X, X_s \geqslant 0$。它的对偶问题 $\min \omega = Yb$；$YA - Y_s = c$；$Y, Y_s \geqslant 0$。原问题单纯形表的检验数行对应其对偶问题的一个基本可行解，其相互关系如表 3-10 所示。

表 3-10　原问题解与对偶问题解的相互关系

X_B	X_N	X_S
0	$C_N - C_B B^{-1} N$	$-C_B B^{-1}$
Y_{S1}	$-Y_{S2}$	$-Y$

注：Y_{S1} 为对应原问题中基本可行变量 X_B 的剩余变量；Y_{S2} 为对应原问题中非基本可行变量 X_N 的剩余变量；$-Y$ 为对偶问题的解。

（7）互补松弛性。

若 $\hat{X}$、$\hat{Y}$ 分别是原问题和对偶问题的可行解，那么 $\hat{Y}X_S = 0$ 和 $Y_S\hat{X} = 0$，当且仅当 $\hat{X}$、$\hat{Y}$ 为最优解（X_S 为原问题的松弛变量，Y_S 为对偶问题的剩余变量）。

例 3-10　某水源地有Ⅰ、Ⅱ供水井，分别开采水质不同的承压含水层地下水，供给 A、B 两个化工厂。两厂对混合水质有一定要求。经水文地质试验查明，当

Ⅰ井水位降深 3 m、Ⅱ井降深 2 m 时，可供符合 A 厂水质要求的一个单位流量；当Ⅰ井水位降深 1 m、Ⅱ井降深 4 m 时，可供符合 B 厂水质要求的一个单位流量。设Ⅰ井最大水位允许降深为 7 m，Ⅱ井最大水位允许降深为 12 m。给 A 厂及 B 厂供水的单位流量收益分别为 5 万元和 6 万元，问两个供水井如何组织生产，才能使受益最大？

解：设 x_1、x_2 分别为供给 A、B 两厂的水量，依题意可建立此问题的线性规划数学模型。

目标函数：

$$\max Z = 5x_1 + 6x_2$$

约束条件：

$$\begin{cases} 3x_1 + x_2 \leqslant 7 \\ 2x_1 + 4x_2 \leqslant 12 \\ x_1, x_2 \geqslant 0 \end{cases}$$

算得最优解为

$$x_1 = \frac{8}{5}，\quad x_2 = \frac{11}{5}，\quad z = \frac{106}{5}$$

若考虑其对偶问题，若 y_1、y_2 分别为Ⅰ、Ⅱ井单位降深抽水流量的定价（考虑人员工资、材料消耗等)，给 A、B 两厂供一个单位流量，需要Ⅰ、Ⅱ井分别降深 3 m、2 m 及 1 m、4 m，Ⅰ、Ⅱ井最大允许降深各为 7 m 和 12 m，若供 A、B 厂一个单位流量的成本费分别为 5 万元和 6 万元，问如何组织生产才能使水费定价最低？

依题意，建立数学模型如下。

目标函数：

$$\min \omega = 7y_1 + 12y_2$$

约束条件：

$$\begin{cases} 3y_1 + 2y_2 \geqslant 5 \\ y_1 + 4y_2 \geqslant 6 \\ y_1, y_2 \geqslant 0 \end{cases}$$

由上述单纯形法算得最优解为

$$y_1 = \frac{4}{5}，\quad y_2 = \frac{13}{10}，\quad \omega = \frac{106}{5}$$

从此例可以看出，若原问题有最优解，则对偶问题也有最优解，且目标函数值相等。

由对偶理论可导出对偶变量 $Y=C_BB^{-1}$，当原问题求得最优解时，其目标函数：

$$Z=C_Bx_B=C_BB^{-1}p_0=\sum_{i=1}^{m}b_iy_i$$

令 $Z_i=b_iy_i$，则

$$Z=\sum_{i=1}^{m}Z_i,\quad i=1,2,\cdots,m;\quad Z=b_iy_i$$

$$y_i=Z_i/b_i$$

由此可见，对偶变量 y_i 是与其相应的约束条件的右端项 b_i 变化一个单位时目标函数的变化值。当原问题的目标函数为收益最大时，它反映了与其相应的约束条件的右端项变化一个单位时隐藏的收益的变化；反之，当原问题的目标函数为支出费用最小时，它反映了与其相应的约束条件的右端项变化一个单位时隐藏的费用变化。因此，在经济分析中，常把对偶变量称为“影子价格”。

例 3-11 某工厂在地点 1 和 2 处排放污水（图 3-7），造成河水污染，使地点 2 及地点 3 处水中溶解氧分别减少 q_2、q_3，均分别小于水质全氧指标 Q_2 和 Q_3。设 p_i 为地点 i 处每天排放的污水量，a_{ij} 为 i 处每处理 1 个单位污水时下游 j 处水中溶解氧的增加量，c_i 为地点 i 处每处理 1 个单位污水的费用，x_i 为 i 处所处理污水的百分数。问在地点 1 和 2 处需要处理多少污水才能使地点 2 和 3 处河水中的溶解氧量达到要求，并使处理费用最低。其必要数据如表 3-11 所示。

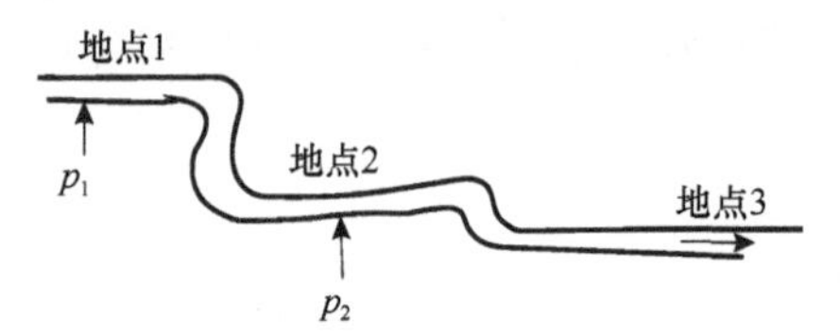

图 3-7 河流污水排放点位置示意图

表 3-11 必要数据信息

参数	a_{12}/（mg/L）	a_{13}/（mg/L）	a_{23}/（mg/L）	p_1/（L/d）	p_2/（L/d）	q_2/（mg/L）
数据	0.025	0.0125	0.025	200	100	3
参数	q_3/（mg/L）	Q_2/（mg/L）	Q_3/（mg/L）	c_1/（元/L）	c_2/（元/L）	x_i
数据	2	7	6	10	6	$0.3\leqslant x_i\leqslant 0.95$

解：依题意，可列出数学模型。

目标函数：

$$\min Z=10p_1x_1+6p_2x_2$$

约束条件：

$$\begin{cases} q_2 + a_{12} p_1 x_1 \geqslant Q_2 \\ q_3 + a_{13} p_1 x_1 + a_{23} p_2 x_2 \geqslant Q_2 \\ x_1 \geqslant 0.3, x_2 \geqslant 0.3 \\ x_1 \leqslant 0.95, x_2 \leqslant 0.95 \end{cases}$$

由于是二维问题，此例既可用单纯形法求解，也可用图解法求解（图 3-8），由图上可看到原问题的最优解为 $x_1 = 0.8$，$x_2 = 0.8$，$Z = 12.8$。

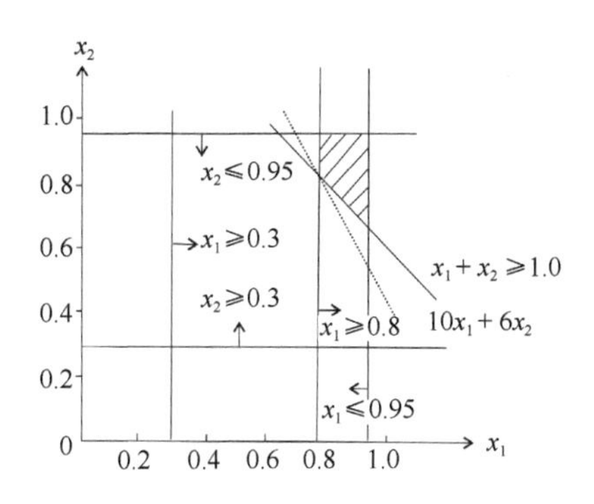

图 3-8　例 3-11 的图解法

下面讨论该问题的对偶问题：依据原问题和对偶问题的相互关系，可以很方便地写出对偶模型。

目标函数：

$$\max \omega = 0.8 y_1 + 1.6 y_2$$

约束方程：

$$\begin{cases} y_1 + y_2 \leqslant 10 \\ y_2 \leqslant 6 \\ y_1, y_2 \geqslant 0 \end{cases}$$

求解得

$$y_1 = 4，\quad y_2 = 6，\quad \omega = 12.8$$

其中，对偶问题的变量指污染物降低一个单位所节省的处理费用，目标是使总节省的费用最大。

第五节　线性规划的灵敏度分析

在以前讨论线性规划问题时，假定 a_{ij}、b_i、c_j 都是常数。但实际上这些系数往往是估计值和预测值。如市场条件一变，c_j 值就会变化；a_{ij} 往往因工艺条件的改变而改变；b_i 是由资源投入后的经济效果决定的一种决策选择。因此提出这样两个问题：当这些系数有一个或几个发生变化时，已求得的线性规划问题的最优解会有什么变化；当这些系数在什么范围内变化时，线性规划问题的最优解或最优基不变。

显然，当线性规划问题中某一个或几个系数方程变化后，原来已得结果一般会发生变化。当然可以用单纯形法从头计算，以便得到新的最优解。然而这样做很麻烦，而且也没有必要。用单纯形法迭代时，每次运算都和基本可行变量的系数矩阵 B 有关。因此，可以把发生变化的个别系数，经过一定计算后直接填入最终表中，并进行检查和分析，可按表 3-12 中的几种情况来进行处理。

表 3-12　基解情形分析

原问题	对偶问题	结论或继续计算的步骤
可行解	可行解	表中的解仍为最优解
可行解	非可行解	用单纯形法继续迭代求最优解
非可行解	可行解	用对偶问题的方法继续迭代求最优解
非可行解	非可行解	引进人工变量，编制新的单纯形表，求最优解

下面就各种情况分别进行讨论。

一、资源数量变化的分析

资源数量变化是指系数 b_r 发生变化，即 $b_r' = b_r + \Delta b_r$，并假设规划问题的其他系数都不变。这样使最终表中原问题的解相应地变化为

$$X_B' = B^{-1}\left(b + \Delta b_r\right)$$

这里 $\Delta b = \left[0, \cdots, \Delta b_r, 0 \cdots, 0\right]^{\mathrm{T}}$。只要 $X_B' \geqslant 0$，最终表中检验数不变，则最优基不变。但最优解发生了变化，所以 X_B' 为新的最优解。新的最优解可允许变化范围用以下方法确定。

$$B^{-1}\left(b + \Delta b\right) = B^{-1}b + B^{-1}\Delta b$$

$$= B^{-1}b + B^{-1}\begin{bmatrix} 0 \\ \vdots \\ \Delta b_r \\ \vdots \\ 0 \end{bmatrix}$$

式中，$B^{-1}\begin{bmatrix}0\\ \vdots\\ \Delta b_r\\ \vdots\\ 0\end{bmatrix}=\begin{bmatrix}\overline{a}_{1r}\Delta b_r\\ \vdots\\ \overline{a}_{ir}\Delta b_r\\ \vdots\\ \overline{a}_{mr}\Delta b_r\end{bmatrix}=\Delta b_r\begin{bmatrix}\overline{a}_{1r}\\ \vdots\\ \overline{a}_{ir}\\ \vdots\\ \overline{a}_{mr}\end{bmatrix}$

这时在最终表中求得 b 列的所有元素 $\overline{b}_i+\overline{a}_{ir}\Delta b_r\geqslant 0$，$i=1,2,\cdots,m$。由此可得

$$\overline{a}_{ir}\Delta b_r\geqslant -\overline{b}_i,\ i=1,2,\cdots,m$$

当 $\overline{a}_{ir}>0$ 时，$\Delta b_r\geqslant -\overline{b}_i/\overline{a}_{ir}$；当 $\overline{a}_{ir}<0$ 时，$\Delta b_r\leqslant -\overline{b}_i/\overline{a}_{ir}$。于是当改变 b 时，要保持最优解不变的 Δb_r 的可变化范围为

$$\max\left\{-\overline{b}_i/\overline{a}_{ir}|\overline{a}_{ir}>0\right\}\leqslant\Delta b_r\leqslant\min\left\{-\overline{b}_i/\overline{a}_{ir}|\overline{a}_{ir}<0\right\}$$

例 3-12 本章的例 3-5 用单纯形法计算，得到最终表为表 3-13。设每台设备的单价为 1.5 元。若该厂又从别处抽出 4 台时用于生产产品Ⅰ、Ⅱ。求这时该厂生产产品Ⅰ、Ⅱ的最优方案。

表 3-13 例 3-5 单纯形法的最终表

c_j			2	3	0	0	0	比值
c_b	x_b	b	x_1	x_2	x_3	x_4	x_5	
2	x_1	2	1	0	1	0	–1/2	—
0	x_4	8	0	0	–4	1	[2]	4
3	x_2	3	0	1	0	0	1/4	12
$-Z$		–13	0	0	–2	0	1/4	
2	x_1	4	1	0	0	1/4	0	
0	x_5	4	0	0	–2	1/2	1	
3	x_2	2	0	1	1/2	–1/8	0	
$-Z$		–14	0	0	–1.5	–1/8	0	

解：先计算 $B^{-1}\Delta b$，即

$$B^{-1}\Delta b=\begin{bmatrix}0 & 0.25 & 0\\ -2 & 0.5 & 1\\ 0.5 & -0.125 & 0\end{bmatrix}\begin{bmatrix}4\\ 0\\ 0\end{bmatrix}=\begin{bmatrix}0\\ -8\\ 2\end{bmatrix}$$

将上述结果反映到最终表（表 3-13）中，得表 3-14。

由于表 3-14 中 b 列中有负数，用对偶问题的方法求新的最优解，计算结果见表 3-15。

表 3-14　灵敏度分析（资源数量变化）计算表

	c_j		2	3	0	0	0
c_b	x_b	b	x_1	x_2	x_3	x_4	x_5
2	x_1	4+0	1	0	0	0.25	0
0	x_5	4–8	0	0	[–2]	0.5	1
3	x_2	2+2	0	1	0.5	–0.125	0
	c_j-Z_j		0	0	–1.5	–0.125	0

即该厂最优生产方案应该为生产 4 件产品Ⅰ、生产 3 件产品Ⅱ，获利为

$$Z^* = 4\times 2 + 3\times 3 = 17\text{元}$$

表 3-15　灵敏度分析（资源数量变化）计算的最终表

	c_j		2	3	0	0	0
c_b	x_b	b	x_1	x_2	x_3	x_4	x_5
2	x_1	4	1	0	0	0.25	0
0	x_3	2	0	0	1	–0.25	–0.5
3	x_2	3	0	1	0	0	0.25
	c_j-Z_j		0	0	0	–0.5	–0.75

从表 3-15 看出 x_3=2，即设备有 2 台时剩余，未被利用。

二、目标函数中价值系数 c_j 的变化分析

可以分别就 c_j 是对应的非基本变量和基本变量两种情况来讨论。

（1）c_j 是非基本变量 x_j 的系数，这时它在计算表中所对应的检验数是

$$\sigma_j = c_j - C_B B^{-1} p_j$$

或

$$\sigma_j = c_j - \sum_{i=1}^{m} a_{ij} y_i$$

当 c_j 变化 Δc_j 后，要保证最终表中这个检验数仍小于或等于零，即

$$\sigma_j' = c_j + \Delta c_j - C_B B^{-1} p_j \leqslant 0$$

那么 $c_j + \Delta c_j \leqslant Yp_j$，即 Δc_j 必须小于或等于 $Yp_j - c_j$，才可以满足原最优解的条件。这样就可以确定 Δc_j 的范围了。

（2）若 c_r 是基本变量 x_r 的系数。因 $c_r \in C_B$，当 c_r 变化 Δc_r 时，就引起 C_B 的变化，这时：

$$(C_B+\Delta C_B)B^{-1}A=C_BB^{-1}A+(0,\cdots,\Delta c_r,\cdots,0)B^{-1}A$$
$$=C_BB^{-1}A+\Delta c_r(a_{r1},a_{r2},\cdots,a_{rn})$$

可见当c_r变化Δc_r后，最终表中的检验数是

$$\sigma_j'=c_j-C_BB^{-1}A-\Delta c_r\bar{a}_{rj},\ j=1,2,\cdots,n$$

即$\sigma_j'=\sigma_j-\Delta c_r\bar{a}_{rj},\ j=1,2,\cdots,n$

若要求原最优解不变，即必须满足$\sigma_j'\leqslant 0$，于是得

$$\begin{cases}\bar{a}_{rj}<0,\ \Delta c_r\leqslant\sigma_j/\bar{a}_{rj},\ j=1,2,\cdots,n\\ \bar{a}_{rj}>0,\ \Delta c_r\geqslant\sigma_j/\bar{a}_{rj},\ j=1,2,\cdots,n\end{cases}$$

Δc_r变化的范围是$\max\limits_j\left\{\sigma_j/\bar{a}_{rj}|\bar{a}_{rj}>0\right\}\leqslant\Delta c_r\leqslant\min\limits_j\left\{\sigma_j/\bar{a}_{rj}|\bar{a}_{rj}<0\right\}$

例 3-13　试以例 3-12 中的最终表（表 3-13）为例。设基本变量x_2的系数c_2变化Δc_2，在原最优解不变的条件下，确定Δc_2的变化范围。

解：这时表 3-13 的最终表便成为表 3-16。

表 3-16　灵敏度分析（价值系数变化）计算表

	c_j		2	$3+\Delta c_2$	0	0	0
c_b	x_b	b	x_1	x_2	x_3	x_4	x_5
2	x_1	4	1	0	0	0.25	0
0	x_5	4	0	0	−2	0.5	1
3	x_2	2	0	1	0.5	−0.125	0
	c_j-Z_j		0	Δc_2	−1.5	−0.125	0

为了保持原最优解不变，则x_2的检验数应当为零。这时可用行的初等变换实现，得到表 3-17。

表 3-17　灵敏度分析（价值系数变化）计算的最终表

	c_j		2	$3+\Delta c_2$	0	0	0
c_b	x_b	b	x_1	x_2	x_3	x_4	x_5
2	x_1	4	1	0	0	0.25	0
0	x_5	4	0	0	−2	0.5	1
$3+\Delta c_2$	x_2	2	0	1	0.5	−0.125	0
	c_j-Z_j		0	0	$-1.5-\Delta c_2/2$	$\Delta c_2/8-1/8$	0

由表 3-17 可得

$$-1.5-\Delta c_2/2\leqslant 0;\quad \Delta c_2/8-1/8\leqslant 0$$

由此可见：

$$\Delta c_2\geqslant -1.5/0.5;\quad \Delta c_2\leqslant 1$$

Δc_2的变化范围为

$$-3\leqslant \Delta c_2\leqslant 1$$

即x_2的价值系数c_2可以在[0，4]变化，而不影响原最优解。

有兴趣的读者可以试算一下，在本例中最优解不变时c_1的可变化范围。

三、技术系数 a_{ij} 的变化分析

分两种情况来讨论技术系数a_{ij}的变化。下面以具体例子说明。

例 3-14 分析在原计划中是否应该安排一种新产品。以本章例 3-5 为例，设该厂除了生产产品Ⅰ、Ⅱ外，现有一种新产品Ⅲ。已知生产产品Ⅲ，每件需消耗原材料 A、B 各为 6kg、3kg，使用设备 2 台时，每件可获利 5 元。问该厂是否应生产该产品？如果生产，应该生产多少？

解：分析这个问题的步骤如下。

（1）设生产x_3'台产品Ⅲ，其技术系数向量$p_3'=(2,6,3)^{\mathrm{T}}$，然后计算最终表中对应$x_3'$的检验数：

$$\sigma_3'=c_3'-C_B B^{-1}p_3'=5-[2,0,3]\begin{bmatrix}0 & 0.25 & 0\\ -2 & 0.5 & 1\\ 0.5 & -0.125 & 0\end{bmatrix}[2,6,3]^{\mathrm{T}}$$

$$=1.25>0$$

说明安排生产产品Ⅲ是有利的。

（2）计算产品Ⅲ在最终表中对应x_3'，x_3'在表中相应的系数矩阵为

$$B^{-1}p_3'=\begin{bmatrix}0 & 0.25 & 0\\ -2 & 0.5 & 1\\ 0.5 & -0.125 & 0\end{bmatrix}\begin{bmatrix}2\\6\\3\end{bmatrix}=\begin{bmatrix}1.5\\2\\0.25\end{bmatrix}$$

并将（1）和（2）中的计算结果填入最终计算（表 3-13）中，得表 3-18。

表 3-18　灵敏度分析（技术系数变化）计算的最终表一

	c_j		2	3	0	0	0	5
c_b	x_b	b	x_1	x_2	x_3	x_4	x_5	x_3'
2	x_1	4	1	0	0	0.25	0	1.5
0	x_5	4	0	0	−2	0.5	1	[2]
3	x_2	2	0	1	0.5	−0.125	0	0.25
	c_j-Z_j		0	0	−1.5	−1/8	0	1.25

由于 b 列的数字没有变化，原问题的解是可行解。但检验数行中还有正检验数，说明目标函数值还可以改善。

（3）将 x_3' 作为换入变量，x_5 作为换出变量，进行迭代，求出最优解。计算结果见表 3-19，这时得最优解：

$$x_1=1,\ x_2=1.5,\ x_3'=2$$

总的利润为 16.5 元，比原计划增加了 2.5 元。

表 3-19　灵敏度分析（技术系数变化）计算的最终表二

	c_j		2	3	0	0	0	5
c_b	x_b	b	x_1	x_2	x_3	x_4	x_5	x_3'
2	x_1	1	1	0	1.5	−0.125	−0.75	0
0	x_3'	2	0	0	−1	0.25	0.5	1
3	x_2	1.5	0	1	0.75	−0.1875	−0.125	0
	c_j-Z_j		0	0	−0.25	−0.4375	−0.625	0

例 3-15　分析原计划生产产品的工艺结构变化，仍以例 3-5 为例。若原计划生产产品 I 的工艺结构有了改进，这时有关它的技术系数向量变为 $p_1'=(2,5,2)^{\mathrm{T}}$，每件利润为 4 元，试分析对原计划最优解有什么影响？

解：把改进工艺结构的产品 I 看作产品 I′，设 x_1' 为其产量，于是计算结果在最终表中对应 x_1'，并以 x_1' 代替 x_1，且 x_1' 在表中对应的系数矩阵为

$$B^{-1}p_1'=\begin{bmatrix}0 & 0.25 & 0\\ -2 & 0.5 & 1\\ 0.5 & -0.125 & 0\end{bmatrix}\begin{bmatrix}2\\5\\2\end{bmatrix}=\begin{bmatrix}1.25\\0.5\\0.375\end{bmatrix}$$

同时计算出 x_1' 的检验数为

$$\sigma_1' = c_1' - C_B B^{-1} p_1' = 4 - [2,0,3]\begin{bmatrix} 0 & 0.25 & 0 \\ -2 & 0.5 & 1 \\ 0.25 & -0.125 & 0 \end{bmatrix}[2,5,2]^{\mathrm{T}} = 0.375$$

将以上计算结果填入表 3-13 的最终表 x_1' 列的位置，得表 3-20。由表 3-20 可见 x_1' 为换入变量，经过迭代得到表 3-21。

表 3-20　灵敏度分析（技术系数变化）计算表

c_b	x_b	b	x_1'	x_2	x_3	x_4	x_5
4	x_1	4	1.25	0	0	0.25	0
0	x_5	4	0.5	0	−2	0.5	1
3	x_2	2	0.375	1	0.5	−0.125	0
	c_j-Z_j		0.375	0	−1.5	−0.625	0

表 3-21　灵敏度分析（技术系数变化）计算的最终表三

c_b	x_b	b	x_1'	x_2	x_3	x_4	x_5
4	x_1'	3.2	1	0	0	0.2	0
0	x_5	2.4	0	0	−2	0.4	1
3	x_2	0.8	0	1	0.5	−0.2	0
	c_j-Z_j		0	0	−1.5	−0.2	0

表 3-21 表明原问题和对偶问题的解都是可行解，说明表中的结果已是最优解。应当生产产品 I′3.2 单位、生产产品 II 0.8 单位，可获利 15.2 元。

若碰到原问题和对偶问题均为非可行解时，这就需要引进人工变量后重新求解，如例 3-16。

例 3-16　假设上例的产品 I′的技术系数向量变为 $x_1' = (4,5,2)^{\mathrm{T}}$，而每件获利仍为 4 元。试问该厂应如何安排最优生产方案？

解：方法与例 3-15 相同，以 x_1' 代替 x_1，计算：x_1' 在表中对应的系数矩阵为

$$B^{-1}p_1' = \begin{bmatrix} 0 & 0.25 & 0 \\ -2 & 0.5 & 1 \\ 0.5 & -0.125 & 0 \end{bmatrix}\begin{bmatrix} 4 \\ 5 \\ 2 \end{bmatrix} = \begin{bmatrix} 1.25 \\ -3.5 \\ 1.375 \end{bmatrix}$$

x_1' 的检验数为

$$\sigma_1' = c_1' - C_B B^{-1} p_1' = 4 - [2,0,3]\begin{bmatrix} 0 & 0.25 & 0 \\ -2 & 0.5 & 1 \\ 0.5 & -0.125 & 0 \end{bmatrix}[4,5,2]^{\mathrm{T}} = -2.625$$

将这些计算结果填入表 3-13 中的 x_1 列的位置，得到表 3-22。

表 3-22 灵敏度分析（技术系数变化）计算过程一

c_b	x_b	b	x_1'	x_2	x_3	x_4	x_5
4	x_1	4	1.25	0	0	0.25	0
0	x_5	4	–3.5	0	–2	0.5	1
3	x_2	2	1.375	1	0.5	0.125	0
	c_j-Z_j		–2.625	0	–1.5	–0.125	0

在表 3-22 中，用 x_1' 替换基本变量中的 x_1，计算得到表 3-23。

表 3-23 灵敏度分析（技术系数变化）计算过程二

c_b	x_b	b	x_1'	x_2	x_3	x_4	x_5
4	x_1'	3.2	1	0	0	0.2	0
0	x_5	15.2	0	0	–2	1.2	1
3	x_2	–2.4	0	1	0.5	–0.4	0
	c_j-Z_j		0	0	–1.5	0.4	0

从表 3-23 可见，原问题和对偶问题都是非可行解，于是引入人工变量 x_6。表 3-23 中 x_2 所在行用方程表示为

$$0x_1' + x_2 + 0.5x_3 - 0.4x_4 + 0x_5 = -2.4$$

引入人工变量 x_6 后，则为

$$-x_2 - 0.5x_3 + 0.4x_4 + x_6 = 2.4$$

将 x_6 作为基本变量代替 x_2，填入表 3-23，得到表 3-24。

表 3-24 灵敏度分析（技术系数变化）计算过程三

c_b	x_b	b	x_1'	x_2	x_3	x_4	x_5	x_6
4	x_1'	3.2	1	0	0	0.2	0	0
0	x_5	15.2	0	0	–2	1.2	1	0
–M	x_6	2.4	0	–1	–0.5	[0.4]	0	1
	$c_j–Z_j$		0	3–M	–0.5M	–0.8+0.4M	0	0

这时可按单纯形法求解，x_4为换入变量，x_6为换出变量。经变换运算后，得到表3-25的上表。在表3-25的上表中，确定x_2为换入变量，x_5为换出变量。经变换运算后，得到表3-25的下表。此表的所有检验数都为非正。已得最优解。最优的生产方案为生产产品Ⅰ′0.667单位、产品Ⅱ2.667单位，可得最大利润10.67元。

表3-25　灵敏度分析（技术系数变化）计算过程四

	c_j		4	3	0	0	0	$-M$
c_b	x_b	b	x_1'	x_2	x_3	x_4	x_5	x_6
4	x_1'	2	1	0.5	0.25	0	0	0.5
0	x_5	8	0	[3]	−0.5	0	1	−3
0	x_4	6	0	−2.5	−1.25	1	0	2.5
	c_j-Z_j		0	1	−1	0	0	$-M+2$
4	x_1'	0.667	1	0	0.33	0	−0.33	0
3	x_2	2.667	0	1	−0.167	0	0.33	−1
0	x_4	12.667	0	0	1.667	1	0.83	0
	c_j-Z_j		0	0	−0.83	0	−0.33	$-M+3$

除以上介绍的几项分析以外，还可以做增减约束条件等分析。在此就不再说明，有兴趣的读者可自己考虑。

第六节　线性规划的应用

一、流域水资源规划问题

流域水资源规划是一项复杂的工作。在初步规划阶段，一般可以对系统进行一定的简化，将系统的目标函数与约束条件概化为决策变量（工程规模等）的线性函数，进而用线性规划的方法来寻求水资源工程的合理规模等。

例3-17　在一流域水资源规划（图3-9）中，拟在干流上修建两座水库（R_1，R_2），在下游建设水电站P，在水库R_1和支流B_1的下游计划发展灌区Ⅰ，需要确定使得工程净效益最大的水库、电站、灌区的规模。

在初步设计中为了简化工作，选择一个典型年，并将其分为汛期和非汛期两个时段，典型年各时段干流、支流来水量如图3-9所示。在灌区引水量中，汛期、非汛期分别占灌区引水量i的40%和60%，相应的退水分别为$0.15i$和$0.2i$。根据水电站水头和机组特性，该水电站水量W与电能E的关系简化为线性关系，即E=$0.144W$。列出以上问题的数学模型（为了简化，暂不考虑水库、河道等的水量损失）。

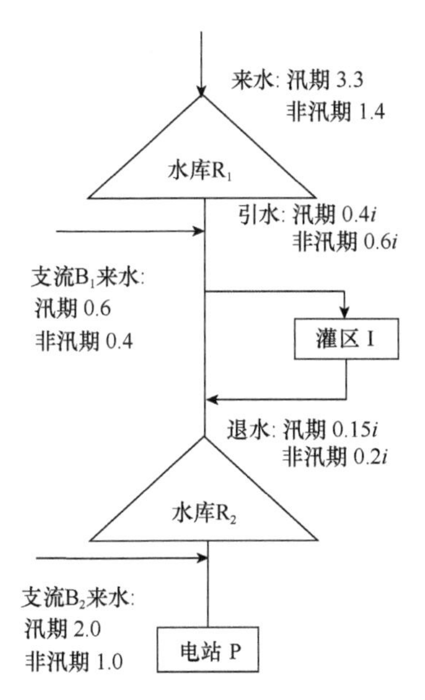

图 3-9　流域水资源规划的示意图

图中数字代表水量

解：以水库 R_1、R_2 的库容 x、y 和灌区引水量 i，以及水电站年发电量 E 为决策变量，Z 为目标函数，即

$$\max Z = B_1(i) + B_2(E) - K_1(x) - K_2(y) - K_3(i) - K_4(E)$$

式中，$B_1(i)$ 为灌区收益，是灌区引水量 i 的函数；$B_2(E)$ 为水电站收益，是发电量 E 的函数；$K_1(x)$、$K_2(y)$ 分别为水库 R_1、R_2 的建设及运行费用，是其库容的函数；$K_3(i)$ 为灌区费用，是其引水量的函数；$K_4(E)$ 为水电站的费用，是设计年发电量的函数。

约束条件包括：

（1）水库 R_1 在汛期末能够蓄满，即

$$3.3 - x \geqslant 0$$

（2）汛期和非汛期的灌溉用水量能够得到满足，即

汛期：$3.3 - x + 0.6 \geqslant 0.6i$

非汛期：$1.4 + x + 0.4 \geqslant 0.4i$

（3）水库 R_2 在汛期末能够蓄满，即

$$3.3 - x + 0.6 - 0.4i + 0.15i \geqslant y$$

整理后得

$$x + y + 0.25i \leqslant 3.9$$

（4）汛期与非汛期电站水量满足发电要求。汛期非汛期水电站来水量分别为

$$W_F = 3.3 - x + 0.6 - 0.4i + 0.15i - y + 2.0 = 5.9 - x - y - 0.25i$$

$$W_D = 1.4 + 0.4 + x - 0.6i + 0.2i + y + 1.0 = 2.8 + x + y - 0.4i$$

假设汛期和非汛期的发电量均为 0.5E，则满足发电要求的水量为

$$W_F \geqslant 0.5E / 0.144 = 3.47E \quad W_D \geqslant 0.5E / 0.144 = 3.47E$$

因此发电用水约束条件为

$$\begin{cases} x + y + 0.25i + 3.47E \leqslant 5.9 \\ -x - y + 0.4i + 3.47E \leqslant 2.8 \end{cases}$$

（5）非负约束条件：

$$x, y, i, E \geqslant 0$$

在以上模型中，约束条件均为线性约束。如果将目标函数中的各项收益与费用的函数近似为线性函数，则以上模型为线性规划模型，否则为非线性规划模型。求解以上模型，即可确定使得工程净效益最大的水库、电站、灌区的规模。

在实际的规划设计中，需要考虑的问题一般比以上模型更为复杂，如规划调度时段尺度可能为月、旬，这时各水库的蓄水量及泄水量、电站的阶段发电量等都为变量；如果采用长系列法，模型的决策变量和约束条件的数量将大为增加。

二、合理利用材料问题

例 3-18 现要做 100 套钢架，每套用长为 2.9m、2.1m、1.5m 的圆钢各一根。已知每根原料长为 7.4m，问应如何下料，使得使用的原料最省。

解：我们容易想到，最简单的做法就是，在每一根原料上依次截取 2.9m、2.1m、1.5m，剩下料头 0.9m。为了做 100 套钢架，需用 100 根原料，有 90m 料头。若改用套裁，就可以大大节约原料。

因此，我们把所有套裁的优化方法（只要剩下的料头小于 0.9m 的套裁方案都是可采用的套裁方法）全部列出，见表 3-26。

表 3-26 优化套裁方案列表

长度	套裁方案				
	I	II	III	IV	V
2.9	1	2	0	1	0
2.1	0	0	2	2	1
1.5	3	1	2	0	3
合计	7.4	7.3	7.2	7.1	6.6
料头	0	0.1	0.2	0.3	0.8

为了得到 100 套钢架，需要混合使用各种下料方案。设按 I 方案下料所用原料根数为 x_1，II 方案为 x_2，III方案为 x_3，IV方案为 x_4，V 方案为 x_5。根据表 3-26 可知，数学模型为

$$\min Z = 0x_1 + 0.1x_2 + 0.2x_3 + 0.3x_4 + 0.8x_5$$

$$\begin{cases} x_1 + 2x_2 + x_4 \geqslant 100 \\ 2x_3 + 2x_4 + x_5 \geqslant 100 \\ 3x_1 + x_2 + 2x_3 + 3x_5 \geqslant 100 \\ x_j \geqslant 0, \ i = 1, \cdots, 5 \end{cases}$$

得到线性规划的数学模型后，按照之前学过的单纯形法来求其最省原料的套裁方案。

三、农作物种植计划问题

例 3-19　某地区有三个农场共用一个灌区，每个农场的可灌溉耕地及分配到的最大可用量见表 3-27。

表 3-27　各农场数据信息

农场序号	可灌溉耕地/亩[①]	可分配水量/万 m^3
1	400	6
2	600	8
3	300	3.75

① 1 亩≈666.7m^2。

各农场均可种植甜菜、棉花和高粱三种作物，各种作物的用水量、净收益及国家规定该作物的地区最高限额见表 3-28。

表 3-28　各种农作物数据信息

作物种类	种植限制/亩	需水量/（m^3/亩）	净收益/（元/亩）
甜菜	600	300	400
棉花	500	200	300
高粱	325	100	100

三个农场达成协议，它们的播种面积与其可灌溉面积之比应该相等，各农场种植何种作物并无限制，问如何制定各农场的种植计划，才能在上述限制条件下使本地区三个农场的净收益达到最大？

这是一个农作物的布局问题。首先设置决策变量。第一农场种植甜菜、棉花和高粱面积分别为 x_1 亩、x_4 亩、x_7 亩；第二农场种植这三种农作物的面积分别为

x_2 亩、x_5 亩、x_8 亩；第三农场种植这三种农作物的面积分别为 x_3 亩、x_6 亩、x_9 亩。其次，根据实际问题的要求列出约束方程式。

第一类，土地资源约束：

$$\begin{cases} x_1 + x_4 + x_7 \leqslant 400 \\ x_2 + x_5 + x_8 \leqslant 600 \\ x_3 + x_6 + x_9 \leqslant 300 \end{cases}$$

第二类，水资源约束：

$$\begin{cases} 3x_1 + 2x_4 + x_7 \leqslant 600 \\ 3x_2 + 2x_5 + x_8 \leqslant 800 \\ 3x_3 + 2x_6 + x_9 \leqslant 375 \end{cases}$$

第三类，政策约束（包括种植面积限制约束及协议规定的播种面积与可灌溉面积的比例约束）：

$$\begin{cases} x_1 + x_2 + x_3 \leqslant 600 \\ x_4 + x_5 + x_6 \leqslant 500 \\ x_7 + x_8 + x_9 \leqslant 325 \\ \dfrac{x_1 + x_4 + x_7}{400} = \dfrac{x_2 + x_5 + x_8}{600} = \dfrac{x_3 + x_6 + x_9}{300} \end{cases}$$

第四类，非负约束：

$$x_i \geqslant 0,\ \ i = 1, \cdots, 9$$

最后，根据计划要求，设置线性规划模型的目标函数，求各农场各种农产品能获得的最大总净收益，即

$$\max Z = 400(x_1 + x_2 + x_3) + 300(x_4 + x_5 + x_6) + 100(x_7 + x_8 + x_9)$$

至此，这个农作物种植计划问题的线性规划模型已构造完毕。利用求解线性规划问题的单纯形法可求得问题的最优解。

四、水资源优化分配问题

例 3-20 一个年调节水库的主要用途是工业及农业灌溉用水，其中工业用水户分为 3 类（I_1、I_2、I_3），农业用水户分为两类（A_1、A_2），各类用水户的单位供水效益、效益权重系数、月最大需水量、月最小保证供水量见表 3-29。水库的有效库容为 V，供水期始、末水库均蓄满，设计典型年各月来水量为 $R_i\,(i = 1, 2, \cdots, 12)$。确定设计典型年的供水计划，使供水总效益最大。

表 3-29　各类用水户的数据信息

用水户		单位供水效益	效益权重系数	月最大需水量	月最小保证供水量	备注
工业	I_1	C_1	λ_1	W_1	W_1'	
	I_2	C_2	λ_2	W_2	W_2'	
	I_3	C_3	λ_3	W_3	W_3'	
农业	A_1	C_{4i}	λ_4	W_{4i}	W_{4i}'	i=1,2, ⋯ ,12 代表不同月份
	A_2	C_{5i}	λ_5	W_{5i}	W_{5i}'	

解：以向各类用水户各月的供水量 x_{ji} 为决策变量，其中 $j=1,2,\cdots,5$ 分别对应 I_1、I_2、I_3、A_1、A_2 5 类用水户，i=1,2,⋯,12 为月份。

目标函数：全年的加权供水效益最大，即

$$\max Z=\lambda_1 C_1\sum_{i=1}^{12}x_{1i}+\lambda_2 C_2\sum_{i=1}^{12}x_{2i}+\lambda_3 C_3\sum_{i=1}^{12}x_{3i}+\lambda_4\sum_{i=1}^{12}C_{4i}x_{4i}+\lambda_5\sum_{i=1}^{12}C_{5i}x_{5i}$$

约束条件如下。

（1）各类用水户月最小保证供水量限制。

工业用户：

$$x_{ji}\geqslant W_j',\quad j=1,2,3;\ i=1,2,\cdots,12$$

农业用户：

$$x_{ji}\geqslant W_{ji}',\quad j=4,5;\ i=1,2,\cdots,12$$

（2）各类用水户月最大需水量限制。

工业用户：

$$x_{ji}\leqslant W_j,\quad j=1,2,3;\ i=1,2,\cdots,12$$

农业用户：

$$x_{ji}\leqslant W_{ji},\quad j=4,5;\ i=1,2,\cdots,12$$

（3）水库水量平衡条件。

$$V_i=V_{i-1}+R_i-\sum_{j=1}^{5}x_{ji}-E_i-Q_i,\ i=1,2,\cdots,12$$

式中，V_{i-1}、V_i 分别为第 i 个月初、月末的水库蓄水量；E_i 为第 i 个月的水库蒸发、渗漏等损失水量；Q_i 为第 i 个月的水库弃水量。由于水库弃水量 $Q_i\geqslant 0$，上式也可表示为

$$V_i\leqslant V_{i-1}+R_i-\sum_{j=1}^{5}x_{ji}-E_i,\ i=1,2,\cdots,12$$

（4）水库蓄水量限制。

$$V_{\min} \leqslant V_i \leqslant V_{\max}, \quad i = 1, 2, \cdots, 12$$

$$V_0 = V_{12} = V_{\max}$$

（5）非负条件。

$$x_{ji} \geqslant 0, \quad j = 1, 2, \cdots, 5; \quad i = 1, 2, \cdots, 12$$

各参数给定后，求解以上模型即可得到洪水效益最大的优化供水方案。

习　　题

1. 把下式变换成线性规划标准形式。

$$\min Z = 2x_1 + 3x_2 + 5x_3$$

$$\begin{cases} x_1 + x_2 - x_3 \geqslant -5 \\ -6x_1 + 7x_2 - 9x_3 = 15 \\ |19x_1 - 7x_2 + 5x_3| \leqslant 13 \\ x_1, x_2 \geqslant 0, x_3\text{无限制} \end{cases}$$

2. 用单纯形法求解下列各题。

（1）$\max Z = 6x_1 - 2x_2 + 3x_3$

$$\begin{cases} 2x_1 - x_2 + 2x_3 \leqslant 2 \\ x_1 + 4x_3 \leqslant 4 \\ x_1, x_2, x_3 \geqslant 0 \end{cases}$$

（2）$\min Z = 2x_1 + x_2$

$$\begin{cases} 3x_1 + x_2 = 3 \\ 4x_1 + 3x_2 \geqslant 6 \\ x_1 + 2x_2 \leqslant 3 \\ x_1, x_2 \geqslant 0 \end{cases}$$

（3）$\min Z = x_1 - 6x$

$$\begin{cases} 5x_1 + 7x_2 \leqslant 35 \\ -x_1 + 2x_2 \leqslant 2 \\ x_1, x_2 \geqslant 0 \end{cases}$$

3. 采用两阶段法求解线性规划问题。

$$\max Z = 10x_1 + 15x_2 + 12x_3$$

$$\begin{cases} 5x_1 + 3x_2 + x_3 \leqslant 9 \\ -5x_1 + 6x_2 + 15x_3 \leqslant 15 \\ 2x_1 + x_2 + x_3 \geqslant 5 \\ x_1, x_2, x_3 \geqslant 0 \end{cases}$$

4. 某河上有三个城市 A、B、C，每个城市各有一个污水处理厂。各厂的最大处理效率（削减 BOD 的程度）不能超过 95%，假定污水处理的成本与处理效率成正比，即所需单价（削减单位 BOD 所需的费用）与处理效率有关。各厂的单价不一定相同，根据有关规定，A 城与 B 城间河段的最高 BOD 负荷是每单位体积的水为 B_1 单位 BOD，B 城与 C 城河段之间为 B_2 单位 BOD，C 城下游为 B_3 单位 BOD。各河段水量分别为 Q_1、Q_2、Q_3，试列出使总处理费用最低的线性规划模型。

第四章　整 数 规 划

第一节　整数规划问题的提出及其数学模型

在前面讨论的线性规划问题中，有些最优解可能是分数或小数，但对于某些具体问题，常有要求解答必须是整数的情形（称为整数解）。如在水资源系统规划与管理中，有许多实际的全部或部分决策变量的取值必须是整数。例如，完成某水利工程的最少的工作人数，人员的分配，设备的配置，水库、水电站、水闸、泵站、渡槽的数量等。为了满足要求，似乎只要把已得到的带有分数或小数的解“舍入化整”就可以了，但这常常是不行的，这是因为化整后不见得是可行解，或虽是可行解，但不一定是最优解。因此，对求最优整数解的问题，有必要另行研究。我们称这样的问题为整数规划（integer programming，IP）。

例 4-1　某水利工地拟用卡车装运甲、乙两种货物，每箱的体积、重量、利润及卡车限制的数据信息列于表 4-1。试研究最佳的货运方案，使每辆卡车的获利最大。

表 4-1　数据信息

货物	体积/m^3	重量/t	利润/（100 元/箱）
甲	5	0.6	0.5
乙	4	1.5	0.25
卡车限制	24	4	0

解：设每辆卡车所能装载甲、乙两种货物的箱数分别为 x_1、x_2，利润的目标函数为 Z，该问题可表示为

$$\max Z = 0.5x_1 + 0.25x_2$$

$$\begin{cases} 5x_1 + 4x_2 \leqslant 24 \\ 0.6x_1 + 1.5x_2 \leqslant 4 \\ x_1,\ x_2\text{为非负整数} \end{cases} \tag{4-1}$$

如果不考虑整数的约束条件，它就是一个普通的线性规划问题，用线性规划方法求解可得相应的最优解为

$$x_1 = 4.8\,,\quad x_2 = 0$$

相应的最优目标函数值为 2.40。

若用“凑整”的办法对所求的最优解进行取整，则可能出现三种结果：① 取整后的解已不满足原问题的约束条件，为非可行解，如 $x_1 = 5$， $x_2 = 0$； ② 取整后的解是可行解，但不是最优解，如 $x_1 = 4$， $x_2 = 0$； ③ 取整后的解仍是最优解，如 $x_1 = 4$， $x_2 = 1$，相应的最优目标函数值为 2.25。

因此，需寻求新的整数规划问题的求解方法。像式（4-1）这样，对求解结果要求是整数的线性规划问题称为整数规划，它可分为两种情况。

1. 纯 IP 问题

全部解答限制为整数的线性规划问题称为纯 IP 问题，相应的数学描述为

$$\max Z = \sum_{j=1}^{n} c_j x_j$$

$$\begin{cases} \sum\limits_{j=1}^{n} a_{ij} x_j \leqslant (=, \geqslant) b_i \\ x_j \geqslant 0 \text{且全为整数}，\ j = 1,2,\cdots,n；\ i = 1,2,\cdots,m \end{cases} \tag{4-2}$$

2. 混合 IP 问题

若线性规划问题的一部分变量的解答限制为整数，另一部分变量的解答允许为实数，则称其为混合 IP 问题。相应的数学模型为

$$\max Z = \sum_{j=1}^{n} c_j x_j$$

$$\begin{cases} \sum\limits_{j=1}^{n} a_{ij} x_j \leqslant (=, \geqslant) b_i \\ x_j \geqslant 0 \text{且} x_j \text{不全为整数}，\ j = 1,2,\cdots,n；\ i = 1,2,\cdots,m \end{cases} \tag{4-3}$$

3. 0-1 规划问题

这是整数规划的一种特例，其研究的变量只限于取值为 0 或 1，也叫拟布尔问题。这种规划用于研究水资源系统中通过对工程筛选和开发程序的先后安排，获得开发过程中最大的效益的问题。

尽管 IP 问题在生产实际中有着广泛的应用，但 IP 问题的求解要比线性规划问题困难得多。目前，常用的求解 IP 问题的方法主要有分支定界法、割平面法、

隐枚举法、动态规划法、分解法、群论法等。其中，分支定界法是实际工作中应用较多的一种方法。本章重点介绍分支定界法和割平面法。

第二节　分支定界法

在求解整数规划问题时，如果可行域是有界的，首先容易想到的方法就是穷举变量的所有可行的整数组合，然后比较其目标函数值以定出最优解。对于小型的问题，变量的数目很少，可行的整数组合也很少时，这个方法是可行的，也是有效的。对于大型的问题，可行的整数组合是很多的，如果一一计算，就是用每秒百万次的计算机，也要几万年的时间。很明显，解这样的题，穷举法是不可取的。因此一般采用的方法是仅检查可行的整数组合的一部分，就能定出最优的整数解。分支定界法就是其中的一个方法。

分支定界法可用于求解纯整数或混合整数规划问题，其是在 20 世纪 60 年代初由“三栖学者”理查德 · M.卡普（Richard M. Karp）发明的（熊伟，2014）。由于这个方法灵活且便于用计算机求解，现在它已是解整数规划的重要方法。先设有最大化的整数规划问题 A，与它相应的线性规划问题为 B_0，从解问题 B_0 开始，若其最优解不符合问题 A 的整数条件，那么 B_0 的最优目标函数必是问题 A 的最优目标函数 Z^*的上界，记作 $\overline{z}$；而问题 A 的任意可行解的目标函数值将是 Z^*的一个下界 $\underline{z}$。分支定界法就是将问题 B_0 的可行域分成子区域（称为分支）的方法。逐步减小 $\overline{z}$ 并增大 $\underline{z}$，最终求得 Z^*。现用例 4-2 来说明分支定界法的求解过程。

例 4-2　求解 A 最大化的整数规划问题。

目标函数：

$$\max Z = 40x_1 + 90x_2 \tag{4-4}$$

约束条件：

$$\begin{cases} 9x_1 + 7x_2 \leqslant 56 & (4\text{-}5) \\ 7x_1 + 20x_2 \leqslant 70 & (4\text{-}6) \\ x_1,\ x_2 \geqslant 0 & (4\text{-}7) \\ x_1,\ x_2 \text{为整数} & (4\text{-}8) \end{cases}$$

解：先不考虑约束条件中的式(4-8)，即解相应的线性规划问题 B_0 的式(4-4)～式（4-7），得最优解为

$$x_1 = 4.81,\quad x_2 = 1.82,\quad z_0 = 356$$

图解法的示意图见图 4-1，可见它不符合整数条件式（4-8）。这时 z_0 是问题 A 的最优目标函数值 Z^* 的上界，记作 $z_0 = \overline{z}$。而 $x_1 = 0$，$x_2 = 0$ 时，显然是

问题 A 的一个整数可行解，这时 $z=0$，是 Z^* 的一个下界，记作 $\underline{z}=0$，即 $0 \leqslant Z^* \leqslant 356$。

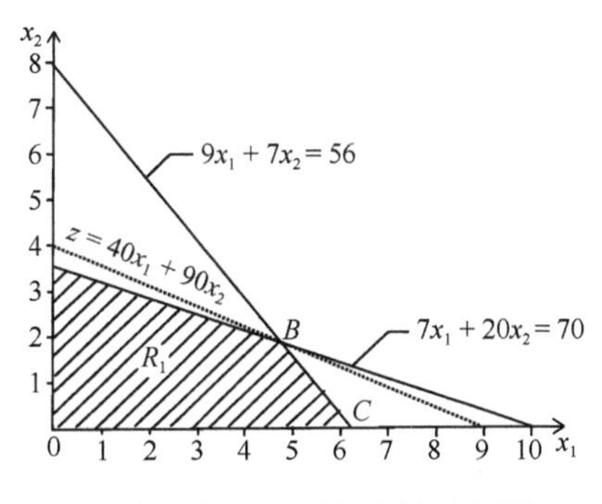

图 4-1　例 4-2 图解法的示意图

分支定界法的求解过程，首先注意其中一个变量的非整数解，如 x_1，在问题 B_0 的解中 $x_1=4.81$。原问题分别增加以下两个约束条件：

$$x_1 \leqslant 4,\ x_1 \geqslant 5$$

可将原问题分解为两个子问题 B_1 和 B_2（即两支），给每支增加一个约束条件，如图 4-2 所示。这并不影响问题 A 的可行域，不考虑整数约束条件，求解问题 B_1 和 B_2，称此为第一次迭代，其得到的最优解和相应的目标函数值如表 4-2 所示。

表 4-2　第一次迭代

问题 B_1	问题 B_2
$z_1=349$	$z_2=341$
$x_1=4.00$	$x_1=5.00$
$x_2=2.10$	$x_2=1.57$

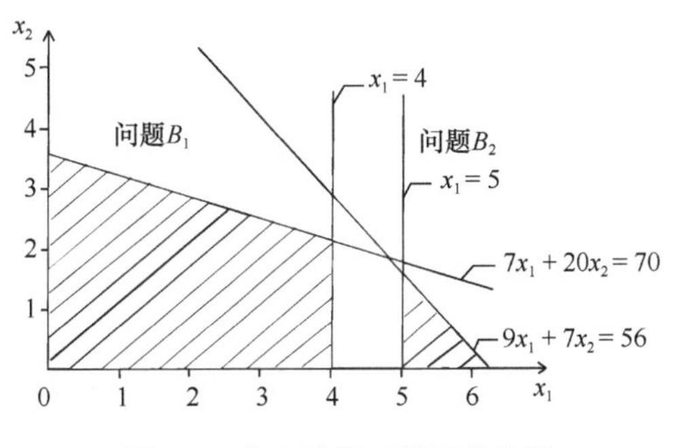

图 4-2　分支过程可行域变化图

显然，第一次迭代没有得到全部变量是整数的解。因 $z_1>z_2$，故将 $\bar{z}$ 改为 349，

那么 Z^*满足

$$0 \leqslant Z^* \leqslant 349$$

继续对问题 B_1 和问题 B_2 进行分解，因 $z_1 > z_2$，故先分解问题 B_1 为两支。增加条件 $x_2 \leqslant 2$ 后，称为问题 B_3；增加条件 $x_2 \geqslant 3$ 后，称为问题 B_4。在图 4-2 中舍去 $x_2 > 2$ 与 $x_2 < 3$ 之间的可行域，再进行第二次迭代。解题过程的结果都列在图 4-3 中，可见问题 B_3 的解已都是整数，它的目标函数值 $z_3 = 340$，可取为 $\underline{z}$，而它大于 $z_4\left(z_4 = 327\right)$，再分解问题 B_4 已无必要。而问题 B_2 的目标函数值 $z_2 = 341$，因此 Z^* 可能在 $340 \leqslant Z^* \leqslant 341$ 有整数解。对问题 B_2 分解，得问题 B_5，有非整数解，且 $z_5 = 308 < z_3$，问题 B_6 无可行解，于是可以得出满足整数约束的 z 的最大取值为

$$z_3 = \underline{z} = Z^* = 340$$

问题 B_3 的解（$x_1 = 4.00$，$x_2 = 2.00$）为最优整数解。

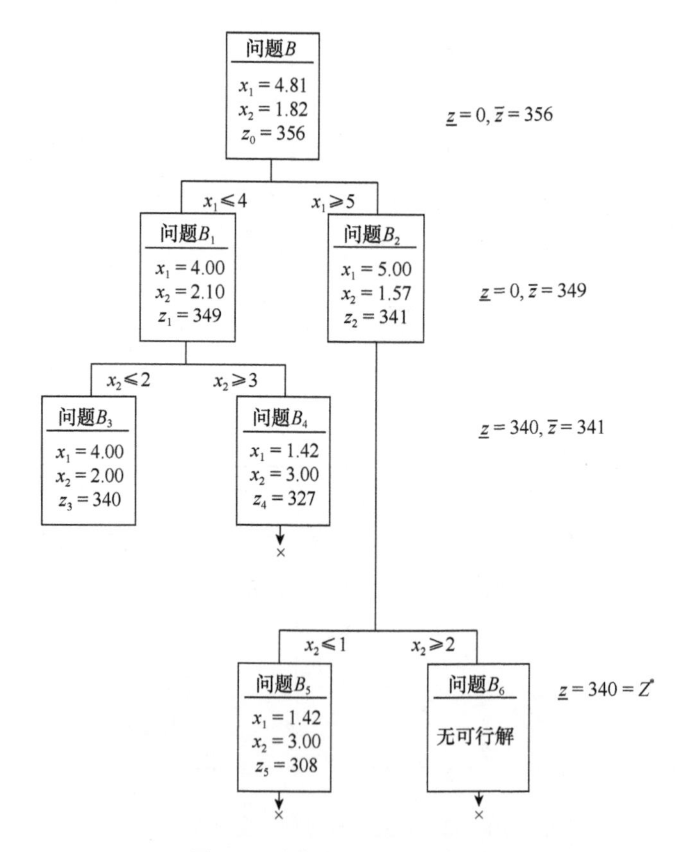

图 4-3　分支定界法解题过程图

从以上解题过程可得，用分支定界法求解整数规划（最大化）问题的步骤如下。

将要求解的整数规划问题称为问题 A，将与它相应的线性规划问题称为问题 B_0。

（1）求解问题 B_0，可能得到以下几种情况：① 问题 B_0 没有可行解，这时问题 A 也没有可行解，停止计算；② 问题 B_0 有最优解，并符合问题 A 的整数条件，B_0 的最优解即为问题 A 的最优解，停止计算；③ 问题 B_0 有最优解，但不符合问题 A 的整数条件，记它的目标函数值为 $\overline{z}_0$。

（2）用观察法找问题 A 的一个整数可行解，一般可取 $x_j = 0$（$j = 1,\cdots,n$），通过试探求得其目标函数值，并记作 $\underline{z}$。以 Z^* 表示问题 A 的最优目标函数值，这时有

$$\underline{z} \leqslant Z^* \leqslant \overline{z}$$

进行迭代计算，第一步：分支，在问题 B_0 的最优解中任选一个不符合整数条件的变量 x_j，其值为 b_j，$[b_j]$表示小于 b_j 的最大整数，于是构造两个约束条件：

$$x_j \leqslant \left[b_j\right],\quad x_j \geqslant \left[b_j\right] + 1$$

将这两个约束条件，分别加入问题 B_0，得到两个后继规划问题 B_1 和 B_2。不考虑整数条件求解这两个后继规划问题。

定界，以每个后继问题为一分支标明求解的结果，与其他问题的解相比较，在各分支中，找出目标函数值的最大值作为新的上界 $\overline{z}$。从已符合整数条件的各分支中，找出目标函数值的最大值作为新的下界 $\underline{z}$，若无，则 $\underline{z} = 0$。

第二步：比较与剪支，各分支的最优目标函数中若有小于 $\underline{z}$ 者，则剪掉这支（用“×”表示），即以后不再考虑了。若大于 $\underline{z}$，且不符合整数条件，则重复第一步骤。一直到最后得到 $Z^* = \underline{z}$ 为止。即得到最优整数解 x_j^*，$j = 1,\cdots,n$。

用分支定界法可解纯整数规划问题和混合整数规划问题。它比穷举法优越，这是因为它仅在一部分可行的整数解中寻求最优解，计算量比穷举法小。但当变量的数目很大时，其计算的工作量也是相当大的。

第三节　割 平 面 法

这个方法的基础仍然是用解线性规划的方法去解整数规划问题。首先不考虑变量 x_i 是整数这一条件，但通过增加线性约束条件（用几何术语，称为割平面）把原可行域切割掉一部分，切割掉的这部分只包含非整数解，但没有切割掉任何

整数可行解。这个方法就是指出如何找到适当的割平面（可能不是一次就能找到）使得切割后最终得到的是满足整数约束的可行域，它的一个有整数坐标的极点恰好是问题的最优解。该方法是戈莫里（Gomory）提出来的，因此又称其为 Gomory 割平面法。我们只讨论纯整数规划的情形，下面举例说明。

例 4-3 求解：

$$\max Z = x_1 + x_2 \tag{4-9}$$

$$\begin{cases} -x_1 + x_2 \leqslant 1 & (4\text{-}10) \\ 3x_1 + x_2 \leqslant 4 & (4\text{-}11) \\ x_1, x_2 \geqslant 0 & (4\text{-}12) \\ x_1，x_2\text{为整数} & (4\text{-}13) \end{cases}$$

解：如不考虑条件式（4-13），容易求得相应的线性规划的最优解为

$$x_1 = \frac{3}{4}，\quad x_2 = \frac{7}{4}，\quad \max Z = \frac{10}{4}$$

图 4-4 中区域 R 的极点 A，它不符合整数条件。试想，如果能找到一条像 CD 那样的直线去切割域 R'（图 4-5），去掉三角形域 ACD，那么具有整数坐标的 C 点（1，1）就是域 R' 的一个极点，如果在域 R' 上求解式（4-9）～式（4-12），而得到的最优解又恰巧在 C 点，就得到原问题的整数解，因此解法的关键就是怎样构造一个这样的割平面，尽管它可能不是唯一的，也可能不是一步能求到的。

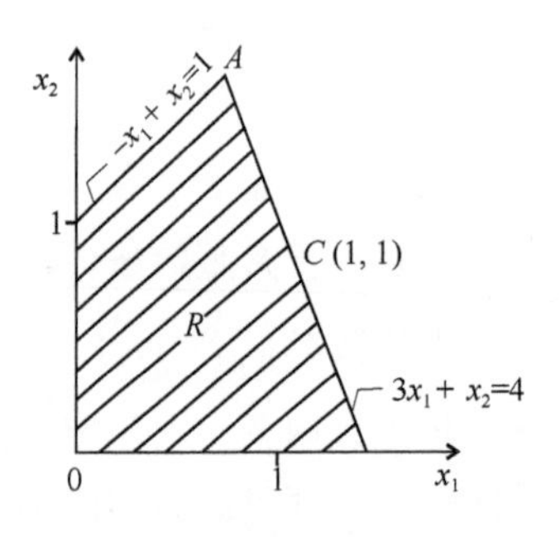

图 4-4 线性规划的可行域

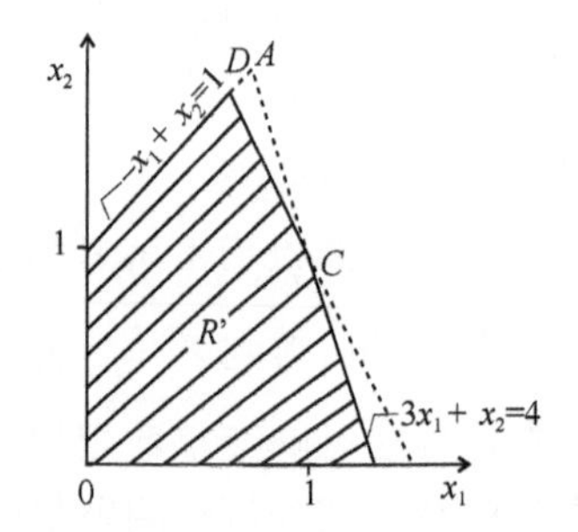

图 4-5 割平面法的原理

在原问题的前两个不等式中增加非负松弛变量 x_3、x_4，使式（4-10）和式（4-11）变成等式约束条件：

$$-x_1 + x_2 + x_3 = 1 \tag{4-14}$$

$$3x_1 + x_2 + x_4 = 4 \tag{4-15}$$

不考虑约束条件中的式（4-13），用单纯形表法解题，结果见表 4-3。

表 4-3　单纯形表的计算信息

计算表	c_j			1	1	0	0
	c_b	x_b	b	x_1	x_2	x_3	x_4
初始计算表	0	x_3	1	–1	1	1	0
	0	x_4	4	3	1	0	1
			0	1	1	0	0
最终计算表	1	x_1	3/4	1	0	–1/4	1/4
	1	x_2	7/4	0	1	3/4	1/4
			–5/2	0	0	–1/2	–1/2

从表 4-3 的最终计算表中，得到非整数的最优解：

$$x_1=\frac{3}{4}，\quad x_2=\frac{7}{4}，\quad x_3=x_4=0，\quad \max Z=\frac{5}{2}$$

由最终计算表中得到变量间的关系式：

$$x_1-\frac{1}{4}x_3+\frac{1}{4}x_4=\frac{3}{4}$$

$$x_2+\frac{3}{4}x_3+\frac{1}{4}x_4=\frac{7}{4}$$

将系数和常数项都分解成整数和非负真分数之和，以上两式变为

$$x_1-x_3=\frac{3}{4}-\left(\frac{3}{4}x_3+\frac{1}{4}x_4\right)$$

$$x_2-1=\frac{3}{4}-\left(\frac{3}{4}x_3+\frac{1}{4}x_4\right)$$

现考虑整数条件［式（4-13)］，要求 x_1、x_2 都是非负整数，于是由条件中的式（4-14）和式（4-15）可知 x_3、x_4 也都是非负整数（这一点对以下推导是必要的，如果不都是整数，则应在引入 x_3、x_4 之前乘以适当的常数，使之都是整数)。在上式中（其实只考虑一式即可)，等式左边是整数，等式右边的括号内是正数，因此等式右边必是非正数。就是说，整数条件［式（4-13)］可由式（4-16）代替：

$$\frac{3}{4}-\left(\frac{3}{4}x_3+\frac{1}{4}x_4\right)\leqslant 0$$

即

$$-3x_3-x_4\leqslant -3 \tag{4-16}$$

这就得到一个切割方程，将它作为增加的约束条件，再解本例。

引入松弛变量 x_5，得到等式：

$$-3x_3 - x_4 + x_5 = -3$$

将这新的约束方程加到表 4-3 的最终计算表，得表 4-4。

表 4-4 割平面法的计算过程

	c_j		1	1	0	0	0
c_b	x_b	b	x_1	x_2	x_3	x_4	x_5
1	x_1	3/4	1	0	–1/4	1/4	0
1	x_2	7/4	0	1	3/4	1/4	0
0	x_5	–3	0	0	–3	–1	1
		–5/2	0	0	–1/2	–1/2	0

从表 4-4 的 b 列中可看到，这时得到的是非可行解，于是需要用对偶单纯形法继续进行计算。以 x_5 为换出变量，计算：

$$\theta = \min_j \left(\frac{c_j - Z_j}{a_{ij}} | a_{ij} < 0 \right) = \min \left(\frac{-\frac{1}{2}}{-3}, \frac{-\frac{1}{2}}{-1} \right) = \frac{1}{6}$$

以比值最小者对应的变量作为换入变量，因此，将 x_3 作为换入变量，再按原单纯形法进行迭代，得表 4-5。

表 4-5 割平面法的计算结果

	c_j		1	1	0	0	0
c_b	x_b	b	x_1	x_2	x_3	x_4	x_5
1	x_1	1	1	0	0	1/3	1/12
1	x_2	1	0	1	0	1/2	1/4
0	x_3	1	0	0	1	1/3	–1/3
		–2	0	0	0	–1/3	–1/6

由于 x_1、x_2 的值已都是整数，解题完成。新得到的约束条件［式（4-16）］用 x_1、x_2 表示，由式（4-14）和式（4-15）得

$$3(1 + x_1 - x_2) + (4 - 3x_1 - x_2) \geqslant 3$$

化简得

$$x_2 \leqslant 1$$

这是平面上平行于 x_1 轴的直线 x_2=1 下方的区域，见图 4-6，从解题过程来看，这一步是没有必要的。

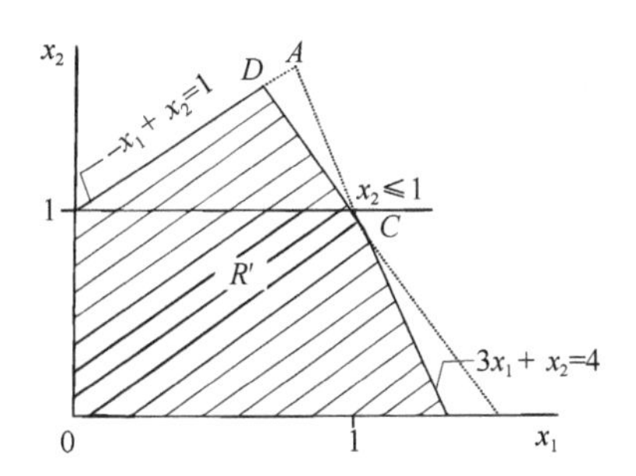

图 4-6　割平面法求解过程图解

求一个切割方程的步骤可归纳如下。

（1）设 x_i 是相应线性规划最优解中为分数值的一个基本变量，由单纯形表的最终表得到：

$$x_i+\sum_k a_{ik}x_k=b_i \tag{4-17}$$

式中，$i\in Q$（Q 指构成基本变量号码的集合）；$k\in K$（K 指构成非基本变量号码的集合）。

（2）将 b_i 和 a_{ik} 都分解成整数部分 N 与非负真分数 f 之和，即

$$\begin{cases} b_i=N_i+f_i, 0<f_i<1 \\ a_{ik}=N_{ik}+f_{ik}, 0<f_{ik}<1 \end{cases} \tag{4-18}$$

而 N 表示不超过 b 或 a 的最大整数。例如，若 $b=2.35$，则 $N=2,\ f=0.35$；若 $b=-0.45$，则 $N=-1,\ f=0.55$。将式（3-18）代入式（4-17）得

$$x_i+\sum_k N_{ik}x_k-N_i=f_i-\sum_k f_{ik}x_k \tag{4-19}$$

（3）考虑变量（包括松弛变量）为整数的条件（当然还有非负的条件），这时，式（4-19）由左边看必须是整数，由右边看，因为 $0<f_i<1$，所以不能为正，即

$$f_i-\sum_k f_{ik}x_k\leqslant 0 \tag{4-20}$$

这就得到一个切割方程。

由式（4-17）、式（4-19）、式（4-20）可知：① 切割方程［式（4-20）］对最优解进行了切割，把非整数均最优解割掉了；② 没有割掉整数解，这是因为相应的线性规划的任意整数可行解都满足切割方程［式（4-20）］。

Gomory 割平面法自 1958 年提出后，引起了人们广泛的关注，但至今完全用它解题的仍是少数，原因就是经常遇到收敛很慢的情形。但若和其他方法（如分支定界法）配合使用，就是很有效的。

第四节　0-1 型整数规划

0-1 型整数规划是整数规划中的特殊情形，它的变量 x_i 仅取 0 或 1，这时 x_i 被称为 0-1 变量，或二进制变量。x_i 仅取 0 或 1 这个条件可由下述约束条件：

$$x_i \leqslant 1$$

$$x_i \geqslant 0,\ x_i\text{为整数}$$

代替，是和一般整数规划的约束条件形式一致的。在实际问题中，如果引入 0-1 变量，就可以把有各种情况需要分别讨论的线性规划问题统一在一个问题中讨论了。

一、引入 0-1 变量的实际问题

1. 投资场所的选定——相互排斥的计划

例 4-4　某公司拟在城市的东、西、南三区建立门市部。有 7 个位置（点）A_i（i=1,2,⋯,7）可供选择。规定：在东区，从 A_1，A_2，A_3 三个点中至多选两个；在西区，从 A_4，A_5 两个点中至少选一个；在南区，从 A_6，A_7 两个点中至少选一个。

如选用 A_i 点，设备投资估计为 b_i 元，每年可获利润估计为 c_i 元，但投资总额不能超过 B 元。问应该选择哪几个点可使年利润最大？

解题时先引入 0-1 变量 $x_i\left(i=1,2,\cdots,7\right)$：

$$x_i=\begin{cases}1,\ \text{当}A_i\text{点被选用}\\0,\ \text{当}A_i\text{点被选用}\end{cases},\quad i=1,2,\cdots,7$$

于是问题可表示为

$$\max Z=\sum_{i=1}^{7}c_i x_i$$

$$\begin{cases}\sum\limits_{i=1}^{7}b_i x_i \leqslant B\\x_1+x_2+x_3\leqslant 2\\x_4+x_5\geqslant 1\\x_6+x_7\geqslant 1\\x_i=0\text{或}1\end{cases}\tag{4-21}$$

2. 相互排斥的约束条件

在本章的例 4-1 中，关于运货体积的限制条件为

$$5x_1 + 4x_2 \leqslant 24 \tag{4-22}$$

设运货有车运和船运两种方式，上面的条件是用车运时的限制条件，用船运时关于体积的限制条件为

$$7x_1 + 3x_2 \leqslant 45 \tag{4-23}$$

这两个条件是互相排斥的，就是说最终只能选择一种货运方式。为了将其统一在一个问题中，引入 0-1 变量 y，令

$$y = \begin{cases} 0, & \text{采取车运方式} \\ 1, & \text{采取船运方式} \end{cases}$$

于是式（4-22）和式（4-23）可由式（4-24）和式（4-25）代替：

$$5x_1 + 4x_2 \leqslant 24 + yM \tag{4-24}$$

$$7x_1 + 3x_2 \leqslant 45 + (1 - y)M \tag{4-25}$$

式中，M 为一个充分大的数。读者可以验证，当 $y=0$ 时，式（4-24）就是式（4-22），而式（4-25）自然成立，因而式（4-25）是多余的。当 $y=1$ 时，式（4-25）就是式（4-23），而式（4-22）是多余的。引入的变量 y 不必出现在目标函数内，即认为在目标函数内 y 的系数为 0。

当问题中有 m 个互相排斥的约束条件（“$\leqslant$”型）时：

$$a_{i1}x_1 + a_{i2}x_2 + \cdots + a_{in}x_n \leqslant b_i,\ i = 1,2,\cdots,m$$

为了保证这 m 个约束条件只有一个起作用，我们引入 m 个 0-1 变量 $y_i\left(i = 1,2,\cdots,m\right)$ 和一个充分大的常数 M，而下面这 $m+1$ 个约束条件：

$$a_{i1}x_1 + a_{i2}x_2 + \cdots + a_{in}x_n \leqslant b_i + y_i M,\ i = 1,2,\cdots,m \tag{4-26}$$

$$y_1 + y_2 + \cdots + y_m = m - 1 \tag{4-27}$$

就满足上述的要求。这是因为式（4-27）中，m 个 y_i 中只有一个能取 0，设 $y_{i^*} = 0$，代入式（4-26），就只有 $i = i^*$ 的约束条件起作用，而别的约束条件都是多余的。

3. 关于固定费用的问题

在讨论线性规划时，有些问题是要求成本最小。这样的条件下，一般设固定成本为常数，在线性规划的模型中不必明显列出。有些固定费用（固定成本）的问题（fixed cost problem）不能用一般的线性规划来描述，但可改变为混合整数规划来解决，见例 4-5。

例 4-5　某工厂为了生产某种产品，有几种不同的生产方式可供选择，如果

选定的生产方式投资高（选购自动化程度高的设备）、产量大，分配到每件产品的变动成本就降低；反之，如果选定的生产方式投资低，将来分配到每件产品的变动成本可能就增加，因此必须全面考虑。设有三种生产方式可供选择，令 x_j 表示采用第 j 种生产方式时的产量；c_j 表示采用第 j 种生产方式时每件产品的变动成本；k_j 表示采用第 j 种生产方式时的固定成本。

为了说明成本的特点，暂不考虑其他约束条件。采用各种生产方式的总成本分别为

$$P_j = \begin{cases} k_j + c_j x_j, x_j > 0 \\ 0, x_j = 0 \end{cases}, \quad j = 1,2,3$$

在构成目标函数时，为了统一在一个问题中讨论，引入 0-1 变量 y_i，令

$$y_j = \begin{cases} 1，表示采用第j种生产方式，x_j > 0 \\ 0，表示不采用第j种生产方式，x_j = 0 \end{cases} \tag{4-28}$$

于是目标函数：

$$\min Z = \left(k_1 y_1 + c_1 x_1\right) + \left(k_2 y_2 + c_2 x_2\right) + \left(k_3 y_3 + c_3 x_3\right)$$

式（4-28）这个规定可由下述线性约束条件具体化：

$$x_j \leqslant y_j M, \quad j = 1,2,3 \tag{4-29}$$

式中，M 为一个充分大的常数。式（4-29）说明，当 $x_j > 0$ 时，y_i 必须为 1；当 $x_j = 0$ 时，只有 y_i 为 0 时，式（4-29）才有意义，式（4-29）完全可以代替式（4-28）。0-1 型整数规划在水资源管理规划中的应用，如例 4-6。

例 4-6 设有一流域，要进行水资源开发，现已勘查的库址有 7 处，如图 4-7 所示。因经济发展需要，要求在干流上最多选两处，右岸及左岸支流上至少选一处。设 A_i 为水库，其相应的基建费用为 b_i 万元，每年获效益为 c_i 万元，但投资总额不超过 B 万元，问选哪几个水库使年利润最大？

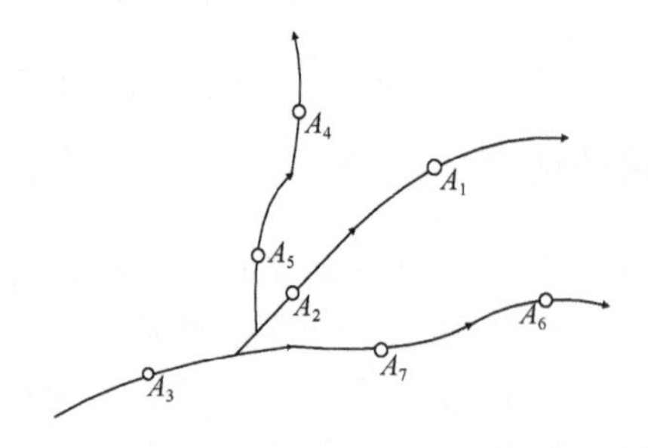

图 4-7　流域水资源规划的水库位置示意图

解：引入 0-1 变量 x_i：

$$x_i=\begin{cases}1，表示A_i水库被选用\\0，表示A_i水库未被选用\end{cases}$$

于是本题的目标函数可写为

$$\max f=\sum_{i=1}^{7}c_i x_i$$

根据题意列出约束条件：

$$\begin{cases}\sum_{i=1}^{7}b_i x_i\leqslant B\\x_1+x_2+x_3\leqslant 2\\x_4+x_5\geqslant 1\\x_6+x_7\geqslant 1\\x_i=0,1\end{cases}$$

二、0-1 型整数规划的解法

解 0-1 型整数规划最容易想到的方法和一般整数规划的情形一样，就是穷举法，即检查变量取值为 0 或 1 的每一种组合，比较目标函数值以求得最优解，这就需要检查变量取值的 2^n 个组合。对于变量个数 n 较大（如 $n>10$）的情况，这几乎是不可能的，因此常设计一些方法，只检查变量取值组合的一部分，就能求得问题的最优解。这样的方法称为隐枚举法，之前介绍的分支定界法就是一种隐枚举法。对有些问题隐枚举法并不适用，因此有时穷举法还是必要的。

下面举例说明一种解 0-1 型整数规划的隐枚举法。

例 4-7

$$\max Z=3x_1-2x_2+5x_3$$

$$\begin{cases}x_1+2x_2-x_3\leqslant 2 & (4\text{-}30)\\x_1+4x_2+x_3\leqslant 4 & (4\text{-}31)\\x_1+x_2\leqslant 3 & (4\text{-}32)\\4x_2+x_3\leqslant 6 & (4\text{-}33)\\x_1,x_2,x_3=0或1 & (4\text{-}34)\end{cases}$$

解题时，先通过试探的方法找一个可行解，容易看出（x_1，x_2，x_3）=（1，0，0）就满足式（4-30）～式（4-33），算出相应的目标函数值 $Z=3$。

我们求最优解，对于极大化问题，当然希望$Z \geqslant 3$，于是增加一个新的约束条件：

$$3x_1 - 2x_2 + 5x_3 \geqslant 3 \quad (4\text{-}35)$$

这个新增加的约束条件称为过滤条件。这样，原问题的线性约束条件就变成了 5 个。用全部枚举的方法，3 个变量共有 $2^3=8$ 个解，原来 4 个约束条件，共需 32 次运算。现增加了过滤条件式（4-35），如果下述方法进行，就可减少运算次数。将 5 个约束条件按表 4-6 中的顺序排好，对每个解，依次代入约束条件的左侧，求出数值，看是否满足不等式条件，如果不满足某一条件，其余条件就不必再检查，因而就减少了运算次数。本例计算过程如表 4-6 所示，实际只作 24 次运算。

于是求得最优解：

$$(x_1, x_2, x_3) = (1, 0, 1) \quad \max Z = 8$$

表 4-6　0-1 型整数规划的计算过程

点 (x_1, x_2, x_3)	条件					满足条件？是（√）否（×）	Z 值
	式（4-35）	式（4-30）	式（4-31）	式（4-32）	式（4-33）		
（0，0，0）	0					×	
（0，0，1）	5	−1	1	0	1	√	5
（0，1，0）	−2					×	
（0，1，1）	3	1	5			×	
（1，0，0）	3	1	1	1	0	√	3
（1，0，1）	8	0	2	1	1	√	8
（1，1，0）	1					×	
（1，1，1）	6	2	6			×	

在计算过程中，若 Z 已超过条件式（4-35）右边的值，应及时改变约束条件，使右边始终最大，然后继续计算。例如，当检查点（0，0，1）时，因 $Z=5$（>3），所以应将此约束条件换成：

$$3x_1 - 2x_2 + 5x_3 \geqslant 5 \quad (4\text{-}36)$$

这种对过滤条件的改进，可以更好地减少计算量。一般常重新排列 x_i 的顺序，使目标函数中 x_i 的系数是递增（不减）的，在例 4-7 中，改写：

$$Z = 3x_1 - 2x_2 + 5x_3 = -2x_2 + 3x_1 + 5x_3$$

因为−2、3、5 是递增的，变量（x_2，x_1，x_3）也按下述顺序取值：（0，0，0）（0，0，1）（0，1，0）（0，1，1）……，这样，容易比较早地发现最优解。再结合过滤条件的改进，更可使计算简化。

在例 4-7 中：

$$\max Z = 3x_1 - 2x_2 + 5x_3$$

$$\begin{cases} 3x_1 - 2x_2 + 5x_3 \geqslant 3 \\ x_1 + 2x_2 - x_3 \leqslant 2 \\ x_1 + 4x_2 + x_3 \leqslant 4 \\ x_1 + x_2 \leqslant 3 \\ 4x_2 + x_3 \leqslant 6 \end{cases}$$

规划改进方法的解题过程一如表 4-7 所示。

表 4-7　0-1 型整数规划改进方法的解题过程一

点 (x_1, x_2, x_3)	条件					满足条件？是（√）否（×）	Z 值
	式（4-35）	式（4-30）	式（4-31）	式（4-32）	式（4-33）		
（0，0，0）	0					×	
（0，0，1）	5	−1	1	0	1	√	5

改进过滤条件：

$$-2x_2 + 3x_1 + 5x_3 \geqslant 5 \tag{4-37}$$

继续进行计算，如表 4-8 所示。

表 4-8　0-1 型整数规划改进方法的解题过程二

点 (x_2, x_1, x_3)	条件					满足条件？是（√）否（×）	Z 值
	式（4-37）	式（4-30）	式（4-31）	式（4-32）	式（4-33）		
（0，1，0）	3					×	
（0，1，1）	8	0	2	1	1	√	8

再改进过滤条件：

$$-2x_2 + 3x_1 + 5x_3 \geqslant 8 \tag{4-38}$$

再继续进行计算，如表 4-9 所示。

表 4-9　0-1 型整数规划改进方法的解题过程三

点 (x_2, x_1, x_3)	条件					满足条件？是（√）否（×）	Z 值
	式（4-38）	式（4-30）	式（4-31）	式（4-32）	式（4-33）		
（1，0，0）	2					×	
（1，0，1）	3					×	
（1，1，0）	1					×	
（1，1，1）	6					×	

至此，已不能改进过滤条件，即得到最优解，解答结果不变，但计算已简化。

第五节 IP 问题解法的讨论

一般统称的 IP 可分为受整数约束的 IP 和受 0-1 约束的 0-1 规划两类。IP 分为纯 IP 和混合 IP，而 0-1 规划又分为纯 0-1 规划和混合 0-1 规划。在实际的应用模型中，涉及混合整数规划和混合 0-1 规划的问题十分多。其中纯 IP 和混合 IP 问题的常用算法有分支定界法和割平面法。分支定界法根据条件又可采用不同的分支技巧，形成不同的松弛变量。如果松弛变量选择合适，则分支定界法的计算效果将会很好。割平面法有其理论基础，但有时收敛速度颇慢，当经相当多次的迭代仍不收敛于最优解时，应考虑采用分支定界法。

无论用分支定界法还是割平面法，求解纯 IP（或混合 IP）问题时，都要重复计算很多次线性规划问题，而每次重复计算又有共同的特点，即增加一个新的线性约束。针对上述特点，如果利用单纯形法的对偶性质，则可大大简化求解过程，从而减少许多计算工作量，尤其是求解规模较大的 IP 问题。

关于纯 0-1 规划问题的常用算法是隐枚举法。该法的优点是，只需作加法、减法、乘法运算，在计算机上这些运算比除法运算快得多，且可消除累积舍入误差；与割平面法等方法相比较，不需要为子问题增加变量的数目，因此可以少占计算机内存容量，一般来说通过快速剪支，很快就能收敛于子问题的最优解。然而，该法有时也会遇到收敛很慢的情况。

综上所述可知，还存在如下问题需要解决，即当遇到分支定界法和割平面法求解纯 IP（或混合 IP）问题都相当麻烦，或遇到隐枚举法收敛效果不佳时，应该考虑何种对策。下面将予以讨论。

1. 变量的 IP 问题化为 0-1 规划问题

如果遇到分支定界法和割平面法求解 IP 问题收敛都很慢，则可以考虑将 IP 问题转化为 0-1 规划问题，改用隐枚举法求解。这种转化的关键问题是，要解决整数变量用 0-1 变量表示的问题。例如，在某个 IP 问题中，如果整数变量 x 的可能取值为 0～10 的任意整数，则可用四个 0-1 变量代替该整数变量，即

$$x = x_0 + 2x_1 + 4x_2 + 3x_3 \tag{4-39}$$

式中，x_1，x_2，x_3 为 0-1 变量。

一般而言，若整数变量 x 允许取 0～R 的任意整数时，其变量转换公式为

$$x = 2^0 x_0 + 2^1 x_1 + 2^2 x_2 + \cdots + 2^{k-2} x_{k-2} + \left(R - \sum_{j=0}^{k-2} 2^j\right) x_{k-1} \tag{4-40}$$

$$x_i = 0或1, \quad i = 1,2,\cdots,k-1$$

式中，k 为使 $2^k - 1 \geqslant R$ 成立的最小整数。对于上面提到的例子，由于 $R = 10$，根据式（4-40），取

$$2^k - 1 \geqslant R$$

或利用等式计算：$k = \ln(R+1)/\ln 2 = \ln 11/\ln 2 = 3.46$

即可得：$k \geqslant 3.46$，取 $k = 4$，则有

$$\begin{aligned} x &= 2^0 x_0 + 2^1 x_1 + 2^{(4-2)} x_{(4-2)} + \left[10 - \sum_{j=0}^{(4-2)} 2^j\right] x_{4-1} \\ &= x_0 + 2x_1 + 4x_2 + \left[10 - \left(2^0 + 2^1 + 2^2\right)\right] x_3 \\ &= x_0 + 2x_1 + 4x_2 + 3x_3 \end{aligned}$$

这个结果就是式(4-39)。当 x_0、x_1、x_2、x_3 均取 0 或均取 1 时，相应地，$x = 0$ 或 $x = 10$；若四个 0-1 变量取 0 或 1 的不同排列时，则 x 可得到 0～10 的任意整数。

由于整数变量具有有限的上界，该变量 x 可用一个线性表达式（4-40）来代替，其中每一个变量 x_i（$i = 1,2,\cdots,k-1$）都是 0-1 变量。因此，一个有界的 IP 问题可以表示为一个 0-1 规划问题。

2. 0-1 规划问题化为 IP 问题

如果遇到隐枚举法求解 0-1 规划问题收敛很慢的情形，可利用 0-1 规划问题与整数之间的等价关系，考虑将 0-1 规划问题转化为 IP 问题，且采用分支定界法或割平面法求解。

$$x_j = 0或1 \Leftrightarrow \begin{cases} x_j \geqslant 0 \\ x_j \leqslant 1 \\ x_j = 0,1,2,\cdots \end{cases}$$

由此可知，0-1 规划只是一种特殊的 IP 问题。

第六节 整数规划问题的应用

在现实生活中，如果决策变量代表产品的件数、个数、台数、箱数、艘数、辆数等，则变量只能取整数。前文的截料模型实际上也是一个整数规划模型，该例的决策变量代表所截钢管的根数，显然只能取整数值。因而整数规划模型也有着广泛的应用领域，从以下几个例子中可以体现。

一、资源分配问题

例 4-8 某厂在计划期内拟生产甲、乙两种大型设备。该厂有充分的生产能力来加工制造这两种设备的全部零件，所需的原材料和能源也可满足供应，但 A、B 两种紧缺物资的供应受到严格限制，每台设备所需的原材料如表 4-10 所示。问该厂在本计划期内应安排生产甲、乙设备多少台，才能使利润达到最大？

表 4-10 所需的原材料表

原料设备	甲	乙	可供物资总量
A/t	1	1	6
B/kg	5	9	45
每台单位利润/万元	5	8	

解：设 x_1、x_2 分别为该计划期内生产甲、乙设备的台数，Z 为生产这两种设备可获得的总利润。显然 x_1、x_2 都须是非负整数，因此它是一个（纯）整数规划问题，其数学模型为

$$\max Z = 5x_1 + 8x_2$$

$$\begin{cases} x_1 + x_2 \leqslant 6 \\ 5x_1 + 9x_2 \leqslant 45 \\ x_1, x_2 > 0 \\ x_1, x_2\text{为整数} \end{cases}$$

以上模型为一个纯整数规划模型，如果不考虑整数约束，该模型为一个线性规划（LP）模型。

二、投资项目的选择问题

例 4-9 在一流域工程规划中，初步拟定了 n 项技术可行的工程项目，工程建设需要人、财、物等各种资源 m 种。如果工程 j（$j=1,2,\cdots,n$）对资源 i（$i=1,2,\cdots,m$）的需求量为 a_{ij}，效益为 c_j，资源 i 的可利用量为 b_i。选择合适的工程项目进行投资，使总效益最大。

解：引入 0-1 变量，即

$$x_j = \begin{cases} 1\text{，对工程项目}j\text{投资} \\ 0\text{，不对工程项目}j\text{投资} \end{cases}$$

定义工程项目 j 的权重系数 ω_j，则 0-1 规划模型为

$$\max Z=\sum_{j=1}^{n}\omega_j c_j x_j$$

$$\sum_{j=1}^{n}a_{ij}x_j \leqslant b_i,\ \ i=1,2,\cdots,m$$

$$x_j=0,1,\quad j=1,2,\cdots,n$$

求解以上 0-1 规划模型，即可选出适合进行投资的项目。在方案实施前，还需要对优化结果进行分析。如果最优解中某些资源对应的松弛变量较大，资源没有充分利用，而其他一些资源则因其控制性作用，这时可对控制性资源进行分析和调整，如增加其数量或压缩某些工程的需求量。另外，如果通过求解已建立的 0-1 规划模型，某些重要的工程项目未被选上，则可考虑增加其权重系数，使得模型最终计算结果可对该工程项目进行投资。对优化结果进行一定的分析和调整，可提出工程投资建议，供决策者参考。

对于一些实际投资项目的选择问题，除了以上资源约束以外，还可以有其他限制条件，如可加入其中某一组项目或几组项目中至少或最多选择若干项等。

三、项目开发次序的优化问题

水资源开发利用中经常会遇到工程开发次序的优化问题。在流域的梯级水电开发中，确定梯级水电站的开发方案和规模后，需要在一定的投资、资源及技术条件下确定合理的开发次序，以满足各阶段对水电的需求，同时达到最大的梯级水电开发效益。在洪水工程建设中，对于若干个可行的水源工程，需要确定合理的建设次序，以满足各发展阶段的需水要求，同时又要使总投资（现值）最小。对于这类开发次序的问题，可以通过建立整数规划模型解决。

例 4-10　某一城市根据发展规划，预测了规划期 T 年内各年末的需水量增加 W_t（$t=1,2,\cdots,T$），同时确定了 n 个可行的水源工程，其工程投资和供水量分别为 K_i 和 V_i（$i=1,2,\cdots,n$）。如果能使规划期内第 t 年的投资总额最大为 M_t，如何安排水源工程的建设次序（假设工程在年初投资，年末建成供水），才能使规划期内各年的需水量得到满足，同时工程建设投资的现值最小？

解：引入 0-1 变量，即

$$x_{it}=\begin{cases}1, & \text{水源工程}i\text{在第}t\text{年建设}\\0, & \text{水源工程}i\text{不在第}t\text{年建设}\end{cases}$$

作为决策变量。如果折现率为 r，则水源工程 i 在第 t 年建设时的投资现值为

$$K_{it} = K_i / (1+r)^{t-1}$$

目标函数为总投资现值最小，即

$$\min Z = \sum_{t=1}^{T}\sum_{i=1}^{n} K_{it} x_{it} / (1+r)^{t-1}$$

约束条件包括以下几项。

（1）供水能力约束：规划期内新建水源工程的累计供水能力满足城市需水量增加的要求，即

$$\sum_{i=1}^{n} V_i x_{it} \geqslant W_t,\ \ t = 1,2,\cdots,T$$

（2）建设资金约束：某规划水平年中工程项目的建设资金不应大于当年的投资总额，即

$$\sum_{i=1}^{n} K_i x_{it} \leqslant M_t,\ \ t = 1,2,\cdots,T$$

（3）建设项目约束：每个项目最多投资建设 1 次，即

$$\sum_{t=1}^{T} x_{it} \leqslant 1,\ \ i = 1,2,\cdots,n$$

（4）0-1 约束：

$$x_{it} = 0,1\ ,\ \ i = 1,2,\cdots,n\ ;\ \ t = 1,2,\cdots,T$$

求解以上 0-1 规划模型，即可得到水源工程的合理开发次序。这一问题还可以利用动态规划的方法解决。

从以上的例子和整数规划的概念可以看出，IP 模型是在 LP 模型的基础上增加整数约束而成的，可以表示为

$$\left.\begin{array}{r}\left.\begin{array}{r}\max = CX \\ AX = b \\ X \geqslant 0\end{array}\right\}\text{LP模型} \\ X\text{为整数}\end{array}\right\}\text{IP模型}$$

LP 模型是 IP 模型去除整数约束后的模型，因此也称为 IP 的松弛模型。

习　　题

1. 用分支定界法解

$$\max Z = x_1 + x_2$$

$$\begin{cases} x_1 + \dfrac{9}{14}x_2 \leqslant \dfrac{51}{14} \\ -2x_1 + x_2 \leqslant \dfrac{1}{3} \\ x_1, x_2 \geqslant 0 \\ x_1, x_2\text{为整数} \end{cases}$$

2. 用割平面法解

$$\max Z = x_1 + x_2$$

$$\begin{cases} 2x_1 + x_2 \leqslant 6 \\ 4x_1 + 5x_2 \leqslant 20 \\ x_1, x_2 \geqslant 0 \\ x_1, x_2\text{为整数} \end{cases}$$

3. 解 0-1 规划

$$\min Z = 2x_1 + 5x_2 + 3x_3 + 4x_4$$

$$\begin{cases} -4x_1 + x_2 + x_3 + x_4 \geqslant 0 \\ -2x_1 + 4x_2 + 2x_3 + 4x_4 \geqslant 4 \\ x_1 + x_2 - x_3 + x_4 \geqslant 1 \\ x_1, x_2, x_3, x_4 = 0,1 \end{cases}$$

4. 某城市的消防总部将全市划分为 11 个防火区，设有 4 个消防（救火）站。图 4-8 表示各防火区域与消防站的位置，其中①～④表示消防站，1～11 表示防火区域。根据历史资料证实，各消防站可在事先规定的允许时间内对所负责的地区的火灾予以消除。图中虚线即表示各消防站负责哪个地区（没有虚线连接，就表示不负责）。现在消防总部提出：可否减少消防站的数目，仍能同样负责各地区的防火任务？如果可以，应当关闭哪个？

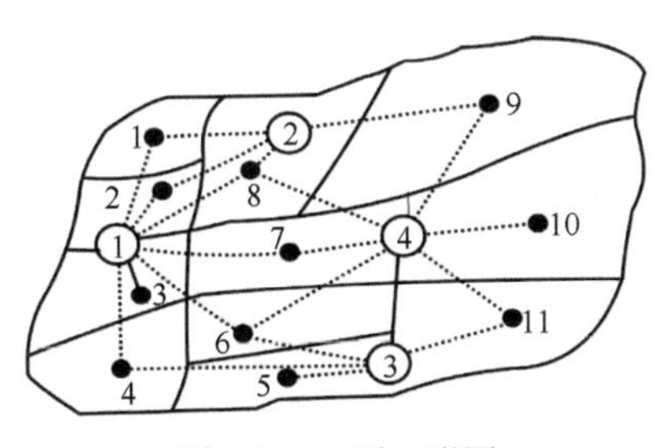

图 4-8 习题 4 附图

提示：对每个消防站定义一个 0-1 变量 x_j，令

$$x_j=\begin{cases}1,\ \text{某个防火区域可由消防站}i\text{负责}\\0,\ \text{某个防火区域不由消防站}i\text{负责}\end{cases},\quad i=1,2,3,4$$

然后对每个防火区域列一个约束条件。

第五章　非线性规划

非线性规划，是数学规划的一个重要分支，在水利水电工程中有着广泛应用。水资源系统的优化问题中，各种变量之间存在着大量的非线性函数关系，线性规划可以看作非线性规划的特殊情况。一般说来，非线性规划问题的求解比线性规划困难。线性规划有通用的单纯形解法，而非线性规划的若干解法都有其特定的适用范围，计算程序的通用性比较低，数学模型也更为复杂。因此非线性规划是一个有待进一步研究的领域。

第一节　非线性规划的基本理论

非线性规划的数学模型包括目标函数和约束条件两部分。目标函数可以是极小化形式，也可以是极大化形式；约束条件可以包括不等式约束和等式约束或仅为其中一种。数学模型表示如下。

目标函数：

$$\min f(x)\text{或}\max f(x) \tag{5-1}$$

约束条件：

$$\begin{cases} g_i(x) \geqslant 0,\ i=1,2,\cdots,l & (5\text{-}2) \\ h_j(x)=0,\ i=1,2,\cdots,m & (5\text{-}3) \end{cases}$$

式中，x 为 n 维欧式空间 E^n 的向量，$X=(x_1, x_2,\cdots, x_n)^{\mathrm{T}}$；$l$、$m$ 分别为不等式约束和等式约束条件的数目。

式（5-2）代表一组不等式约束，该式两边同乘–1 即变为“≤”的约束形式。

例 5-1　南方某圩垸地区，地势平坦低洼，易遭涝灾，拟修建除涝工程。除涝工程由两种工程措施组成，一是利用当地原有湖泊蓄存涝水，即修建一定规模的湖堤使涝水在其中蓄存到某一深度；二是在原有泵站的基础上扩大规模，增加该地区涝水向外排泄的能力。要求决策出投资最少的除涝工程规模。除涝工程规模用蓄涝湖泊面积 x_1（km^2）、泵站装机容量 x_2（10kW）、湖泊蓄涝水深 x_3（m）表示。根据分析，除涝工程投资 f（万元）最小的目标函数为

$$\min f=\left(40x_3^2+30x_3+10\right)x_1+300x_2 \tag{5-4}$$

根据除涝标准的规定，在出现设计暴雨的情况下，除涝能力与应排除的涝水总量相等，从而达到水量平衡。根据湖区地形和泵站条件，水量平衡的表达式如下：

$$3.125x_2 + x_1x_3 - 9.6875 = 0 \tag{5-5}$$

根据原有泵站装机容量（1.5×10^3kW）及水产养殖业的要求，还应满足下列条件：

$$\begin{cases} x_2 \geqslant 1.5 & (5\text{-}6) \\ x_1 \geqslant 4 & (5\text{-}7) \\ x_3 \geqslant 0.4 & (5\text{-}8) \end{cases}$$

上述目标函数[式（5-4）]及约束条件[式（5-5）～式（5-8）]中包含非线性函数，这样就构成了一个非线性规划数学模型。

第二节 无约束条件的非线性规划

一、单变量函数最优化

除按极值存在的必要条件和充分条件用微分法求单变量函数的最优解外，常用的就是搜索法。

1. 黄金分割法（也称 0.618 法）

对于单峰函数，应用黄金分割法求最优解就是不断按一定比率缩小搜索最优点存在的范围，从而求得最优点。设函数 $y = f(x)$，求$[a, b]$区间的最优点，使 $f(x)$ 最小。先在$[a, b]$区间对称位置上取 x_1' 和 x_1'' 两点，使

$$x_1'' - a = 0.618(b - a), \quad x_1' - a = 0.382(b - a)$$

计算 $f(a)$，$f(x_1')$，$f(x_1'')$和 $f(b)$并进行比较，若 $f(x_1') < f(x_1'')$则舍弃$[x_1'', b]$，留下$[a, x_1'']$，此时，x_1' 恰好在$[a, x_1'']$的 0.618 位置上，故 x_1' 可作为此区间的x_2''点，再找另一新点 x_2'，使 $x_2' - a = 0.382(x_1'' - a)$，又可比较 $f(x_2')$与 $f(x_2'')$的大小，再决定舍弃一部分的区间，这样不断缩小搜索区域，即可求出函数的极小值。

2. 牛顿法

单变量函数 $f(x)$的最小值存在的必要条件和充分条件为 $f'(x) = 0$ 及 $f''(x) > 0$，设初值为 x_0，则其导数依泰勒级数展开有

$$f'(x_0 + \Delta x) \approx f'(x_0) + \Delta x f''(x_0)$$

若 $f'(x_0 + \Delta x) = 0$，即 $f'(x_0) + (x_1 - x_0) f''(x_0) = 0$

则

$$x_1 = x_0 - \frac{f'(x_0)}{f''(x_0)}$$

得其迭代公式为

$$x_{k+1} = x_k - \frac{f'(x_k)}{f''(x_k)}$$

当迭代至 x_{k+1}，$|f'(x_{k+1})| \leqslant \varepsilon$ 时，x_{k+1} 即为最优解（一般 ε 为给定的一个足够小的正数，允许误差）。

二、多变量函数最优化

1. 最速下降法（梯度法）

若目标函数 $f(x)$，$x = x_1, x_2, \cdots, x_n$，则其梯度 $\Delta f(x)$分别为 $\frac{\partial f}{\partial x_1}, \frac{\partial f}{\partial x_2}, \cdots, \frac{\partial f}{\partial x_n}$。已知函数 $f(x)$在 x_1 点处的梯度为 $\Delta f(x_1)$，则沿梯度方向从 x_1 点出发走一个步长得到新点 x_2，即

$$x_2 = x_1 - \lambda_1 \Delta f(x_1)$$

得迭代公式为

$$x_{k+1} = x_k - \lambda_k \Delta f(x_k)$$

故求目标函数的极小值为

$$f(x_{k+1}) = \min f[x_k - \lambda_k \Delta f(x_k)]$$

当

$$|f(x_{k+1}) - f(x_k)| < \varepsilon$$

式中，ε 为允许误差，x_{k+1} 即为所求的最优点。

λ的求法有多种选择，可取固定值，也可通过求 $f(x)$的极小值求解 λ，令

$$\frac{\mathrm{d}f\left[x_k - \lambda_k \Delta f\left(x_k\right)\right]}{\mathrm{d}\lambda} = 0$$

或者用 0.618 法使 $f(x)$极小化而解λ。

2. 二阶梯度法

此法比最速下降法好，它不但利用目标函数在搜索点的梯度，而且考虑此梯度的变化趋势，即利用搜索点的二阶导数，故能更好地指向最优点。

二阶导数用海塞矩阵 $H(x)$表示。即

$$H(x)=\begin{bmatrix}\dfrac{\partial^2 f}{\partial x_1^2} & \dfrac{\partial^2 f}{\partial x_1\partial x_2} & \cdots & \dfrac{\partial^2 f}{\partial x_1\partial x_n}\\ \dfrac{\partial^2 f}{\partial x_2\partial x_1} & \dfrac{\partial^2 f}{\partial x_2^2} & \cdots & \dfrac{\partial^2 f}{\partial x_2\partial x_n}\\ \vdots & \vdots & & \vdots\\ \dfrac{\partial^2 f}{\partial x_n\partial x_1} & \dfrac{\partial^2 f}{\partial x_n\partial x_2} & \cdots & \dfrac{\partial^2 f}{\partial x_n^2}\end{bmatrix}$$

$H(x)$ 也可用 $\nabla^2 f(x)$ 表示。

使 $f(x)$ 为极小值的必要条件为

$$f'(x)=0 \text{ 或 } \Delta f(x)=0$$

导数按泰勒级数展开：

$$\nabla f(x)\approx \nabla f(x_k)+\nabla^2 f(x_k)\Delta x=0$$

$$\Delta x=-\left[\nabla^2 f(x_k)\right]^{-1}\nabla f(x_k)$$

式中，$\Delta x=x_{k+1}-x_k$，其中，$x_{k+1}=x_k+\Delta x=x_k-\left[\nabla^2 f(x_k)\right]^{-1}\nabla f(x_k)$，这与单变量的牛顿法是一致的，只是将单变量的 $f'(x)$ 和 $f''(x)$ 分别用 $\nabla f(x)$ 和 $\nabla^2 f(x)$ 表示。也即

$$x_{k+1}=x_k-H_k^{-1}\nabla f(x_k)$$

$-H_k^{-1}\nabla f(x_k)$ 称为函数 $f(x)$ 在 x_k 点的牛顿方向，沿此方向以一定步长 λ_k 搜索，就可逐步得到最优点，使

$$f\left[x_k-\lambda_k H_k^{-1}\nabla f(x_k)\right]=\min f\left[x_k-\lambda_k H_k^{-1}\nabla f(x_k)\right]$$

第三节　有约束条件的非线性规划

在水资源规划问题中，经常遇到的是有约束的情况，求解有约束条件的非线性规划问题的方法虽很多，但各有利弊，没有十分成熟的方法。一般除作线性化处理外，多将有约束条件的非线性规划问题转化为无约束条件的非线性规划问题来求解。

有约束条件的非线性规划问题，可分为等式约束条件及不等式约束条件两种。

一、等式约束条件下多变量函数的寻优方法

1. 消元法

该方法对不等式约束条件也适用，是利用等式或不等式约束方程（要先化为

等式方程）消去目标函数中的变量，使原问题变成等价的无约束条件的问题来求解。显然，当约束方程数 m 小于变量数 n 时，才有最优解；若 $m=n$，则在有解的情况下，具有唯一解，但无所谓最优化问题；若 $m>n$，一般无解。下面举例说明消元法的计算方法。

例 5-2　设非线性规划问题的目标函数：

$$z=f(x)=(x_1-3)^2+(x_2-3)^2+5$$

其约束条件为

$$x_1+\frac{5}{3}x_2-5=0$$

试求目标函数的最小值。

解：首先将约束条件改写为

$$x_1=5-\frac{5}{3}x_2$$

并代入目标函数：

$$z=\left(5-\frac{5}{3}x_2-3\right)^2+(x_2-3)^2+5=\frac{34}{9}{x_2}^2-\frac{38}{3}x_2+18$$

对此式求导，并令其等于零，即得最小值：

$$\frac{\mathrm{d}z}{\mathrm{d}x_2}=\frac{68}{9}x_2-\frac{38}{3}=0$$

$$x_2=\frac{57}{34}，\quad x_1=\frac{75}{34}，\quad f\left(x'\right)=7.37$$

一般地，对于一个 n 元函数来说，目标函数为 $z=f(x)=f(x_1,x_2,\cdots,x_n)$，其中 x 为 n 维向量，$x=(x_1,x_2,\cdots,x_n)^{\mathrm{T}}$。

等式约束条件为 $g_k(x)=g_k(x_1,x_2,\cdots,x_n)=0$，设 $k=1,2,\cdots,m$，共有 m 个等式约束条件。如果能把 $g_k(x_1,x_2,\cdots,x_n)=0$ 改写成

$$x_k=H_k(x_{m+1},x_{m+2},\cdots,x_n)，\quad k=1,2,\cdots,m$$

代入目标函数中，化简后可得新的目标函数 $f_1(x_p)$，其中 $p=m+1,m+2,\cdots,n$。这样，就把一个具有 m 个等式约束条件的 n 个变量的寻优问题，变为仅有 $p=n-m$ 个独立变量的无约束条件的寻优问题。

2. 拉格朗日乘子法

当等式约束条件中有几个方程是非线性方程时，就不能直接解出变量并把它代入目标函数中。这时可采用拉格朗日乘子法。其方法是把 m 个约束方程分别乘以 $\lambda_1,\lambda_2,\cdots,\lambda_m$，并把它们加到目标函数中去，这样就得到如下形式的拉格朗日函数：

$$L = f(x) + \sum_{i=1}^{m} \lambda_i n_i(x)$$

此 L 可看作是一个有 $m+n$ 个变量的目标函数，对 $m+n$ 个变量求导，并令导数为零，则得

$$\frac{\partial L}{\partial x_j} = \frac{\partial f(x)}{\partial x_j} + \sum_{i=1}^{m} \frac{\partial n_i(x)(x)}{\partial x_j},\ j = 1, 2, \cdots, n$$

$$\frac{\partial L}{\partial \lambda_i} = n_i(x) = 0,\ i = 1, 2, \cdots, m$$

联立求解这些方程，所得到的解既能满足等式约束条件 $n_i(x) = 0$，又能使目标函数取得最优值。

例 5-3 某城市规划问题，分配给工业部门的水资源量为 W，拟用于发展冶金及纺织行业，设分配给冶金及纺织行业的用水量分别为 x_1，x_2，其收益相应为

$$f(x_1) = 10 - (x_1 - 1)^2，f(x_2) = 10 - (x_2 - 2)^2$$

试规划如何分配 x_1 和 x_2 用水量，使其收益最大。

解：依题意，可知

目标函数：

$$\max f(x) = f(x_1) + f(x_2) = 20 - (x_1 - 1)^2 - (x_2 - 2)^2$$

约束条件：

$$x_1 + x_2 = W$$

其拉格朗日函数为

$$L(x_1，x_2，\lambda) = 20 - (x_1 - 1)^2 - (x_2 - 2)^2 + \lambda(x_1 + x_2 - W)$$

对 x_1，x_2 及 λ 求导并令其等于 0。

$$\frac{\partial L}{\partial x_1} = -2(x_1 - 1) + \lambda = 0 \qquad \frac{\partial L}{\partial \lambda} = x_1 + x_2 - W = 0$$

$$\frac{\partial L}{\partial x_2} = -2(x_2 - 2) + \lambda = 0$$

联立求解得

$$x_1 = \frac{W-1}{2}，\ x_2 = \frac{W+1}{2}，\ \lambda = W - 3$$

最优收益为

$$f(x) = 20 - \frac{1}{2}(W-3)^2$$

3. 罚函数法

对于一个等式约束条件的问题：

$$\min f(x)$$

约束条件：

$$g_k(x) = 0,\ k = 1, 2, \cdots, m$$

设想把约束条件作为一个“惩罚”项加到目标函数中一起来考虑，构造一个新的目标函数为

$$R(x,p) = f(x) + \sum_{k=1}^{m} p_k \left[g_k(x) \right]^2 \qquad (5\text{-}9)$$

式中，p_k 为第 k 个等式约束在构造函数中指定的常数，称为罚因子；$R(x, p)$为罚函数。通过构造罚函数，原问题就转化为无约束条件的问题。

例 5-4　某线性规划问题，其目标函数为

$$f(x) = 60 - 10x_1 - 4x_2 + x_1^2 + x_2^2 - x_1 x_2$$

约束条件：

$$g(x) = x_1 + x_2 - 8 = 0$$

试用罚函数法求其极小值。

解：先构造一个罚函数为

$$R(x,p) = f(x) + p\left[g(x)\right]^2 = 60 - 10x_1 - 4x_2 + x_1^2 + x_2^2 - x_1 x_2 + p(x_1 + x_2 - 8)^2 \qquad (5\text{-}10)$$

然后求 $R(x, p)$ 的极小值。利用微分法：

$$\frac{\partial R}{\partial x_1} = -10 + 2x_1 - x_2 + 2p(x_1 + x_2 - 8) = 0 \qquad (5\text{-}11)$$

$$\frac{\partial R}{\partial x_2} = -4 + 2x_2 - x_1 + 2p(x_1 + x_2 - 8) = 0 \qquad (5\text{-}12)$$

两式消去相同项，得

$$(-10 + 2x_1 - x_2) - (-4 + 2x_2 - x_1) = 0$$

化简后有

$$x_1 = x_2 + 2 \qquad (5\text{-}13)$$

把式（5-13）代入式（5-12）得

$$-4 + 2x_2 - x_2 - 2 + 2p(2x_2 - 6) = 0$$

即

$$x_2 - 6 + 2p(2x_2 - 6) = 0 \qquad (5\text{-}14)$$

可见，不同的 p 值，即可得到不同的解 x_2，如 $p = 0$ 时 $x_2 = 6$，$x_1 = 8$，此即为 $f(x)$在无约束条件时的极小值点。在有等式约束条件的问题中，在 p 趋于无穷时，只有当惩罚项的值趋于零时，罚函数才能达到极小值。因此，只要取 p 足够大（极小值问题中 p 为正数，在极大值问题中为负数），惩罚项的值就足够小。在本例中，为使 p 趋于无穷，而式（5-14）仍应为极限值，此时只有一个可能，即

$$2x_2-6=0$$

则
$$x_2=3$$

代入式（5-13），得 $x_1=5$，即得极小值点。

实际上，对于复杂的问题，一般不能简单地用微分法求得罚函数的最小值，这就需要用搜索方法求解。此时，往往把常数 p_k 考虑为 $p_k^1, p_k^2, \cdots, p_k^L$，则有以下形式的罚函数：

$$R_L\left(x, p_k^L\right)=f(x)+\sum_{k=1}^{m} p_k^L\left[g_k(x)\right]^2 \qquad (5\text{-}15)$$

$p_k^L > p_k^{L-1}$ 且 $\lim\limits_{L\to\infty} p_k^L=\infty$，每一个 p_k^L 值可得一个最小值 R_L'。当 p_k^L 任意大时，R_L' 将收敛于一个有限的极限值，这个极限值也就是 $f(x)$ 在有等式约束条件时的最小值。

二、不等式约束条件下多变量函数的寻优方法

1. 拉格朗日乘子法

对于不等式约束条件，可设法引入松弛变量，使不等式变为等式，然后按等式约束条件下的拉格朗日乘子法求解。

例如，若不等式约束条件为

$$g(x)=ax_1+bx_2+c\leqslant 0$$

引入松弛变量 x_3，由于在非线性规划中没有变量为非负的约束条件，即不要求 $x_i\geqslant 0$，因此，为保证不等式成立，引入的松弛变量均用平方项的形式，以保证引入项为非负的。由此可得

$$f(x)=ax_1+bx_2+c+x_3^2=0$$

例 5-5 求解非线性规划问题：

$$\min f(x)=2x_1^2-2x_1x_2+2x_2^2-6x_1$$

约束条件：

$$\begin{cases} g_1(x)=3x_1+4x_2-6\leqslant 0 \\ g_2(x)=-x_1+4x_2-2\leqslant 0 \end{cases}$$

解：引入松弛变量 x_3, x_4，将不等式约束变换为等式约束，即

$$\begin{cases} g_1(x)=3x_1+4x_2-6+x_3^2=0 \\ g_2(x)=-x_1+4x_2-2+x_4^2=0 \end{cases}$$

然后，引入拉格朗日函数：

$$L(x,\lambda)=\left(2x_1^2-2x_1x_2+2x_2^2-6x_1\right)+\lambda_1\left(3x_1+4x_2-6+x_3^2\right)+\lambda_2\left(-x_1+4x_2-2+x_4^2\right)$$

该式中有 6 个变量：$x_1, x_2, x_3, x_4, \lambda_1, \lambda_2$，各自求偏导数可得 6 个偏微分方程，然后求出这 6 个未知数。

2. 罚函数法

（1）外点罚函数法。

某一非线性规划问题：

$$\min f(x)$$

其约束条件为

$$g_i(x) \geqslant 0，i = 1, 2, \cdots, m$$

构造的罚函数为

$$T(x, M_k) = f(x) + M_k \sum_{i=1}^{m} \{\min[0, g_i(x)]\}^2 \tag{5-16}$$

式中：$0 < M_1 < M_2 < \cdots < M_k < M_{k+1} < \cdots$

$$\lim_{k \to \infty} M_k = +\infty$$

惩罚项中，

$$\min[0, g_i(x)] = \frac{g_i(x) - |g_i(x)|}{2} = \begin{cases} g_i(x), & g_i(x) < 0 \\ 0, & g_i(x) \geqslant 0 \end{cases} \tag{5-17}$$

对罚函数求无约束条件下的极值，其结果将随给定的罚因子 M_k 而异。我们可以把罚函数 $T(x, M_k)$无约束条件的极值问题的最优解 $x' = x(M_k)$看作是以 M_k 为参数的一条轨迹，当 M_k 趋于正无穷时，$x(M_k)$沿着这条轨迹趋于条件极值问题的最优解，即原问题的最优解。这种方法就称为外点罚函数法，这种方法是从可行域的外部逼近最优解的。

计算步骤：①取 $M_1 > 0$，允许误差 $\varepsilon > 0$，令计算次数 $k = 1$。②求无约束极值问题，$T(x^k, M_k) = \min T(x, M_k)$的最优解 $x^k = x(M_k)$。
式中，

$$T(x,\ M_k) = f(x) + M_k \sum_{k=1}^{m} \{\min[0, g_i(x)]\}^2 \tag{5-18}$$

③检验是否满足判别式$-g_i(x^k) \leqslant \varepsilon$（$i = 1, 2, \cdots, m$）。若满足判别式，则得到条件极值问题的最优解 $x_{\min} = x^k$；反之，取 $M_{k+1} > M_k$，进行第 k+1 次计算，并转到②继续上述步骤。

例 5-6　目标函数：

$$\min f(x) = x_1^2 + x_2^2$$

约束条件：　$x_1 \geqslant 1$

试用外点罚函数法求目标函数的最优解。

解：令罚函数为

$$T(x,\ M_k)=x_1^2+x_2^2+M_k\left(\frac{|x_1-1|-(x_1-1)}{2}\right)^2$$

即

$$T(x,\ M_k)=\begin{cases}x_1^2+x_2^2+M_k(x_1-1)^2, & x_1<1\\ x_1^2+x_2^2, & x_1\geqslant 1\end{cases}$$

故

$$\frac{\partial T}{\partial x_1}=\begin{cases}2x_1+2M_k(x_1-1), & x_1<1\\ 2x_1, & x_1\geqslant 1\end{cases}$$

$$\frac{\partial T}{\partial x_2}=2x_2$$

令

$$\frac{\partial T}{\partial x_1}=0,\quad \frac{\partial T}{\partial x_2}=0$$

得极小值点为

$$x_1=\frac{M_k}{M_k+1},\quad x_2=0$$

令 M_k 趋向于无穷，得 $x_1=1$，$x_2=0$。目标函数的最小值为 $f(x)=1$。

（2）内点罚函数法。

设目标函数 $z=f(x)$，在不等式 $g_i(x)\geqslant 0$，$i=1,2,\cdots,m$ 的约束条件下，求极小值。

罚函数为

$$u(x,r_k)=f(x)+r_k\sum_{i=1}^{m}\frac{1}{g_i(x)}$$

或

$$u(x,r_k)=f(x)-r_k\sum_{i=1}^{m}\ln\left[g_i(x)\right]$$

式中，$\lim\limits_{r_k\to\infty}r_k=0$。

对罚函数求无约束条件极值，其结果将随给定的罚因子 r_k 而异。我们可把罚函数 $u(x, r_k)$无约束条件极值的最优解 $x^k=x(r_k)$看作是以 r_k 为参数的一条轨迹，$x(r_k)$沿着这条轨迹趋于条件极值的最优解。计算步骤：①取 $r_1>0$（如取 $r_1=1$），允许

误差 $\varepsilon>0$；②求可行域的内点 x^0，令 $k=1$；③以 x^{k-1} 为起点，用求解无约束条件的极值问题的方法求解：

$$u(x, r_k)=\min u(x, r_k)$$

式中，

$$u\left(x,r_k\right)=f\left(x\right)+r_k\sum_{i=1}^{m}\frac{1}{g_i\left(x\right)}$$

④当取 $u\left(x,r_k\right)=f\left(x\right)+r_k\sum_{i=1}^{m}\frac{1}{g_i\left(x\right)}$ 时，检验是否满足判别式：

$$r_k\sum_{i=1}^{m}\frac{1}{g_i\left(x\right)}\leqslant\varepsilon$$

当取 $u\left(x,r_k\right)=f\left(x\right)-r_k\sum_{i=1}^{m}\ln g_i(x)$ 时，检验是否满足判别式：

$$r_k m\leqslant\varepsilon$$

式中，ε 为精度要求内的允许误差。

如果满足判别式，则得最优解 $x_{\min}=x^k$；反之取 $0<r_{k+1}<r_k$，进行第 $k+1$ 次计算，并转到③继续上述步骤。

例 5-7　仍用上例 5-6，用内点罚函数法求解。

解：令罚函数为

$$u\left(x,r_k\right)=x_1^2+x_2^2-r_k\ln\left(x_1-1\right)$$

由此求 $u(x, r_k)$无约束条件下的极小值。由

$$\frac{\partial u}{\partial x_1}=2x_1-\frac{r_k}{x_1-1}=0\text{，}\quad\frac{\partial u}{\partial x_2}=x_2=0$$

得

$$x_1=\frac{1}{2}\pm\sqrt{\frac{1}{4}-\frac{r_k}{2}}\text{，}\ x_2=0$$

因为负号使 $x_1<1$，超出约束条件限定的可行域，所以只能取正号，故

$$x_1=\frac{1}{2}+\sqrt{\frac{1}{4}-\frac{r_k}{2}}$$

令 $r_k\to 0$，得 $x_1=1$，$x_2=0$，这就是原问题的解。外点罚函数法与内点罚函数法相比较，各自的优缺点如下：①内点罚函数法首先要在可行域内求可行的初始点，当约束条件增多时，往往是困难的，而外点罚函数法则无需求可行的初始点。②内点罚函数法不能处理等式约束问题，但对于外点罚函数法来说，当约束条件中出现等式约束时，其难度等同于不等式约束。③外点罚

函数法在边界上可做性较差，其惩罚项的一阶微商存在且连续，但其二阶微商在边界上却不存在；而内点罚函数法中的罚函数在边界上的可微阶数与目标函数、约束条件的可微阶数是相同的。因此，内点罚函数法中求函数的最优解时，不受方法对罚函数的可微阶数要求的限制，原则上任何无条件极值的方法都可以使用。

3. 非线性的线性规划法

在实际应用中求解非线性规划问题，还可以通过线性化的技巧，把非线性规划问题近似地简化成线性规划问题以求出其近似解。下面介绍两种常用的方法。

（1）梯度近似法。

设非线性规划问题：

$$\min f(x)$$

约束条件：

$$g_i(x)\leqslant 0,\ i=1,2,\cdots,m$$

式中，$f(x)$与$g_i(x)$均为可微函数，试求最优解。设已选定x^0为上述问题的初始点，在x_0附近，由泰勒级数展开得

$$f(x)\approx f(x^0)+(x-x^0)^{\mathrm{T}}\nabla f(x^0)$$

$$g_i(x)\approx g_i(x^0)+(x-x^0)^{\mathrm{T}}\nabla g_i(x^0)$$

这样就可得到近似的线性规划模型如下。

目标函数：

$$\min f(x)=f(x^0)+(x-x^0)^{\mathrm{T}}\nabla f(x^0)$$

约束条件：

$$g_i(x)=g_i(x^0)+(x-x^0)^{\mathrm{T}}\nabla g_i(x^0)\leqslant 0$$

对此模型可用线性规划单纯形法求解。设经过对x^k展开的近似解x^{k+1}，如果x^k和x^{k+1}很相似，满足精度要求，则认为x^{k+1}为最优解。

例 5-8 设非线性规划问题如下。

目标函数：

$$\max f(x)=2x_1+x_2$$

约束条件：

$$\begin{cases}g_1(x)=x_1^2-6x_1+x_2\leqslant 0\\ g_2(x)=x_1^2+x_2^2-80\leqslant 0\\ x_1\geqslant 1,\ x_2\geqslant 0\end{cases}$$

因为这是一个二维问题，所以用图解法把约束方程组的三个不等式按等式描

述出两条曲线和一条直线，连同 $x_2 \geqslant 0$ 构成一个可行域，如图 5-1 所示。

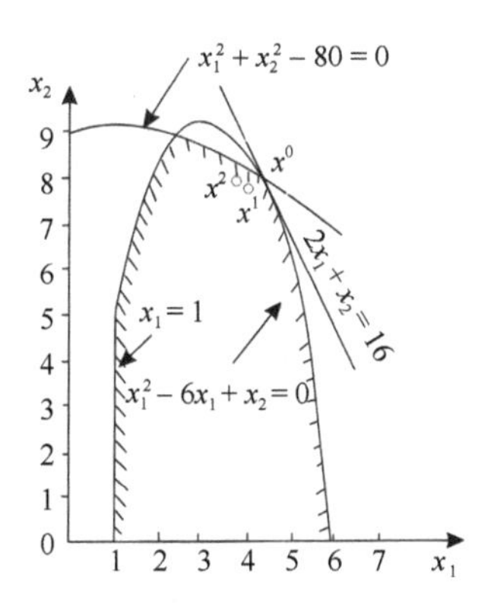

图 5-1　可行域的示意图

首先选取初始点，因其目标函数为极大化形式，故可以取初始点 $x^0(5, 8)^{\mathrm{T}}$，再将非线性约束式 $g_i(x)$ 在 x^0 处线性化。

首先计算其梯度值：

$$\nabla g_1(x^0)=\left[\frac{\partial g_1(x^0)}{\partial x_1},\frac{\partial g_1(x^0)}{\partial x_2}\right]^{\mathrm{T}}=\left[(2x_1-6),1\right]^{\mathrm{T}}$$

$$\nabla g_2(x^0)=(2x_1,2x_2)^{\mathrm{T}}$$

将 $x^0=(5, 8)^{\mathrm{T}}$ 代入，即得

$$\nabla g_1(x^0)=(4,1)^{\mathrm{T}}$$

$$\nabla g_2(x^0)=(10,16)^{\mathrm{T}}$$

函数值：

$$g_1(x^0)=x_1^2-6x_1+x_2=3$$

$$g_2(x^0)=x_1^2+x_2^2-80=9$$

从而得近似的线性规划约束方程：

$$g_1'(x)=3+\left[(x_1-5),(x_2-8)\right][4,1]^{\mathrm{T}}=4x_1+x_2-25\leqslant 0$$

$$g_2'(x)=9+\left[(x_1-5),(x_2-8)\right][10,16]^{\mathrm{T}}=10x_1+16x_2-169\leqslant 0$$

加上原来的 $x_1 \geqslant 1$ 和 $x_2 \geqslant 0$，即构成一个近似的线性方程组。目标函数仍为

$$\max f(x)=2x_1+x_2$$

对于这个线性规划模型，用单纯形法求出第一次迭代的解：

$$x^1=(4.278, 7.888)，f(x^1)=16.44$$

重复进行以上步骤，把原问题在 x^1 处线性化，又可得到新的近似线性规划模

型，用单纯形法可解出：

$$x^2=(4.03, 7.97)，f(x^2)=16.03$$

从图5-1可以看出点到$[x^0, x^1, x^2, \cdots]$逐步向直线$2x_1+x_2=16$与可行域的切点K逼近，而K的坐标为$x_1=4$，$x_2=8$，故可认为$x^2=(4.03, 7.97)$已是最优解，其也可以通过再次迭代得到x^3，与x^2比较获得。

（2）变量分割法。

其基本思路是将原来的曲线方程分割成若干直线方程之和，将曲线概化为许多折线，本方法适用于目标函数为连续函数，约束条件为线性不等式或等式的情况。这个方法比较简单，下面用一个例题加以说明。

例 5-9 设有一非线性规划问题如下。

目标函数：

$$\max f(x)=8x_1-x_1^2+10x_2^2-2x_2^2$$

约束条件：

$$\begin{cases} x_1+2x_2 \leqslant 8 \\ x_1+x_2 \leqslant 5 \\ x_1, x_2 \geqslant 0 \end{cases}$$

解：先将非线性的目标函数分成两个变量的函数，并分别把这两个函数分段线性化，然后寻求近似的最优解。

将目标函数分成下面的两部分：

$$f(x_1)=8x_1-x_1^2，f(x_2)=10x_2^2-2x_2^2$$

则

$$f(x)=f(x_1)+f(x_2)$$

画出$x_1 \sim f(x_1)$，$x_2 \sim f(x_2)$的图形，如图5-2所示，并将这两条曲线都变换为折线。先从$x_1 \sim f(x_1)$做起，从约束方程式$x_1+x_2 \leqslant 5$可知，当$x_1>5$时，$x_2 \leqslant 0$，而这样就破坏了约束条件，因此必须是$0 \leqslant x_1 \leqslant 5$。

当$x_1=5$时，$f(x_1)=8x_1-x_1^2=15$，因此，$x_1 \sim f(x_1)$曲线的可取值范围在（0，0）～（5，15），在这两点间作插值，如取（3，15）作为中间点，即A点，由此得到线段OA及AB，以分段线性函数$f_1'(x_1)$表示，作为$f(x_1)$的近似，从图中可以看出，OA、AB两条线段对应的x_1分别以u_1，u_2表示，即

$$x_1=u_1+u_2，u_1=0 \sim 3；u_2=0 \sim 2$$

则

$$f_1'(x_1)=m_1u_1+m_2u_2=5u_1+0u_2$$

式中，m_1、m_2分别为线段OA和AB的斜率。

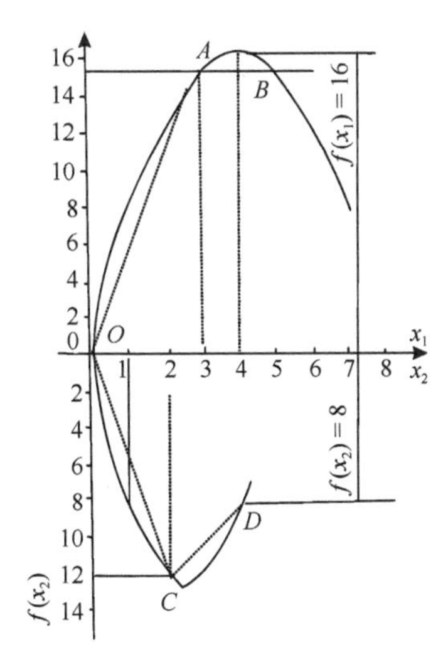

图 5-2　变量分割法示意图

同理，再作 x_2～$f(x_2)$的近似曲线，由约束条件 $x_1+2x_2\leqslant 8$ 可知，当 $x_2\geqslant 4$ 时，$x_1<0$，这也就破坏了约束条件，故 $0\leqslant x_2<4$，将图中曲线概化为 OC 与 CD 两条线段组成的折线，其斜率分别为 m_3、m_4，其中 $m_3=6$，$m_4=-2$，用两个非负变量 v_1 及 v_2 表示对应的 x_2，而得到：

$$x_2=v_1+v_2=0\sim 4，\ v_1=0\sim 2；\ v_2=0\sim 2$$

则

$$f_2'(x_2)=m_3v_1+m_4v_2=6v_1-2v_2$$

将近似处理的目标函数及约束方程式代换原目标函数与约束方程式，得到变量分割后的线性规划模型。

目标函数：

$$\max f'(x)=f_1'+f_2'=5u_1+0u_2+6v_1-2v_2$$

约束方程：

$$\begin{cases}u_1+u_2+v_1+v_2\leqslant 5\\u_1+u_2+2v_1+2v_2\leqslant 8\\u_1\leqslant 3,\ u_2\leqslant 2,\ v_1\leqslant 2,\ v_2\leqslant 2\\u_1,u_2,v_1,v_2\geqslant 0\end{cases}$$

运用线性规划单纯形法求解，可得

$$u_1=3，\ u_2=0，\ v_1=2，\ v_2=0，\ f'=27.0$$

将 u_1、v_1 代入原方程式，可得原问题的最优解：

$$x_1=3，\ x_2=2，\ f'=27.0$$

显然，要提高精度，就需要加密插值点的个数，即将曲线用更多较小的线段组成的折线代替，这将增加计算工作量。

第四节 分解协调法

一个大型的水资源系统包括了工业、农业、社会、环境等许多因素，将其模型化和最优化的工作是非常复杂的，为了解决这个困难，就出现了分解与多级最优化理论。分解协调法的基本概念就是把大规模的复杂系统分解成独立的子系统，而后建立模型，根据子系统模型的性质、子系统的目标及约束条件，可以采用不同的最优化方法，它们的解称为第一级解。子系统之间用耦合变量连接，在第二级或更高级进行控制，达到全系统最优解，这个解称为第二级或高级解。使子系统独立的办法，是先松弛一个或更多的最优性条件，然后在第二级满足这些条件。

一、分解协调的分类

把一个复杂的系统分解为许多子系统，各个子系统反映总系统的一个方面，任一子系统的运行，直接地并且明显地受上级子系统的影响。上级子系统对下级子系统起制约作用。

（1）多层次的系统。它是为了把一个复杂的系统描述得更清楚而建立的系统结构。对系统分层进行描述，每一层次有自己的概念和规则，分别处理系统的不同方面。

（2）多等级的系统。在解决复杂系统的决策问题时，规定了多等级系统以利于决策。等级在实质上就是决策过程的优先级别。当所有子问题顺序地得到解决，就得到原问题的解。

（3）多梯队系统。当一个大型的水资源系统可以明显地看成由许多互相作用的子系统族组成时，就可构成多梯队系统，它是处理大型复杂系统的不同子系统之间的相互关系的一种形式。一个梯队中的各个子系统之间的矛盾由上一级梯队的子系统自由地控制，并进行干涉，干涉办法有以下几种：①目标干涉，影响与目标有关的因子；②信息干涉，影响输出的值；③约束干涉，影响可供选择的措施。

二、分解协调的一般表达式

设有一个复杂的系统，分解为许多子系统，每个子系统有其特定的功能，如灌溉、航运、发电、娱乐等，其全面最优化问题表示如下。

目标函数：

$$\max f(y, u, m, a)$$

约束条件：

$$\begin{cases} g(y,u,m,a) \leqslant 0 \\ y = H(u,m,a) \end{cases} \tag{5-19}$$

式中，y 为系统输出向量；u 为系统输入向量；m 为决策向量；a 为模型参数向量；g 为系统运行的约束向量。

假定把系统 R 分解成 N 个系统，第 i 个子系统 R_i 具有目标函数 $f_i(x_i, u_i, m_i, a_i, \beta)$和约束条件$(x_i, u_i, m_i, a_i, \beta)\leqslant 0$，$\beta$ 为协调变量，用以进行系统分解。向量 u_i、m_i、a_i 分别为 u、m、a 的子向量，x_i 为从其他子系统进入到 R_i 子系统的输入向量，各子系统通过其输入向量和输出向量相耦合：

$$x_i = \sum_{j=1}^{N} c_{ij} y_i, \quad y_i = H_i(x_i, u_i, m_i, a_i)$$

式中，c_{ij} 为耦合矩阵。第 i 个子系统的最优化问题可写为：$y_i = H_i(x_i, u_i, m_i, a_i)$。

目标函数：

$$\max f_i(x_i, u_i, m_i, a_i, \beta)$$

约束条件：

$$g_i(x_i, u_i, m_i, a_i, \beta) \leqslant 0$$

则全系统改写成最优化问题的形式为

目标函数：

$$\max \sum_{i=1}^{N} f_i\left(x_i, u_i, m_i, a_i, \beta\right)$$

约束条件：

$$\begin{cases} g_i(x_i, u_i, m_i, a_i) \leqslant 0 \\ y_i = H_i(x_i, u_i, m_i, a_i) \\ x_i = \sum_{j=1}^{N} c_{ij} y_i, \quad i = 1, 2, \cdots, N \end{cases} \tag{5-20}$$

三、可行分解法与不可行分解法

1. 可行分解法

可行分解法是固定子系统耦合变量的办法，形成独立的子系统的最优化问题，

若协调变量 β 在子系统之间传递输出向量，则第 i 个子系统的最优化问题为

$$\max f_i(x_i, u_i, m_i, a_i)$$

约束条件：

$$\begin{cases} g_i\left(x_i,u_i,m_i,a_i\right)\leqslant 0 \\ y_i = H_i\left(x_i,u_i,m_i,a_i,\beta\right) \\ x_i = \sum_{j=1}^{N} c_{ij} y_i \end{cases} \tag{5-21}$$

各子系统通过其之间传递的输出向量进行协调。这个方法不是通过调整协调变量来求局部最优解，而是向子系统输出向量 y_i，在整个计算过程中 x_i 和 y_i 始终满足一定的联系，也就是说，x_i 和 y_i 一直取实际系统所允许的值，因此叫可行法。该方法是调整每个子系统的约束条件，而不改变目标函数的寻优方法。

2. 不可行分解法

不可行分解法又称相互关联均衡法，是在子系统上解耦，并在耦合变量上附加价格，以形成独立的子系统的最优化问题，协调变量 β 是进入子系统目标函数的价格变量，第 i 个子系统的最优化问题为

$$\max f_i\left(x_i,u_i,m_i,a_i\right)+\left(\sum_{j=1}^{N}\beta_i c_{ij}\right)y_i - \beta_i x_i$$

约束条件：

$$\begin{cases} g_i\left(x_i,u_i,m_i,a_i\right)\leqslant 0 \\ y_i = H_i\left(x_i,u_i,m_i,a_i\right) \end{cases} \tag{5-22}$$

各子系统用进入目标函数的协调变量 β 来协调，如果子系统最优解满足耦合方程式（5-20），即关联平衡，则将对全系统最优。因此，主要的目标是尽量使耦合误差趋于 0。

通过调整协调变量 β 得出的局部最优解都不满足 $x_i = \sum_{j=1}^{N} c_{ij} y_i$，即这些局部最优解实际上是这个系统不允许的数值，因此称为不可行法。该方法是调整每个系统的目标函数而不改变约束条件的求解方法。

例 5-10 无约束条件的最优化问题：

$$\min f(x_1, x_2) = (x_1 - 2)^2 + x_1 x_2 + (x_2 - 1)^2$$

解：该问题有两个决策变量 x_1、x_2，耦合项为 x_1、x_2。如无耦合项 x_1x_2，问题是可以分立的，因而不需要分解。

为了使系统解耦，引入一个协调变量β，令$x_1=\beta$，当变量x_1出现在耦合项中就用β代替，本问题可用下式代替，即

$$\min f(x_1, x_2, \beta)=(x_1-2)^2+\beta x_2+(x_2-1)^2$$

约束条件：

$$x_1=\beta$$

这样系统方程变为有约束条件的最优化问题，可以通过建立下列拉格朗日函数求解。

$$L(x_1,\ x_2,\ \beta,\ \lambda)=(x_1-2)^2+\ \beta x_2+(x_2-1)^2+\lambda(x_1-\beta) \tag{5-23}$$

下面用可行分解法与不可行分解法分别计算此例。

采用可行分解法计算。在可行分解中，在两级最优化的第二级中确定协调变量β。把式（5-23）分解成下列两个拉格朗日函数L_1和L_2：

$$L(x_1, x_2, \beta, \lambda)=L_1(x_1, \lambda, \beta)+L_2(x_2, \beta)$$

则

$$L_1(x_1, \lambda, \beta)=(x_1-2)^2+\lambda(x_1-\beta)$$
$$L_2(x_2, \beta)=(x_2-1)^2+\beta x_2$$

协调变量 β 作为子拉格朗日函数的自变量，第一级和第二级之间的信息传递如图 5-3 所示。

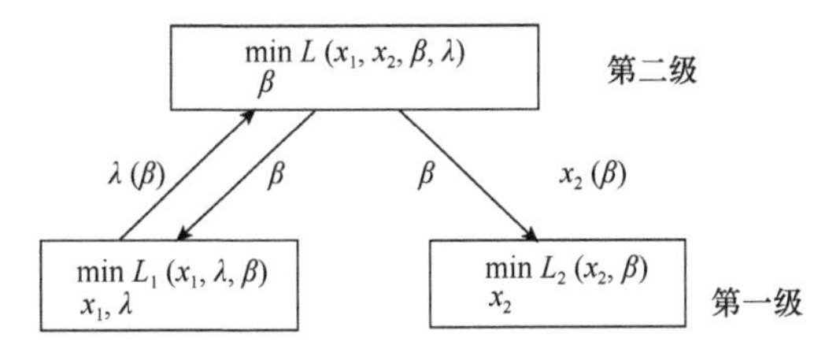

图 5-3　可行分解法的示意图

x_1，λ，β 指的是子系统中以协调变量表示的变量

第一级优化：根据求极值的必要条件，由图 5-3 可知，第一级中有两个子系统。

子系统 1：

$$\frac{\partial L_1}{\partial x_1}=2\left(x_1-2\right)+\lambda=0$$

即

$$\lambda=2(2-x_1) \tag{5-24}$$

$$\frac{\partial L_1}{\partial \lambda}=x_1-\beta=0$$

即

$$x_1=\beta \tag{5-25}$$

合并式（5-24）和式（5-25）得

$$\lambda(\beta) = 4 - 2\beta \tag{5-26}$$

子系统 2：

$$\frac{\partial L_1}{\partial x_2} = 2\left(x_2 - 1\right) + \beta = 0$$

即

$$x_2(\beta) = 1 - 0.5\beta \tag{5-27}$$

对于任意给定的 β，此 β 在第一级确定式（5-26）和式（5-27）产生第一级子系统的最优决策。此外，还应检验最优化的充分条件。

第二级优化：由拉格朗日系统方程式[式（5-23）]进行第二级优化，得

$$\mathrm{d}L = \frac{\partial L}{\partial x_1}\mathrm{d}x_1 + \frac{\partial L}{\partial x_2}\mathrm{d}x_2 + \frac{\partial L}{\partial \lambda}\mathrm{d}\lambda + \frac{\partial L}{\partial \beta}\mathrm{d}\beta = 0$$

用梯度法对第二级进行优化，使 L 对仅有的协调变量 β 取极小，迭代式为

$$\beta^{k+1} = \beta^k - \Delta\frac{\partial L}{\partial \beta}\left(\beta^k\right) \tag{5-28}$$

式中，Δ 为步长，$\Delta>0$。

根据格林公式代替式（5-28）中的 $\frac{\partial L}{\partial \beta}$，得

$$\beta^{k+1} = \beta^k - \Delta\left\{\left[x_2\left(\beta^k\right)\right] - \left[\lambda\left(\beta^k\right)\right]\right\} \tag{5-29}$$

迭代过程从初始的 β 值（如 $\beta^1 = 1$）开始。式（5-26）、式（5-27）和式（5-29）是第一级和第二级之间相互关联的三个方程，把 $\beta^1 = 1$ 代入式（5-26）和式（5-27）中得

$$\lambda^1 = 2，x_2^1 = 0.5，x_1^1 = 1，f^1(1, 0.5) = 1.75$$

选择一个适当的步长 Δ，如 $\Delta = 0.5$，开始第二次迭代，代入式（5-29），得

$$\beta^2 = 1 - 0.5(0.5 - 2)$$

即

$$\beta^2 = 1.75$$

把 $\beta^2 = 1.75$ 代入式（5-26）和式（5-27），得

$$\lambda^2 = 0.5，x_2^2 = 0.125，x_1^2 = 1.75$$

而

$$f^2(1.75, 0.125) = 1.05$$

再进行第三次迭代，令 $\Delta = 0.4$，则

$$\beta^3 = 1.75 - 0.4(0.125 - 0.5)$$

即

$$\beta^3 = 1.9$$

把 $\beta^3 = 1.9$ 代入式（5-26）和式（5-27），得

$$\lambda^3 = 0.2,\ x_2^3 = 0.05,\ x_1^3 = 1.9$$

而
$$f^3(1.9, 0.05) = 1.008$$

当达到预定准则，如$\left|f^{k+1} - f^k\right| < 0.05 f^{k+1}$，即停止迭代。

采用不可行分解法计算。这种方法是协调变量在第一级确定，因此，将式（5-23）表示的拉格朗日函数分解成下列两个子拉格朗日函数 L_1 和 L_2：

$$L(x_1, x_2, \beta, \lambda) = L_1(x_1, \lambda) + L_2(x_2, \beta, \lambda)$$

则

$$L_1(x_1, \lambda) = (x_1 - 2)^2 + \lambda x_1$$
$$L_2(x_2, \beta, \lambda) = (x_2 - 1)^2 + \beta x_2 - \lambda\beta$$

第一级优化：同可行分解法相似，在第一级中有两个子系统，如图 5-4 所示，其最优化的程序相同，L_1 的协调变量为 x_1；L_2 的协调变量为 x_2 和 β。L_1 和 L_2 的最优性必要条件如下。

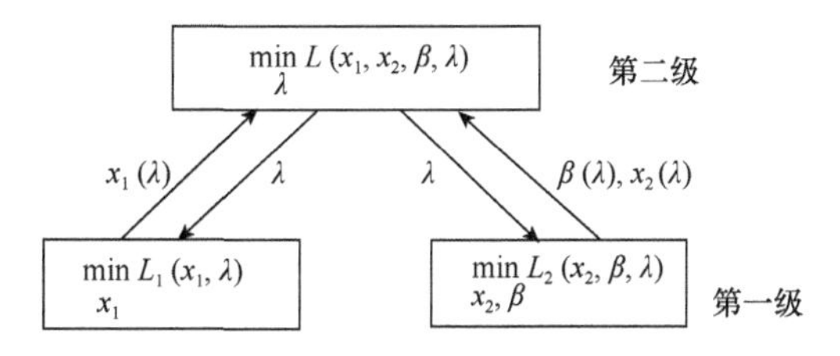

图 5-4　不可行分解法示意图

子系统 1：

$$\frac{\partial L_1}{\partial x_1} = 2(x_1 - 2) + \lambda = 0$$

即

$$x_1(\lambda) = 2 - 0.5\lambda \tag{5-30}$$

子系统 2：

$$\frac{\partial L_2}{\partial x_2} = 2(x_2 - 1) + \beta = 0$$

$$\beta = 2(1 - x_2) \tag{5-31}$$

$$\frac{\partial L_2}{\partial \beta} = x_2 - \lambda = 0$$

$$x_2 = \lambda \tag{5-32}$$

由式（5-31）和式（5-32）得

$$\beta(\lambda) = 2(1 - \lambda)$$

第二级优化可以用许多方法进行，选用哪种方法根据函数具体情况而定。

第二级优化：当所有第一级决策变量可以用拉格朗日乘子的显函数表示时，如上面讨论的例子，则可用此法。由于在第二级中拉格朗日乘子λ是唯一的变量，则

$$\frac{\partial L}{\partial \lambda}=x_1-\beta \tag{5-33}$$

由于第二级中x_1和β由式（5-30）～式（5-32）以λ的显式给出，因此可直接代入式（5-33），从而确定λ：

$$2-0.5\lambda=2(1-\lambda)$$

即

$$\lambda=0$$

代入第一级变量，得

$$x_1(\lambda)=2，x_2(\lambda)=0，\beta(\lambda)=2，f(2,0)=1$$

下面再举例说明有约束条件的最优化问题的情况。

例 5-11 用不可行分解法求解下列问题：

$$\min f\left(x_1,x_2\right)=x_1+x_2+4x_1^2-4x_1x_2+2x_2^2-5$$

其约束条件：

$$x_1+x_2\geqslant 20$$

解：令$x_1=\beta$，则

$$\begin{aligned}L&=x_1+x_2+4x_1^2-4\beta x_2+2x_2^2-5+\lambda\left(x_1-\beta\right)\\&=L_1\left(x_1,\lambda\right)+L_2\left(x_2,\beta,\lambda\right)\end{aligned}$$

其中，

$$L_1\left(x_1,\lambda\right)=x_1+4x_1^2+\lambda x_1$$
$$L_2\left(x_2,\beta,\lambda\right)=x_2-4\beta x_2+2x_2^2-5-\lambda\beta$$

第一级优化：

子系统 1

$$\min L_1=x_1+4x_1^2+\lambda x_1$$

子系统 2

$$\min L_2=x_2-4\beta x_2+2x_2^2-5-\lambda\beta$$

约束条件：

$$\beta+x_2\geqslant 20$$

$$\frac{\partial L_1}{\partial x_1}=1+8x_1+\lambda$$

即

$$x_1=-\frac{1}{8}\left(\lambda+1\right) \tag{5-34}$$

而

$$L_2' = L_2 + u(20 - \beta - x_2) = x_2 + 2x_2^2 - 5 - 4\beta x_2 - \lambda\beta + u(20 - \beta - x_2)$$

$$\frac{\partial L_2'}{\partial x_2} = 1 + 4x_2 - 4\beta - u = 0 \tag{5-35}$$

$$\frac{\partial L_2'}{\partial \beta} = -4x_2 - \lambda - u = 0 \tag{5-36}$$

$$\frac{\partial L_2'}{\partial u} = 20 - \beta - x_2 = 0 \tag{5-37}$$

$$u(20 - \beta - x_2) = 0,\ \ u \geqslant 0 \tag{5-38}$$

由式（5-35）、式（5-36）得

$$4\beta = 1 + \lambda + 8x_2 \tag{5-39}$$

由式（5-38）、式（5-39）得

$$4\beta = 1 + \lambda + 8(20 - \beta)$$

即

$$\beta = \frac{1}{12}(161 + \lambda) \tag{5-40}$$

第二级优化：

$$\frac{\partial L}{\partial \lambda} = x_1 - \beta = 0$$

由式（5-40）、式（5-34）得

$$\frac{1}{12}(161 + \lambda) = -\frac{1}{8}(\lambda + 1)$$

即得

$$\lambda = -65$$

回代到第一级：

$$x_1' = \frac{1}{8}(65 - 1) = 8,\ \ \beta = 8,\ \ x_2' = 12$$

而

$$f(8,12) = 175$$

第五节　非线性规划的应用

一、灌溉用水的合理分配问题

例 5-12　一个灌区耕地面积为 1000hm^2，计划种植作物 A、B 各 500hm^2，可用净灌溉水量 280 万 m^3。作物产量 Y（kg/hm^2）与总耗水量 ET（m^3/hm^2）的关系可以用二次曲线来表示：

$$Y = a\mathrm{ET}^2 + b\mathrm{ET} + c \tag{5-41}$$

式中，a、b、c 为经验系数（表 5-1）；ET 为总耗水量，其取决于灌溉定额 Q、作物生育期的有效降水量 P 和播前土壤水利用量 W（在水平年 P、W 见表 5-1），即

$$\mathrm{ET} = Q + P + W \tag{5-42}$$

如果灌水成本 d 为 0.2 元/m^3，其他生产成本 C 为 2000 元/hm^2；作物 A、B 的单价 u 分别为 1.3 元/kg、1.0 元/kg。如何分配灌溉水量才能使整个灌区的净收入最大？

表 5-1 有关参数

作物	a	b	c	P/（m^3/hm^2）	W/（m^3/hm^2）	$P+W$/（m^3/hm^2）	u/（元/kg）	其他生产成本/（元/hm^2）
A	−0.0016	15.1	−29500	1300	300	1600	1.3	2000
B	−0.0010	9.9	−16000	2300	0	2300	1.0	1800

解：以作物 A、B 的灌溉定额 Q_1，Q_2 为决策变量。

目标函数：

$$\begin{aligned}\max Z = & 1.3\times 500\left[-0.0016(Q_1+1600)^2+15.1(Q_1+1600)-29500\right]\\ & +1.0\times 500\left[-0.0010(Q_2+2300)^2+9.9(Q_2+2300)-16000\right]\\ & -0.2(500Q_1+500Q_2)-2000\times 500-1800\times 500\end{aligned}$$

约束条件如下：

（1）可用水量。

$$500Q_1 + 500Q_2 \leqslant 280\times 10000$$

（2）非负约束。

$$Q_1\geqslant 0,\quad Q_2\geqslant 0$$

求解以上模型，可得到 $Q_1^* = 3064$（m^3/hm^2），$Q_2^* = 2536$（m^3/hm^2），$Z^* = 576$ 万元（表 5-2）。

表 5-2 计算结果

作物	灌溉定额/（m^3/hm^2）	灌溉水量/万 m^3	粮食单产量/（kg/hm^2）	粮食产量/t	净收入/万元
A	3064	153	6122	3061	267
B	2536	127	8490	4245	309
合计	—	280	—	7306	576

二、河流水质处理的规划问题

随着社会经济的发展，生产污水和生活污水的排放量越来越大，由于对污水

处理的重视不够，大量污水未经处理直接排入河道、湖泊等水体，致使水体受到严重污染。为了保护水体水质，需要对水污染控制系统进行统一规划，以最低的水污染控制费用保证水环境质量的要求。

一般情况下，水污染控制系统由污染源的子系统、污水收集与输送的子系统、污水处理的子系统和接受污水的水体子系统等构成（程声通和陈毓龄，1990）。水污染控制费用 C 包括污水的输送费用和处理费用，污水处理费用与污水处理的规模 Q、效率 η 有关，通常可以表示为

$$C = K_1 Q^{K_2} + K_3 Q^{K_2} \eta^{K_4} \tag{5-43}$$

式中，K_1，K_2，K_3，K_4 为参数。

在污水处理效率不变时，污水处理费用可以表示为

$$C = aQ^{K_2},\ a = K_1 + K_3 \eta^{K_4} \tag{5-44}$$

根据大量的研究成果显示，参数 K_2 的值为 0.7～0.8。由于 $K_2 < 1$，单位污水处理费用随着处理规模的增大而降低。

在污水处理规模不变时，污水处理费用可以表示为

$$C = a + b\eta^{K_4},\ a = K_1 Q^{K_2};\ b = K_3 Q^{K_2} \tag{5-45}$$

根据研究成果显示，$K_4>1$，因此单位污水处理费用随着处理效率的增加而增加。

水污染控制系统规划也有不同的层次（流域、区域、设施等）和方法（排放口处理、均匀处理、区域处理等）。以下以排放口处理的最优规划为例，说明水污染控制系统规划的方法。

例 5-13　某河流上有 3 个城市 A、B、C，有关资料见表 5-3。拟在每个城市建一座污水处理厂，各厂的污水处理效率不超过 90%。根据式（5-45），污水处理费用可以表示为

$$C_i = a_i + b_i \eta_i^k,\ i = 1, 2, 3 \tag{5-46}$$

式中，$i = 1, 2, 3$ 分别对应城市 A、B、C。要求对 3 个城市的污水处理进行统一规划，确定 3 个污水处理厂的最优污水处理效率 η，以最少的污水处理费用满足水环境质量要求。

解：以 3 个城市污水处理厂的处理效率 η_1、η_2、η_3 为决策变量。各城市污水排放所产生的河道断面污染物负荷量见表 5-3。

目标函数（3 个城市的污水处理厂的日污水处理费用最小）：

$$\min Z = \sum_{i=1}^{3} \left(a_i + b_i \eta_i^k \right)$$

约束条件：

表 5-3　城市排污量、河道流量等资料

参数		城市 A	城市 B	城市 C
污染物排放量 P/（kg/d）		P_1	P_2	P_3
河流天然流量 Q/（m^3/s）		Q_1	Q_2	Q_3
河段自净率 r/%		r_1		r_2
河道容许污染物浓度 B/（kg/m^3）		B_1	B_2	B_3
各城市污水排放所产生的河道断面污染物负荷量/（kg/d）	城市 A	$(1-\eta_1)P_1$	$(1-\eta_1)(1-r_1)P_1$	$(1-\eta_1)(1-r_1)(1-r_2)P_1$
	城市 B	$(1-\eta_2)P_2$		$(1-\eta_2)(1-r_2)P_2$
	城市 C		$(1-\eta_3)P_3$	

（1）各河段的污染物浓度满足水环境质量要求，即

A—B 河段：

$$(1-\eta_1)P_1/(86400Q_1)\leqslant B_1$$

B—C 河段：

$$\left[(1-\eta_1)(1-r_1)P_1+(1-\eta_2)P_2\right]/(86400Q_2)\leqslant B_2$$

C 以下河段：

$$\left[(1-\eta_1)(1-r_1)(1-r_2)P_1+(1-\eta_2)(1-r_2)P_2+(1-\eta_3)P_3\right]/(86400Q_3)\leqslant B_3$$

（2）污水处理效率不超过 90%：

$$\eta_i\leqslant 90\%,\ \ i=1, 2, 3$$

（3）非负约束：

$$\eta_i\geqslant 0,\ \ i=1, 2, 3$$

在以上建模的过程中，假设河道自净率为一常数，是对河道水质变化的一种简化处理，更详细的分析需要建立河道水质模型模拟不同情况下河道水质的变化。

在以上模型中，目标函数为非线性函数，而约束条件为线性约束，可以采用罚函数法、线性化方法进行求解，也可以采用动态规划方法进行求解。

习　题

1. 试用所学方法求解下列各模型。

（1）$\min f(x)=x_1^2+x_2^2$

$$x_2=1$$

（2） $\min f(x)=(x+1)^2$

$$x \geqslant 0$$

（3） $\min f(x)=-2x_1-x_2$

$$\begin{cases}25-x_1^2-x_2^2 \geqslant 0\\ 7-x_1^2+x_2^2 \geqslant 0\\ 0 \leqslant x_1 \leqslant 5,\ 0 \leqslant x_2 \leqslant 10\end{cases}$$

2. 用罚函数法求解。

$$\max f(x)=x_1^2+4x_2^2$$

约束条件： $x_1+2x_2-6=0$

3. 用外点法求解。

$$\min f(x)=(x_1-2)^2+x_2^2+3x_2$$

约束条件： $\begin{cases}x_1+x_2 \leqslant 2\\ x_1,\ x_2 \geqslant 0\end{cases}$

4. 有一海水淡化工厂，在三个连续的时段中生产淡水。淡水需要量在第一个时段末为 5 单位，第二个时段末为 15 单位，第三个时段末为 30 单位。任意时段生产 x 单位的费用为 $f(x)=x^2$ 且生产的淡水可储存至下一时段，每时段的储存费为 2 美元。设初始无储存，问各时段生产多少单位的淡水，其总费用最少。

5. 考虑水量 Q 可以分配给三个用户，用记号 $j=1$，2，3 表示，试确定分配给每个用户 x_j 的方案，使其净效益最大。由于 x_j 分配给用户 j 而产生的净效益可近似用函数 $a_j\left[1-\exp\left(-b_j x_j\right)\right]$ 表示，此处 a_j、b_j 是已知的正常数。求出 x_j 后，试赋给 a_j、b_j 某些实际值进行讨论（提示：用拉格朗日乘子法）。

第六章 动 态 规 划

动态规划（dynamic programming，DP），是20世纪50年代初期由美国数学家贝尔曼（Bellman）等提出，逐渐发展起来的数学分支，它是一种解决多阶段决策过程的最优化问题的数学规划法。DP的数学模型和求解方法比较灵活，其系统是连续性的或离散性的、线性的或非线性的、确定性的或随机性的，只要能构成多阶段决策过程，便可用DP模型推求其最优解。因而在自然科学、社会科学、工程技术等许多领域具有广泛的用途，比线性规划模型和非线性规划模型更有成效，特别对于离散性的问题，不适用于解析数学，动态规划模型就成为非常有用的求解工具，在广泛应用中的主要障碍是“维数灾”，即当问题中的变量个数（维数）太大时，由于计算机内存储量和计算速度的限制，而无法求解。

动态规划模型的分类，根据多阶段决策过程的时间参量是离散性的还是连续性的变量，过程分为离散性决策过程和连续性决策过程。根据决策过程的演变是确定性的还是随机性的，过程又可分为确定性决策过程和随机性决策过程。

第一节 动态规划的基本方法

一、基本概念

设研究某一个过程，这个过程可以分解为若干个互相联系的阶段。每一个阶段都有其初始状态和结束状态，上一个阶段的结束状态即为下一个阶段的初始状态。第一个阶段的初始状态就是整个过程的初始状态，最后一个阶段的结束状态就是整个过程的结束状态。在过程的每一个阶段都需要做出决策，而每一个阶段的结束状态依赖于其初始状态和该阶段的决策。动态规划问题就是要找出某种决策方法，使过程达到某种最优效果。这种把问题看作前后关联的多阶段过程称为多阶段的决策过程，可用图6-1表示。

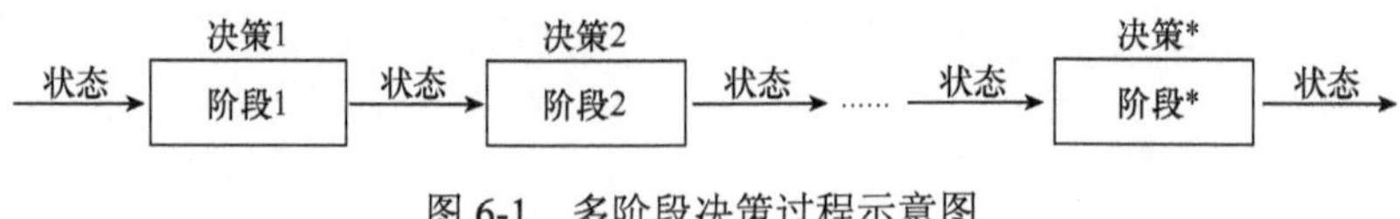

图6-1 多阶段决策过程示意图

当一个系统中含有时间变量或与时间有关的变量，且其现实的状态与过去和未来的状态有关联时，这个系统称为动态系统。动态系统的优化问题是一个与时间过程有关的优化问题。在寻求动态系统的最优状态与决策时，不能只从某个时刻着眼得到一个状态和决策的优化结果，而是要在某一时段连续不断地做出多次决策，得到一系列最优的状态和决策，使得系统在整个过程通过这一系列决策达到整体效果最优，换句话说，就是在实践过程中，依次采用一系列最适当的决策，来求得使整个动态过程最优化的解。这种动态过程寻优的方法是一种基本的数学方法，被称为动态规划法。

为了便于理解，下面以确定最优输水路线为例加以说明动态规划的基本方法。

例 6-1 有一水库 A，需引水至 B 城，供水管路需经过 E、F、G 三个地点，每个地点又有两个可供选择的方案，其管路可能经过的路线及各路段的输水费用如图 6-2 所示，要求选择一条输水费用最小的路线。

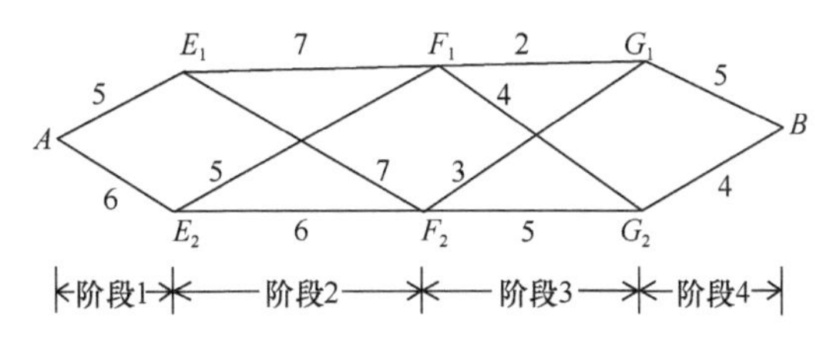

图 6-2 输水管路图

两点之间的数字代表该段输水费用

这是一个比较简单的问题，始、末点及中间站都是已确定的，利用穷举法不难算得其最优路线为 $A\to E_2\to F_1\to G_1\to B$，最小输水费用为 18（图 6-3）。

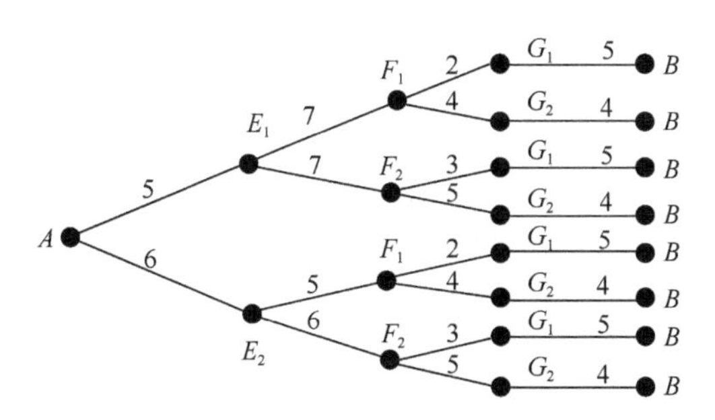

图 6-3 穷举法的计算过程

穷举法也称决策树图法，需要通过枚举计算出所有可能的方案，并将其进行比较，对于一些简单问题，尚可做到，但如果阶段数和每段可供选择的方案多时，其计算的工作量大，而实际无法使用。例如，本例讨论的水库引水路线问题只经过三个地点，每点有两种方案可供选择，故仅有 $2^3=8$ 种方案。若改为讨论水库调度的问题，以一年为一周期，按月分为 12 个阶段，每个阶段的水位分 10 级可供选择的方案，则按穷举计算可供选择的方案为 10^{12}=10000 亿个。显然要计算这样多的方案，用计算机也难以完成，可见穷举法不可取。

贝尔曼等提出的多阶段决策过程的动态规划法，可大大减少解决此类问题的计算量，也就是后来发展起来的动态规划法。该方法的基本思路是按时空特点将复杂问题划分为相互联系的若干个阶段，在选定系统进行的方向后，逆着这个行进的方向，即从终点向始点计算，逐次寻找每个阶段的决策，使每个阶段的决策达到最优，故又称为逆序决策过程。

上例可将输水管路分为四个阶段，按阶段 4、3、2、1 逆序来进行计算。

第一步，确定最后阶段即阶段 4 的路线。由 G_1 至 B 的最小输水费用为 $f_4(G_1)=5$；从 G_2 到 B 的最小输水费用为 $f_4(G_2)=4$。

第二步，确定阶段 3 的路线，有 F_1 和 F_2 两个起点，若由 F_1 至 B 点，又有 $F_1 \to G_1 \to B$ 和 $F_1 \to G_2 \to B$ 两种选择，其费用表示为

$$f_3(F_1)=\min\begin{Bmatrix} r_3(F_1,G_1)+f_4(G_1) \\ r_3(F_1,G_2)+f_4(G_2) \end{Bmatrix}=\min\begin{Bmatrix} 2+5 \\ 4+4 \end{Bmatrix}=7$$

两条路线比较，F_1 至 B 的费用最小的路线为 $F_1 \to G_1 \to B$。

$$f_3(F_2)=\min\begin{Bmatrix} r_3(F_2,G_1)+f_4(G_1) \\ r_3(F_2,G_2)+f_4(G_2) \end{Bmatrix}=\min\begin{Bmatrix} 3+5 \\ 5+4 \end{Bmatrix}=8$$

F_2 至 B 点的最优路线为 $F_2 \to G_1 \to B$。

第三步，确定阶段 2 的路线，起点有 E_1 和 E_2，故同理可求得 E_1 至 B 点和 E_2 至 B 点的最小费用为

$$f_2(E_1)=\min\begin{Bmatrix} r_2(E_1,F_1)+f_3(F_1) \\ r_2(E_1,F_2)+f_3(F_2) \end{Bmatrix}=\min\begin{Bmatrix} 7+7 \\ 7+8 \end{Bmatrix}=14$$

$$f_2(E_2)=\min\begin{Bmatrix} r_2(E_2,F_1)+f_3(F_1) \\ r_2(E_2,F_2)+f_3(F_2) \end{Bmatrix}=\min\begin{Bmatrix} 5+7 \\ 6+8 \end{Bmatrix}=12$$

E_1 和 E_2 至 B 点的最优路线分别为 $E_1 \to F_1 \to G_1 \to B$ 和 $E_2 \to F_1 \to G_1 \to B$。

第四步，确定阶段 1 的路线，只有一个起点 A，由 A 至 B 点的最小费用为

$$f_1(A)=\min\begin{Bmatrix} r_1(A,E_1)+f_2(E_1) \\ r_1(A,E_2)+f_2(E_2) \end{Bmatrix}=\min\begin{Bmatrix} 5+14 \\ 6+12 \end{Bmatrix}=18$$

故整个过程的最优路线为 $A \to E_2 \to F_1 \to G_1 \to B$。

从这个例子可以看出，多阶段决策过程可大大减少运算量（如本例采用穷举法需 24 次加法运算，多阶段决策过程只需 10 次加法运算），同时还能提供中间结果和最终结果。

二、基本术语

上述多阶段决策过程可视为互相联系的不同阶段、状态和决策的综合。下面简单介绍几个动态规划基本术语的概念。

（1）阶段：把所研究的过程恰当地分为若干个互相联系的相对独立的过程，其是指所研究的事物（系统）在发展过程中所处的阶段或地段，若演变过程是离散性的，则其序列编号 $i = 1, 2, \cdots, N$，把这种表示过程阶段的变量称为阶段变量。阶段变量可以是空间也可以是时间。若时间按相等增量 Δt 离散，则 $t_n = t_0 + \Delta t \cdot n$，若时间连续性变化，则变化量用 t 表示。

（2）状态：在多阶段决策过程中，各阶段的演变可能发生的情况称为状态。描述状态的变量称为状态变量，用 s 表示。如果第 n 阶段有 M 个状态变量，用 s_i 表示 i 阶段的状态集合。

$$s_i = \left\{ s_{i1}, s_{i2}, \cdots, s_{iM} \right\}，\ i = 1, 2, \cdots, N$$

式中，s_i 是一个 $N \times M$ 维向量。

例 6-1 中，$s_1 = \{A\}$，$s_2 = \{E_1, E_2\}$，$s_3 = \{F_1, F_2\}$，$s_4 = \{G_1, G_2\}$。

（3）决策：决策是某阶段的状态给定之后，从该状态演变到下一个阶段的某个状态的选择。也就是说，在多阶段决策过程中的任一阶段中，当该阶段的初始状态给定后，做出某一决策，则得到本阶段的结束状态。做出的决策不同，得到的结束状态也不同。描写决策变化的量，称为决策变量，用 d_i 来表示，通常用 $d_i(s_i)$ 来表示第 i 阶段初始状态处于 s_i 时所做的决策。在实际问题中，决策变量的取值往往被限制在某一范围之内，此范围称为允许决策集合或决策空间，它也是一个向量，常用 $d_i(s_i) \in D_i(s_i)$ 表示。

（4）策略：是指一个决策的序列，由过程的第一个阶段开始至终点的过程，称为问题的全过程。由每个阶段的决策变量 $d_i(s_i)$（$i = 1, 2, \cdots, N$）组成的决策序列，称为全过程的策略，简称策略，简记为 p_{1N}：

$$p_{1N}(s_1) = \left\{ d_1(s_1), d_2(s_2), \cdots, d_N(s_N) \right\}$$

从第 k 阶段开始至终点的过程，称为原问题的后部子过程（或称 k 子过程），其决策序列称为 k 子过程策略（简称子策略，记为 p_{kN}），则

$$p_{kN}(s_k) = \left\{ d_k(s_k), d_{k+1}(s_{k+1}), \cdots, d_N(s_N) \right\}$$

在实际问题中，可供选择的策略有一定的范围，此范围称为允许策略集合，O 表示从允许策略集合中找出达到最优效果的策略，称为最优策略，最优策略相应的状态序列构成的路线，称为最优轨迹，如例 6-1 中，最优策略相应的状态序列为 $AE_2, E_2F_1, F_1G_1, G_1B$，故其最优轨迹为 $A \rightarrow E_2 \rightarrow F_1 \rightarrow G_1 \rightarrow B$。

（5）目标函数：在多阶段最优决策过程中，目标函数是用来衡量策略优劣的数量指标。为了说明目标函数，下面先介绍状态转移方程和效益方程。

若过程的第 i 阶段，其初始状态 s_i 通过决策 d_i 转变为该阶段的结束状态 s_{i+1}，则可写为

$$s_{i+1} = T(s_i, d_i)$$

它表示第 $i+1$ 阶段的状态转移规律，称为状态转移方程。在该方程中，s_{i+1} 是 s_i 和 d_i 的函数，这样就把阶段变量 i、决策变量 d 和状态变量 s 三者联系起来，说明在确定性的决策过程中，下一个阶段的状态完全由上一个阶段的状态和决策决定，而与过去的状态无关。

状态的转移就会产生效益的改变，它们是同时发生的，我们用 r_i 表示第 i 阶段的效益，故 r_i 也是 s_i 和 d_i 的函数，写为 $r_i = r_i(s_i, d_i)$，此式称为第 i 阶段的效益方程，若从过程的第一阶段初始状态开始，经历全部阶段，可得到全过程的总效益 R，即总效益 R 是各个阶段效益 r_i 的和，表示为

$$R = \sum_{i=1}^{N} r_i(s_i, d_i)$$

因此，总效益 R 也是一个向量，其最优值的数量指标，称为过程目标函数，用 R' 表示：

$$R' = \text{opt}R = \sum_{i=1}^{N} r_i(s_i, d_i)$$

式中，opt（optimization）为最优值，依题意取最大值或最小值。

通过以上讨论，多阶段决策过程系统如图 6-4 所示。

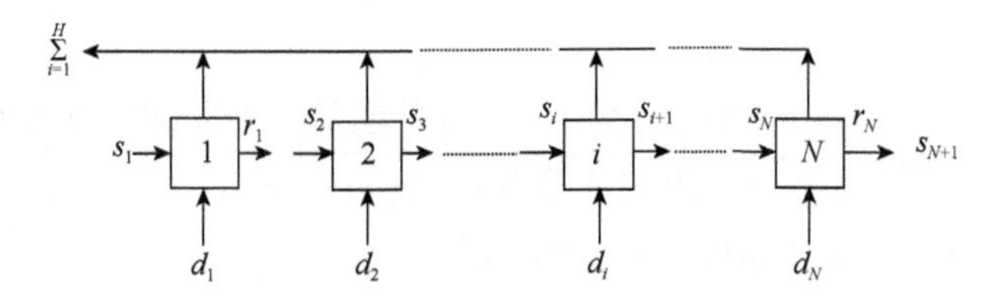

图 6-4　多阶段决策过程的系统图

从图 6-4 可以看出，多阶段决策过程具有以下性质。

（1）在一个多阶段决策过程中，任意阶段的演变特征是用状态变量的变化来描述的。状态变化或转移的效果，取决于该阶段决策变量的变化。上一个阶段的结束状态，即为下一个阶段的初始状态。

（2）过程的现在只与将来有关，而将来与过去无关，即过去的状态与将来的决策无关。由图 6-4 可知，状态 s_{N+1} 只与本阶段的状态 s_N 和决策 d_N 有关，而与过去的状态及决策无关。这就是多阶段决策过程的无后效性。

（3）分段最优决策服从于全过程最优决策。一个 N 阶段的全过程决策序列是一个决策向量组$(d_1, d_2, \cdots, d_N)$，每个决策向量有 M 个方案可供选择，则

$$d_1 = \begin{bmatrix} d_{11} \\ d_{12} \\ \vdots \\ d_{1M} \end{bmatrix}, \quad d_2 = \begin{bmatrix} d_{21} \\ d_{22} \\ \vdots \\ d_{2M} \end{bmatrix}, \quad \cdots, \quad d_N = \begin{bmatrix} d_{N1} \\ d_{N2} \\ \vdots \\ d_{NM} \end{bmatrix}$$

因此，N 个阶段有 $N \times M$ 个决策。每个决策向量必有一个最优者，称为分段最优决策。对于多阶段决策过程，不是采用分段最优决策，而是按逆序选择全过程最优决策，这保证了多阶段决策过程得到全过程最优策略目标的实现。

第二节　动态规划的最优化原理和递推方程

一、最优化原理

反映动态规划的最优化原理，即贝尔曼等提出的动态规划最优化原理，其基本内容是："一个过程的最优策略具有这样的性质，即无论初始状态和初始决策如何，从这一决策所导致的新状态开始，以后的一系列决策必须是最优的。"应用此原理来说明例 6-1 最优引水路线的问题，可以这样叙述：一条引水路线如果是费用最低的路线，则对该线上任何一点来说费用最低路线以此点为起点的剩余部分，必须是从此点至终点费用最低的路线。不具备这种性质的路线，必然不是费用最低的路线。

二、动态规划的递推方程

根据最优化原理，一个 N 阶段的决策过程，如果所选取的最优策略为 $d_1, d_2, \cdots, d_N$，经过第 i 阶段 s_i 状态时，则从 s_i 至终点的最优策略 $d_i, d_{i+1}, \cdots, d_N$，必然是整个最优策略的一部分。这样，就使多阶段决策过程寻找最优策略的问题，具有递推性，即求第 i 阶段至最末阶段的最优策略时，可用当前 i 阶段的一个决策，加上剩余阶段（$i+1$ 阶段至终点）相应的最优策略，作为从第 i 阶段至终点的最优策略。据此，可建立动态规划的递推方程如下：

$$f_i'(s_i) = \text{opt}\left[\text{g}_i(s_i, d_i) + f_{i+1}'(s_{i+1}) \right] = \text{opt}\sum_{i=1}^{N} r_i(s_i, d_i), \quad i = N, N-1, \cdots, 1$$

式中，i 为阶段量；d_i 为第 i 阶段的决策变量；s_i 为第 i 阶段的状态变量；$f_i'(s_i)$ 为第 i 阶段状态为 s_i 时的最优目标函数值；$\text{g}_i(s_i, d_i)$ 为第 i 阶段状态为 s_i、决策变量为 d_i 时的目标函数值，即阶段效益 $r_i = r_i(s_i, d_i)$。

若按顺序递推，递推方程可改写为

$$f_i'(s_i)=\text{opt}\left[r_i\left(s_i,d_i\right)+f_{i-1}'\left(s_{i-1}\right)\right],\quad i=1,2,\cdots,N$$

一般来说，当初始状态已知时，按逆序递推较方便；当结束状态已知时，按顺序递推较方便。

三、动态规划的数学模型

当一个实际问题用动态规划方法求解时，必须首先建立动态规划的数学模型，其由系统状态转移方程、目标函数和约束条件三部分组成。

（1）系统状态转移方程：描述系统中第 $i+1$ 阶段的状态变量与第 i 阶段的状态变量及决策变量之间的关系的方程。即 $s_{i+1}=T(s_i,d_i)$，$i=1,2,\cdots,N$。

（2）目标函数：目标函数若以效益为标准，应取最大值，若以成本费用为标准，应取最小值。例如，以效益为准的目标函数为

$$F'(N)=R'=\max\sum_{j=1}^{N}r_j\left(s_i,d_i\right),\quad d_j\in D$$

依最优化原理，可写其递推方程：

$$f_i'(s_i)=\max\left\{r_i\left(s_i,d_i\right)+f_{i+1}'\left(s_{i+1}\right)\right\},\quad d_j\in D$$

（3）约束条件：对于状态变量和决策变量的约束，可根据实际的限制条件而定，记为

$$s_i\in S,\quad d_j\in D$$

式中，S 和 D 分别为题设的状态空间和决策空间。

四、动态规划的计算步骤

动态规划没有固定的标准，主要是重复使用递推方程，逐段优化。下面以按逆序递推求一维的最大值问题为例，说明其主要的求解步骤。

（1）将实际问题按其时空特点分为若干阶段，并相应选择阶段、状态及决策等变量。若这些变量在问题中是离散性的，则按原离散进行计算，否则，应在其可行域内离散为有限个数值。

如图 6-5 所示，阶段变量离散为 $i=1,2,\cdots,N$，任何一个阶段的状态变量 s_i^j 离散为 $s_i^1,s_i^2,\cdots,s_i^{T_1}$，决策变量 d_i^k 离散为 $d_i^1,d_i^2,\cdots,d_i^{T_2}$。

（2）由末端开始逆序进行逐段递推计算。

第一，由给定的 s_i^j 和 d_i^k，求得相应的 $r_i\left(s_i^j,d_i^k\right)$。

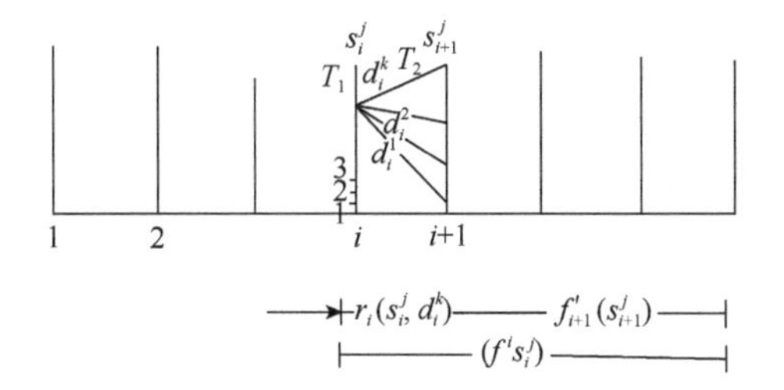

图 6-5　按逆序递推逐段选优的过程示意图

第二，由 s_i^j 和 d_i^k 求转移后的状态 $s_{i+1}^j = T_i\left(s_i, d_i\right)$，并求出由该状态 s_{i+1}^j 开始的剩余过程的最优值 $f'_{i+1}\left(s_{i+1}^j\right)$，它可从第 $i+1$ 阶段的计算结果中直接查到。若 s_{i+1}^j 不在离散状态点上，则 $f'_{i+1}\left(s_{i+1}^j\right)$ 需进行内插。

第三，计算使用 d_i^k 时的最优值 $f_i\left(s_i^j, d_i^k\right) = r_i\left(s_i^j, d_i^k\right) + f'_{i+1}\left(s_{i+1}^j\right)$，当 T_2 个决策变量都计算完之后，把所有的 $f_i\left(s_i^j, d_i^k\right)$ 进行比较，得出其最优值，其相应的 d_i^k 就是最优决策 $d'_i\left(d_i^k\right)$，记下 $d'_i\left(d_i^k\right)$ 和 $s'_i\left(s_i^j\right)$，以供第 $i-1$ 阶段计算之用。一个指定的 s_i^j 计算之后，接着依次进行其他离散状态点的计算，当所有 s_i^j（$j=1,2,\cdots,T_1$）都计算完之后，第 i 阶段的计算随之结束，即转入第 $i-1$ 阶段计算。

第四，重复上述过程，直到计算初始状态 s_1，此时所得的最优轨迹就是最优策略或最优决策序列 $d_1, d_2, \cdots, d_N$，其相应的目标函数值，即为最优目标函数值。

例 6-2　设水库可分配水资源量 $Q=7$ 个单位，供给 $N=3$ 个用户，各用户效益函数为 $g_i(q_i)$，$i=1, 2, 3$，如表 6-1 所示。试用动态规划方法求水资源的最优分配方案，使总收益最大。

表 6-1　各用水户效益情况

	0	1	2	3	4	5	6	7
$g_1(q_1)$	0	5	15	40	80	90	95	100
$g_2(q_2)$	0	5	15	40	60	70	73	75
$g_3(q_3)$	0	4	26	40	45	50	51	53

解：目标函数为

$$\max\left[g_1\left(x_1\right) + g_2\left(x_2\right) + g_3\left(x_3\right)\right]$$

$$x_1 + x_2 + x_3 \leqslant 7$$

$$0 \leqslant x_i \leqslant 7$$

状态转移方程（按逆序递推）为

$$q_{i-1} = q_i - x_i, \quad i = 1,2,3$$

式中，x_i 为分配给第 i 个用户的水量。

第一步：$i=3$，只有一个用户，即用户 3，决策变量为 $x_3(q_3)$，此时各状态下的收益为

$$f_3'(q_3) = \max\left[g_3(x_3)\right], \quad 0 \leqslant x_3 \leqslant q_3; \quad 0 \leqslant q_3 \leqslant 7$$

其结果见表 6-2。

表 6-2　用户 3 的用水效益详情

	0	1	2	3	4	5	6	7
$f_3(q_3)$	0	4	26	40	45	50	51	53
$x_3(q_3)$	0	1	2	3	4	5	6	7

第二步：$i=2$，当有两个用户时，这时 q_2 个单位的水量需分配给两个用户，决策变量为 $x_2(q_2)$。设 p 为分配到用户 2 上的水量，这时：

$$f_2'(q_2) = \max\left[g_2(x_2) + f_3'(q_3)\right] = \max\left[g_2(p) + f_3'(q_2 - p)\right],$$
$$0 \leqslant q_2 \leqslant 7; \ p = 0,1,2,\cdots,7$$

（1）当 $q_2 = 7$，求 $x_2(7)$。

根据

$$f_2'(7) = \max\left[g_2(p) + f_3'(7-p)\right]$$

即有

$$f_2'(7) = \max\begin{cases} g_2(0) + f_3'(7) = 0 + 53 = 53 \\ g_2(1) + f_3'(6) = 5 + 51 = 56 \\ g_2(2) + f_3'(5) = 15 + 50 = 65 \\ g_2(3) + f_3'(4) = 40 + 45 = 85 \\ g_2(4) + f_3'(3) = 60 + 40 = 100 \\ g_2(5) + f_3'(2) = 70 + 26 = 96 \\ g_2(6) + f_3'(1) = 73 + 4 = 77 \\ g_2(7) + f_3'(0) = 75 + 0 = 75 \end{cases}$$

所以这时的最优决策是

$$p = 4 = x_2(7), \quad f_2'(7) = 100$$

（2）当 $q_2 = 6$，求 $x_2(6)$。

$$f_2'(6)=\max\left[g_2(p)+f_2'(6-p)\right]$$

$$f_2'(6)=\max\begin{cases} g_2(0)+f_3'(6)=0+51=51 \\ g_2(1)+f_3'(5)=5+50=55 \\ g_2(2)+f_3'(4)=15+45=60 \\ g_2(3)+f_3'(3)=40+40=80 \\ g_2(4)+f_3'(2)=60+26=86 \\ g_2(5)+f_3'(1)=70+4=74 \\ g_2(6)+f_3'(0)=73+0=73 \end{cases}$$

因此，$p=4=x_2(6)$，$f_2'(6)=86$。

以此类推，当 q_2 分别取 5、4、3、2、1 时，求 $f_2'(5)$、$f_2'(4)$、$f_2'(3)$、$f_2'(2)$、$f_2'(1)$、$f_2'(0)$ 及 $x_2(5)$、$x_2(4)$、$x_2(3)$、$x_2(2)$、$x_2(1)$、$x_2(0)$的值，建立表 6-3。

表 6-3　用户 2 的用水效益详情

	0	1	2	3	4	5	6	7
$f_2(q_2)$	0	5	26	40	60	70	86	100
$x_2(q_2)$	0	1	0	0 或 3	4	5	4	4

第三步：$i=1$，当有三个用户时，q_1 个单位的水量需分配到三个用户去，决策变量为 $x_1(q_1)$。设 p 为分配给用户 1 的水量，这时：

（1）当 $q_1=7$，求 $x_1(7)$。

根据

$$f_1'(7)=\max\left[g_1(p)+f_2'(7-p)\right]$$

得

$$f_1'(7)=\max\begin{cases} g_1(0)+f_2'(7)=0+100=100 \\ g_1(1)+f_2'(6)=5+86=91 \\ g_1(2)+f_2'(5)=15+70=85 \\ g_1(3)+f_2'(4)=40+60=100 \\ g_1(4)+f_2'(3)=80+40=120 \\ g_1(5)+f_2'(2)=90+26=116 \\ g_1(6)+f_2'(1)=95+5=100 \\ g_1(7)+f_2'(0)=100+0=100 \end{cases}$$

因此，$p=4=x_1(7)$，$f_1'(7)=120$。

（2）同理可算出，$q_1=6,5,4,3,2,1$ 时，$f_1'(q_1)$ 和 $p=x_1(q_1)$ 的值，其结果列于表 6-4。

表 6-4　用户 1 的用水效益详情

	0	1	2	3	4	5	6	7
$f_1(q_1)$	0	5	26	45	60	90	106	120
$x_1(q_1)$	0	0	0	0	4	5	4	4

表 6-4 中，$f_1'(7)$ 就是当 7 个单位的水量分配到三个用户时的最大效益，$x_1(7)$ 就是分配到用户 1 上的最优水量，$x_1(7)=4$，剩下的 3 个单位水量按表 6-3 的最优分配方案，或全部分给用户 2，或全部分给用户 3，于是最优分配方案：$x_1(7)=4$ 个单位水量分配给用户 1；$x_2(3)=3$ 或 0 个单位水量分配给用户 2；$x_3(0)=0$ 或 3 个单位水量分配给用户 3。

总的最优效益为 $f_1'(7)=120$。

这个数字还可用分配到各用户上的效益来校核：

$$f_1'(7)=g_1(4)+g_2(0)+g_3(3)=80+0+40=120$$

或

$$f_1'(7)=g_1(4)+g_2(3)+g_3(0)=80+40+0=120$$

在实际应用中，上述计算是烦琐的，只有用计算机计算，才能显示出这种算法的优点和实用价值。

第三节　函数迭代法与策略迭代法

前面介绍的例 6-1，是一种定期的多阶段决策过程，就是说阶段数 N 为一个固定数值的多阶段决策问题。这一节讨论阶段数 N 为一个变数的非定期的多阶段决策问题。

设有 N 个点：$1,2,\cdots,N$。任意两点（i,j）之间由一弧连接，其长度为 c_{ij}（可表示距离，或费用等）。$0\leqslant c_{ij}\leqslant+\infty$，如果 $c_{ij}=+\infty$ 表示 i 与 j 之间不存在连接它们的弧。试求任意一点 i 到固定点 N 的最短路线。

由于路线中需要走几步，经过多少个其他点，全无限制，即阶段数 N 是不固定的，是需要根据问题的条件（最优函数）确定的待求未知数，因此它是一个不定期的多阶段决策过程。

$f(i)$ 表示由 i 点出发到 N 点的最短距离，$f(j)$ 表示 j 点出发到 N 点的最短距离，

c_{ij}为 i 点到 j 点的距离。显然，由最优化原理可得

$$\begin{cases} f(i)=\min\left[c_{ij}+f(j)\right], & j=1,2,\cdots,N-1 \\ f(N)=0,\ c_{NN}=0 \end{cases}$$

此方程不是递推方程，而是一个单一函数 $f(x)$的函数方程，而且 $f(x)$是 i,j 两点的两端出现，这就增加了问题的复杂性。下面介绍两种求解这类问题的方法。

一、函数迭代法

其基本思想：以阶段数作为参数，先求在各个不同阶段数下的最优策略，然后从这些最优解中再选出最优者和最优阶段数。

函数迭代法的步骤如下。

（1）先选定一初始函数 $f_1(i)$: $(k=1)$

$$\begin{cases} f_1(i)=c_{iN},\ i=1,2,\cdots,N-1 \\ f_k(N)=0,\ i=N \end{cases}$$

（2）然后由下列递推关系求出$\{f_k(i)\}$: $(k>1)$

$$f_k(i)=\min\left[c_{ij}+f_{k-1}(j)\right],\ j\neq i;\ i=1,2,\cdots,N-1$$

$$f_k(N)=0,\ i=N$$

这里 $f_k(i)$表示由 i 点出发，朝固定点走 k 步后的最短路线（不一定到达 N 点）。若在 k 步到达点 N，则可停止。在 k 相当大时，所有的 $f_k(i)$都到达 N，即 $f_k(i)=f_{k+1}(i)=\cdots$，$f_k(i)$ 不是由 i 至 N 的最优函数，而是由 i 至某一点[即 $f_k(i)$所到达的点]的最优函数，当 k 增大时，$f_k(i)$ 逐渐逼近问题的最优函数 $f(i)$，此法就称为函数迭代法。下面通过实例说明这种方法。

例 6-3　设有 1、2、3、4、5 五个城市，相互距离如图 6-6 和表 6-5 所示。试用函数迭代法求各城市到 5 城的最短路线和最短路程。

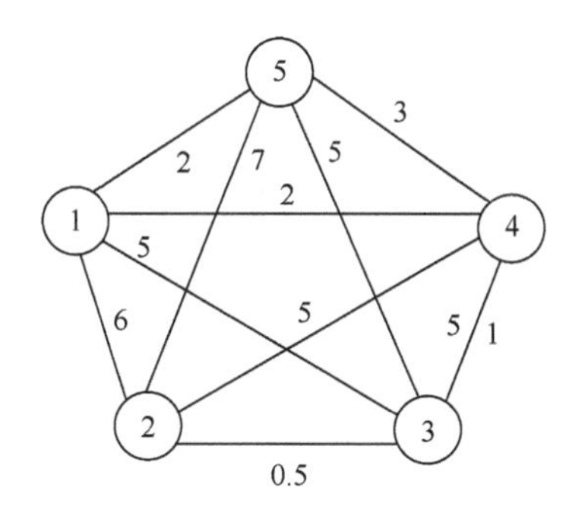

图 6-6　各城市间的距离

表 6-5　城市间距离信息表

	城市 1	城市 2	城市 3	城市 4	城市 5
城市 1	0	6	5	2	2
城市 2	6	0	0.5	5	7
城市 3	5	0.5	0	1	5
城市 4	2	5	1	0	3
城市 5	2	7	5	3	0

解：先选定一个初始函数，即

$$\begin{cases} f_1(i) = c_{i5}, \quad i = 1,2,3,4 \\ f_1(5) = 0 \end{cases}$$

由此，根据图 6-6，选定初始函数为

$$\begin{cases} f_1(1) = c_{15} = 2, \ f_1(2) = c_{25} = 7 \\ f_1(3) = c_{35} = 5, \ f_1(4) = c_{45} = 3 \end{cases}$$

再反复利用递推关系：

$$\begin{cases} f_k(i) = \min\left[c_{ij} + f_{k-1}(j)\right], \quad i = 1,2,3,4 \\ f_1(5) = 0 \end{cases}$$

求出$\{f_k(i)\}$。即是求出 1、2、3、4 城朝 5 城分别走 2 步，3 步，…，而到达 5 城时的各自最短距离。

下面分别进行计算。

当 $k = 1$ 时，显然要一步到达 5 城，由前计算得

$$f_1(i) = \begin{bmatrix} 2 \\ 7 \\ 5 \\ 3 \\ 0 \end{bmatrix}$$

当 $k = 2$ 时，求 $f_2(i)$。

当 $i = 1$ 时，

$$f_2(1) = \min_j\left[c_{1j} + f_1(j)\right] = \min\left[c_{11} + f_1(1), c_{12} + f_1(2), c_{13} + f_1(3), c_{14} + f_1(4), c_{15} + f_1(5)\right]$$
$$= \min\left[0+2, 6+7, 5+5, 2+3, 2+0\right]$$
$$= 2$$

当 $i = 2$ 时，

$$f_2(2)=\min_j\left[c_{2j}+f_1(j)\right]=\min\left[c_{21}+f_1(1),c_{22}+f_1(2),c_{23}+f_1(3),c_{24}+f_1(4),c_{25}+f_1(5)\right]$$
$$=\left[6+2,0+7,0.5+5,5+3,7+0\right]$$
$$=5.5$$

同理，当 $i=3$，4 时，得

$$f_2(3)=\min_j\left[c_{3j}+f_1(j)\right]=\left[5+2,0.5+7,0+5,1+3,5+0\right]=4$$

$$f_2(4)=\min_j\left[c_{4j}+f_1(j)\right]=\left[2+2,5+7,1+5,0+3,3+0\right]=3$$

上面计算出的$f_2(i)$的值，表明 1、2、3、4 城分别走 2 步到达 5 城的各自最短距离为 2、5.5、4、3。

当 $k=3$ 时，求$f_3(i)$。

当 $i=1,2,3,4$ 时，得

$$f_3(1)=\min_j\left[c_{1j}+f_2(j)\right]=\min\left[0+2,6+5.5,5+4,2+3,2+0\right]=2$$

$$f_3(2)=\min_j\left[c_{2j}+f_2(j)\right]=\min\left[6+2,0+5.5,0.5+4,5+3,7+0\right]=4.5$$

$$f_3(3)=\min_j\left[c_{3j}+f_2(j)\right]=\min\left[5+2,0.5+5.5,0+4,1+3,5+0\right]=4$$

$$f_3(4)=\min_j\left[c_{4j}+f_2(j)\right]=\min\left[2+2,5+5.5,1+4,0+3,3+0\right]=3$$

当 $k=4$ 时，求$f_4(i)$。

当 $i=1,2,3,4$ 时，得

$$f_4(1)=\min_j\left[c_{1j}+f_2(j)\right]=\min\left[0+2,6+4.5,5+4,2+3,2+0\right]=2$$

$$f_4(2)=\min_j\left[c_{2j}+f_2(j)\right]=\min\left[6+2,0+4.5,0.5+4,5+3,7+0\right]=4.5$$

$$f_4(3)=\min_j\left[c_{3j}+f_2(j)\right]=\min\left[5+2,0.5+4.5,0+4,1+3,5+0\right]=4$$

$$f_4(4)=\min_j\left[c_{4j}+f_2(j)\right]=\min\left[2+2,5+4.5,1+4,0+3,3+0\right]=3$$

计算结果表明 1、2、3、4 城分别走 4 步到达 5 城的各自最短距离仍然是 2、4.5、4、3，它与走 3 步时最短距离全部相同，迭代步骤可以停止，各城到 5 城的最短距离已求出，即

$$f_3(i)=f_4(i)=f(i)$$

这样，可以根据最短距离的值，找出相应的最优策略 $u'(i)$，即找出由 i 城出发至 5 城时，最优到达的下一个城。但要注意的是，不能选取含有 $c_{ii}=0$ 的地方，因为，那样得出的路线不能说明是最优路线。

因此，从$f_4(1)$的计算中，可以得到

$$u'(1)=5，u'(2)=3，u'(3)=4，u'(4)=5$$

最短路线为①→⑤相应距离为 2；②→③→④→⑤相应距离为 4.5；③→④→⑤相应距离为 4；④→⑤相应距离为 3。

另外，计算迭代的步骤是 4 步，它满足不超过 $N-1$ 步的收敛性质。

二、策略迭代法

基本思路：先给出初始策略 $u_0(i)[\{u_0(i)\}，i=1,2,\cdots,N-1]$，然后按某种方式求得新策略 $u_1(i), u_2(i),\cdots$，直至最终求出最优策略。若存在某一个 k 值，使 $u_k(i)=u_{k-1}(i)$对所有的 i 都成立，则称策略收敛，此时$\{u_k(i)\}$就是最优策略。

策略迭代法的计算步骤如下。

（1）先选一无回路的初始策略$\{u_0(i)\}$，$u_0(i)$表示在此策略下由 i 点到达下一个点的编号。

（2）由策略 $u_k(i)$ 求指标函数 $f_k(i)$，计算方程为

$$\begin{cases} f_k(i)=c_{i,u_k(i)}+f_{k-1}\left[u_k(i)\right],\ i=1,2,\cdots,N-1 \\ f_k(N)=0,\ k=0,1,2,3,\cdots \end{cases}$$

（3）由指标函数 $f_k(i)$求策略 $u_{k+1}(i)$，计算式为

$$f_k(i)=\min\left\{c_{i,u_k(i)}+f_{k-1}\left[u_k(i)\right]\right\}$$

（4）按（2）、（3）步反复迭代，可逐次求得$\{f_k(i)\}$和$\{u_k(i)\}$，直至找到某一个 k 值，使 $u_k(i)=u_{k-1}(i)$对所有 i 成立，则$\{u_k(i)\}$就是最优策略，与其相应的$\{f_k(i)\}$为最优值。

例 6-4 用策略迭代法解例 6-3。

解：先取一个初始策略 $u_0(i)$，如取

$$u_0(1)=5，u_0(2)=4，u_0(3)=5，u_0(4)=3$$

然后反复进行由策略求指标函数[由 $u_k(i)$求 $f_k(i)$]和由指标函数求策略[由 $f_k(i)$求 $u_{k+1}(i)$]，直到 $u_k(i)=u_{k-1}(i)$为止。

（1）由 $u_0(i)\to f_0(i)$。

将 $u_0(i)$分别代入$\begin{cases} f_0(i)=c_{i,u_0(i)}+f_0\left[u_0(i)\right] \\ f_0(5)=0 \end{cases}$中，计算出 $f_0(i)$。因初始策略中 1、3 两城是直接到达 5 城，故应先进行计算，即

$$f_0(1)=c_{15}+f_0(5)=c_{15}=2$$
$$f_0(3)=c_{35}+f_0(5)=c_{35}=5$$
$$f_0(4)=c_{43}+f_0(3)=1+5=6$$
$$f_0(2)=c_{24}+f_0(4)=5+6=11$$

（2）由 $f_0(i) \to u_1(i)$。

将 $f_0(i)$代入 $\min\limits_{u(i)}\left\{c_{i,u_1(i)}+f_0\left[u_1(i)\right]\right\}$ 中求 $u_1(i)$。

为书写简便，记下标 $u_1(i)=j$，则

$$\min_{u(i)}\left\{c_{i,u_1(i)}+f_0\left[u_1(i)\right]\right\}=\min_j\left\{c_{ij}+f_0(j)\right\}, \quad j=1,2,3,4,5$$

当 $i=1$ 时，

$$\begin{aligned}\min_j\left[c_{1j}+f_1(j)\right]&=\min\left[c_{11}+f_0(1),c_{12}+f_0(2),c_{13}+f_0(3),c_{14}+f_0(4),c_{15}+f_0(5)\right]\\&=\min\left[0+2,6+11,5+5,2+6,2+0\right]=2\end{aligned}$$

故有 $u_1(1)=5$。

当 $i=2$ 时，

$$\begin{aligned}\min_j\left[c_{2j}+f_0(j)\right]&=\min\left[c_{21}+f_0(1),c_{22}+f_0(2),c_{23}+f_0(3),c_{24}+f_0(4),c_{25}+f_0(5)\right]\\&=\min\left[6+2,0+11,5+5,5+6,7+0\right]=7\end{aligned}$$

故有 $u_1(2)=3$。

同理可得

$$u_1(3)=5;\quad u_1(4)=5$$

由此找出第一次迭代策略为$\{u_1(i)\}=\{5,3,5,5\}$，相应的$f_1(j)=(2,5.5,5,3,0)$。

（3）下面再以$\{u_1(i)\}$为初始策略继续反复迭代，由$f_1(i) \to u_2(i)$。

当 $i=1$ 时，

$$\begin{aligned}\min_j\left[c_{1j}+f_1(j)\right]&=\min\left[c_{11}+f_1(1),c_{12}+f_1(2),c_{13}+f_1(3),c_{14}+f_1(4),c_{15}+f_1(5)\right]\\&=\min\left[0+2,6+5.5,5+5,2+3,2+0\right]=2\end{aligned}$$

故有 $u_2(1)=5$。

当 $i=2$ 时，

$$\begin{aligned}\min_j\left[c_{2j}+f_1(j)\right]&=\min\left[c_{21}+f_1(1),c_{22}+f_1(2),c_{23}+f_1(3),c_{24}+f_1(4),c_{25}+f_1(5)\right]\\&=\min\left[6+2,0+5.5,0.5+5,5+3,7+0\right]=5.5\end{aligned}$$

故有 $u_2(2)=3$。

同理可得

$$u_2(3)=4;\quad u_2(4)=5$$

因此有$\{u_2(i)\}=\{5,3,4,5\}$，而相应的$f_2(j)=(2,5.5,4,3,0)$。

（4）由 $f_2(j) \to \{u_3(i)\}$。

当 $i=1$ 时，

$$\min_{j}\left\{c_{1j}+f_2(j)\right\}=\min\left[c_{11}+f_2(1),c_{12}+f_2(2),c_{13}+f_2(3),c_{14}+f_2(4),c_{15}+f_2(5)\right]$$
$$=\min\left[0+2,6+5.5,5+4,2+3,2+0\right]=2$$

故有 $u_3(1)=5$。

当 $i=2$ 时，

$$\min_{j}\left\{c_{2j}+f_2(j)\right\}=\min\left[c_{21}+f_2(1),c_{22}+f_2(2),c_{23}+f_2(3),c_{24}+f_2(4),c_{25}+f_2(5)\right]$$
$$=\min\left[6+2,0+5.5,0.5+4,5+3,7+0\right]=4.5$$

故有 $u_3(2)=3$。

同理可得

$$u_3(3)=4;\ \ u_3(4)=5$$

因此有 $\{u_3(i)\}=\{5,3,4,5\}$。因 $\{u_2(i)\}=\{u_3(i)\}$ 对所有 i 都成立，所以迭代结束，找到的最优策略为 $\{u'(i)\}=\{5,3,4,5\}$，它表明了由 i 城出发到 5 城，按照最优策略，下一个必须经过的城市。相应的最优值为 $f(i)=(2,4.5,4,3)$。

第四节　动态规划和静态规划的关系

动态规划与静态规划（线性规划和非线性规划等）研究的对象本质上都是在若干约束条件下的函数极值问题，两种规划原则上在很多情况下可以相互转换。

动态规划可以看作寻求决策 $\mu_1,\mu_2,\cdots,\mu_k$ 使目标最优的极值问题，其中状态转换方程，允许状态集（状态允许的取值范围）。允许决策集（决策变量允许的取值范围等）都是约束条件，原则上可以用线性规划方法，尤其是非线性规划方法求解。而一些静态规划问题只要适当引入阶段变量、状态决策等，就可以用动态规划方法求解。

然而，动态规划与静态规划相比有以下不同点。

（1）动态规划对目标函数和约束条件函数形式限制较宽，没有线性或变量非负等要求。

（2）动态规划方法用于多变量或复杂的高难问题，通过处理转化为求解多个单变量或较简单的低难问题。

（3）动态规划可用于多时段的多步连续决策规划，并获得过程的最优决策序列。

动态规划与静态规划相比，其优越性如下。

（1）能够得到全局最优解。对于复杂的规划问题，用非线性规划也很难求出全局最优解，只能求出局部最优解。而动态规划方法把全过程化为一系列结构相似的子问题，每个子问题的变量个数减少，易于得到全局最优解，尤其对约束集合、状态转移问题和阶段目标函数不能用分析形式给出的优化问题，动态规划通常是求解全局最优解的唯一方法。

（2）可以得到一组最优解。与线性规划和非线性规划只能得到全过程的一个最优解不同，动态规划得到的是全过程及所有后继子过程的各个状态的一组最优解。

动态规划的主要缺点如下。

（1）没有统一的目标模型，也没有构造模型的通用方法，甚至还没有判断一个问题能否构造动态规划模型的准则，这时就只能对每类问题进行具体分析，构造具体的模型，这就带来了应用上的局限性。

（2）用数值方法求解时存在维数问题。如果对一维状态变量有 m 个取值，那么 n 维问题状态变量 x_k 就有 m^n 个值，对于每个状态值都要计算、存储，在 n 较大时，实际问题的计算往往是不现实的，实际上当 $n=3$ 时，就十分困难了。

一般来说，建立一个确定型多阶段决策过程的动态规划模型的步骤如下。

（1）将过程划分成恰当的阶段。

（2）正确选择状态变量 x_k，使它能描述过程的状态，同时又满足无后效性，同时确定允许状态集合 $\{x_k\}$。

（3）选择决策变量 μ_k。

（4）写出状态转移方程。

（5）确定阶段效益函数。

（6）写出基本递推方程以及端点条件。

常见的典型动态规划问题及其规划模型举例如下。

1. 最短路线问题

如前几节举的例子，这类问题的阶段按过程的演变划分，状态由各阶段的位置确定，决策为从各个状态出发的走向，即有 $x_{k+1}=\mu_k(x_k)$，阶段效益函数为相邻两段状态内的距离 $d_k[x_k,\mu_k(x_k)]$，最优函数 $f_k(x_k)$ 是由 x_k 出发到终点的最短距离（或最小费用），基本方程为

$$\begin{cases} f_k(x_k)=\min\limits_{\mu_k(x_k)}\left\{d_k\left[x_k,\mu_k(x_k)\right]+f_{k+1}(x_{k+1})\right\}, & k=n,\cdots,1 \\ f_{n+1}(x_{n+1})=0 \end{cases}$$

2. 生产计划问题

该类问题一般涉及每阶段开始的储存量、阶段生产的产量、生产成本及储存成本，一般计划使总成本最小。这类问题的阶段按计划时间自然划分，状态定义为每阶段开始时的储存量 x_k，决策为每个阶段的产量 μ_k。若每个阶段的需求量（已知量）为 d_k。则状态转移方程为 $x_k \geqslant 0$，$k=1,2,\cdots,n$。

设每阶段开工的固定成本费为 a，生产单位数量产品的成本费为 b，每阶段单位数量产品的储存费用为 c，设阶段效益函数为阶段的生产成本和储存费之和，即

$$r_k\left(x_k,\mu_k\right)=cx_k+\begin{cases}a+b\mu_k,\mu_k>0\\0,\mu_k=0\end{cases}$$

最优函数 $f_k(x_k)$是从第 k 阶段的状态 x_k 出发到过程终结的最小费用，即

$$f_k\left(x_k\right)=\min_{\mu_k\left(x_k\right)}\left[r_k\left(x_k,\mu_k\right)+f_{k+1}\left(x_{k+1}\right)\right],\quad k=n,\cdots,1$$

设过程终结时允许储存量为 x_{n+1}^0，则终端条件是

$$f_{n+1}\left(x_{n+1}^0\right)=0$$

3. 资源分配问题

一种或几种资源分配给若干用户，或投资几家企业，以获得最大的效益，这类问题就是资源分配问题，水资源分配就是其中最典型和最常见的一种，这类问题既可以是多阶段决策过程，又可以是静态规划问题，但都能构造为动态规划模型进行求解。

总量为 m_1 的水资源 A 和总量为 m_2 的水资源 B 同时分配给几个用户，已知第 k 个用户利用 A 的数量 μ_k 和 B 的数量 v_k，可以产生效益 $g_k(\mu_k, v_k)$，问如何分配这些水资源使总效益最大。

这类问题的静态规划模型为

$$\max\sum_{k=1}^{n}g_k(\mu_k,v_k)$$

$$\sum_{k=1}^{n}\mu_k=m_1,\quad \mu_k\geqslant 0$$

$$\sum_{k=1}^{n}v_k=m_2,\quad v_k\geqslant 0$$

对于静态规划问题，当 f_k 比较复杂或 n 较大时，用线性或非线性规划求解是十分困难的，该类问题的动态规划模型如下。

每分配给一个用户作为一个阶段，记作 $k=1,2,\cdots,n$，分配给第 k 个用户的资源是二维决策变量(μ_k, v_k)；状态变量是向第 k 个用户分配时，分配者手中掌握的资源总量，也是二维的，为(x_k, y_k)，状态转移方程为

$$\begin{cases}x_{k+1}=x_k-\mu_k\\y_{k+1}=y_k-v_k\end{cases}$$

阶段效益函数为 $g_k(\mu_k, v_k)$，最优值函数 $f_k(x_k, y_k)$是将资源总量(x_k, y_k)分给第 k 个至第 n 个用户能获得的最大效益，满足：

$$\begin{cases} f_k(x_k, y_k) = \max\limits_{\substack{0 \leqslant \mu_k \leqslant x_k \\ 0 \leqslant v_k \leqslant y_k}} \left[g_k(\mu_k, v_k) + f_{k+1}(x_{k+1}, y_{k+1}) \right] \\ f_{n+1}(0,0) = 0 \end{cases}$$

得到了动态规划的数学模型，确定行进方向，就可以按照多阶段决策过程的方法求解静态规划问题了。

动态规划、线性规划和非线性规划都是属于数学规划的范围，其研究的对象本质上都是一个求极值的问题，都是利用迭代法逐步求解的。然而，线性规划和非线性规划所研究的问题通常是与时间无关的，故又称它们为静态规划。线性规划迭代中的每一步是就问题的整体加以改善，而动态规划所研究的问题是与时间有关的，它用于研究具有多阶段决策过程的一类问题，将问题的整体按时间或空间的特征而分成若干个前后衔接的时空阶段，把多阶段决策问题表示为前后有关联的一系列的单阶段决策问题，然后逐个加以解决，从而求出整个问题的最优决策序列。因此，对于某些静态的问题，也可以人为地引入时间因素，把它看作是按阶段进行的一个动态规划问题，这就使得动态规划法成为求解一些线性规划、非线性规划的有效方法。

动态规划方法有逆序和顺序解法之分，其关键就在于正确写出动态规划的递推关系。因此，递推方式有逆推和顺推两种形式。一般来说，当初始状态给定时，用逆推比较方便；当结束状态给定时，用顺推比较方便。下面用动态规划的逆推方法来求解一般的静态规划问题。

设已知初始状态为 s_1，并假设最优值函数 $f_k(s_k)$表示第 k 阶段的初始状态为 s_k，从第 k 阶段到第 n 阶段得到的最大效益。

从第 n 阶段开始，则有

$$f_n(s_n) = \max_{x_n \in D_n(s_n)} v_n(s_n, x_n)$$

式中，$D_n(s_n)$为由状态 s_n 确定的第 n 阶段的允许决策集合。解此一维的极值问题，就得到最优解 $x_n = x_n(s_n)$和最优值 $f_n(s_n)$。要注意的是，若 $D_n(s_n)$只有一个决策，则 $x_n \in D_n(s_n)$就应写成 $x_n = x_n(s_n)$。

在第 $n-1$ 阶段，有

$$f_{n-1}(s_{n-1}) = \max_{x_{n-1} \in D_{n-1}(s_{n-1})} \left[v_{n-1}(s_{n-1}, x_{n-1}) + f_n(s_n) \right]$$

式中，$s_n = T_{n-1}(s_{n-1}, x_{n-1})$。解此一维的极值问题，得到最优解 $x_{n-1} = x_{n-1}(s_{n-1})$和最优值 $f_{n-1}(s_{n-1})$。

在第 k 阶段，有

$$f_k(s_k) = \max_{x_k \in D_k(s_k)} \left[v_k(s_k, x_k) + f_{k+1}(s_{k+1}) \right]$$

式中，$s_{k+1} = T_k(s_k, x_k)$。解得最优解 $x_k = x_k(s_k)$和最优值 $f_k(s_k)$。

如此类推，直到第一阶段，有

$$f_1(s_1)=\max_{x_1\in D_1(s_1)}\left[v_1(s_1,x_1)+f_2(s_2)\right]$$

式中，$s_2=T_1(s_1,x_1)$。解得最优解 $x_1=x_1(s_1)$和最优值 $f_1(s_1)$。

由于初始状态 s_1 已知，故 $x_1=x_1(s_1)$和 $f_1(s_1)$是确定的，从而 $s_2=T_1(s_1,x_1)$也就可确定，于是 $x_2=x_2(s_2)$和 $f_2(s_2)$也就可确定。这样，按照上述递推过程相反的顺序推算下去，就可逐步确定出每阶段的决策及效益。

例 6-5 用逆推解法求解下面问题：

$$\max Z=x_1x_2^2x_3$$

$$\begin{cases}x_1+x_2+x_3=c,(c>0)\\ x_i\geqslant 0,i=1,2,3\end{cases}$$

解：按问题的变量个数划分阶段，把它看作一个三阶段决策问题。设状态变量为 s_1、s_2、s_3、s_4，并记 $s_1=c$；取问题中的变量 x_1、x_2、x_3 为决策变量；各阶段的指标函数按乘积方式结合。最优值函数 $f_k(s_k)$表示第 k 阶段的初始状态为 s_k 时，从第 k 阶段到第 3 阶段得到的最大值。

设

$$s_3=x_3，\ s_3+x_2=s_2，\ s_2+x_1=s_1=c$$

则有

$$x_3=s_3，\ 0\leqslant x_2\leqslant s_2，\ 0\leqslant x_1\leqslant s_1=c$$

于是用逆推解法，从后向前依次有

$$f_3(s_3)=\max_{x_2=s_3}(x_3)=s_3 \text{ 及最优解 } x_3^*=S_3$$

$$f_2(s_2)=\max_{0\leqslant x_2\leqslant s_2}\left[x_2^2\times f_3(s_3)\right]=\max_{0\leqslant x_2\leqslant s_2}\left[x_2^2(s_2-x_2)\right]=\max_{0\leqslant x_2\leqslant s_2}h_2(s_2,x_2)$$

由 $\dfrac{dh_2}{dx_2}=2x_2s_2-3x_2^2=0$，得 $x_2=\dfrac{2}{3}s_2$ 和 $x_2=0$（舍去）。

又 $\dfrac{d^2h_2}{dx_2^2}=2s_2-6x_2$，而 $\dfrac{d^2h_2}{dx_2^2}\Big|_{x_2=\frac{2}{3}s_2}=-2s_2<0$，故 $x_2=\dfrac{2}{3}s_2$ 为极大值点。

因此 $f_2(s_2)=\dfrac{4}{27}s_2^3$ 及最优解 $x_2^*=\dfrac{2}{3}s_2$

$$f_1(s_1)=\max_{0\leqslant x_1\leqslant s_1}\left[x_1\times f_2(s_2)\right]=\max_{0\leqslant x_1\leqslant s_1}\left[x_1\times\frac{4}{27}(s_1-x_1)^3\right]=\max_{0\leqslant x_1\leqslant s_1}h_1(s_1,x_1)$$

像计算第二阶段一样利用微分法易知 $x_1^*=\dfrac{1}{4}s_1$

故

$$f_1(s_1)=\frac{1}{64}s_1^4$$

由于已知 $s_1=c$，因而按计算的顺序反推算，可得各阶段的最优决策和最优

值，即

$$x_1^* = \frac{1}{4}c, \quad f_1(c) = \frac{1}{64}c^3$$

因为
$$s_2 = s_1 - x_1^* = c - \frac{1}{4}c = \frac{3}{4}c$$

所以
$$x_2^* = \frac{2}{3}s_2 = \frac{1}{2}c, \quad f_2(s_2) = \frac{1}{16}c^3$$

因为
$$s_3 = s_2 - x_2^* = \frac{3}{4}c - \frac{1}{2}c = \frac{1}{4}c$$

所以
$$x_3^* = \frac{1}{4}c, \quad f_3(s_3) = \frac{1}{4}c$$

因此得到最优解为
$$x_1^* = \frac{1}{4}c, \quad x_2^* = \frac{1}{2}c, \quad x_3^* = \frac{1}{4}c$$

最大值为
$$\max Z = f_1(c) = \frac{1}{64}c^3$$

习　　题

1. 用所学的方法解下列各题。

（1）$\max Z = 4x_1 + 9x_2 + 2x_3^2$

$$\begin{cases} x_1 + x_2 + x_3 = 10 \\ x_i \geqslant 0, \ i = 1,2,3 \end{cases}$$

（2）$\max Z = 4x_1 + 9x_2 + 2x_3^2$

$$\begin{cases} 2x_1 + 4x_2 + 3x_3 \leqslant 10 \\ x_i \geqslant 0, \ i = 1,2,3 \end{cases}$$

（3）$\min Z = 3x_1^3 - 5x_1 + 3x_2^2 - 3x_2 + 2x_3^2 - 7x_3$

$$\begin{cases} 2x_1 + 3x_2 + 2x_3 \geqslant 16 \\ x_i \geqslant 0, \ i = 1,2,3 \end{cases}$$

2. 试用穷举法和动态规划法求出图 6-7 中由 A 到 E 路程（单位：km）最短的路线。

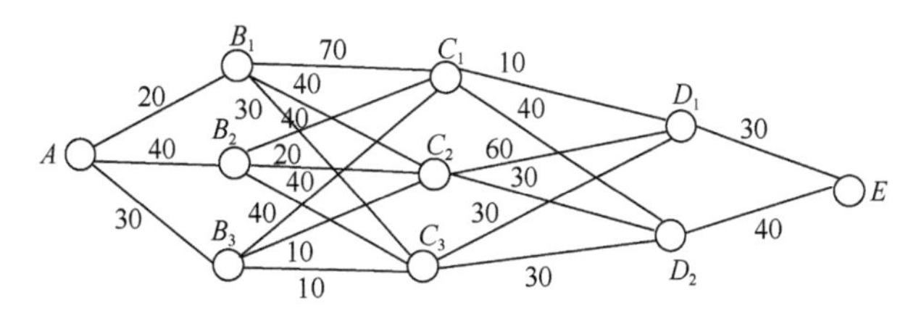

图 6-7　习题 2 附图

3. 计算图 6-8 中 A 到 E 的最短路线及长度（单位：km）。

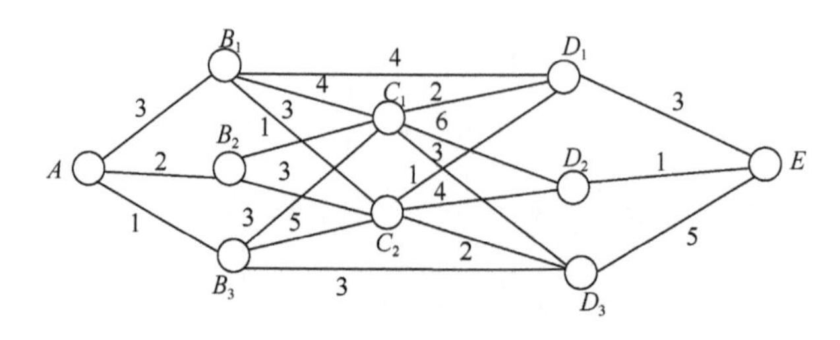

图 6-8　习题 3 附图

4. 某地查明一处地下热水，要供给附近七个点使用，需要铺设输水管道，热水点（图 6-9 中的第 8 点）与几个点之间铺设的输水管道的距离如图 6-9 所示，试求这七个点至热水点的最短输水管道的路线及其长度（单位：km）。

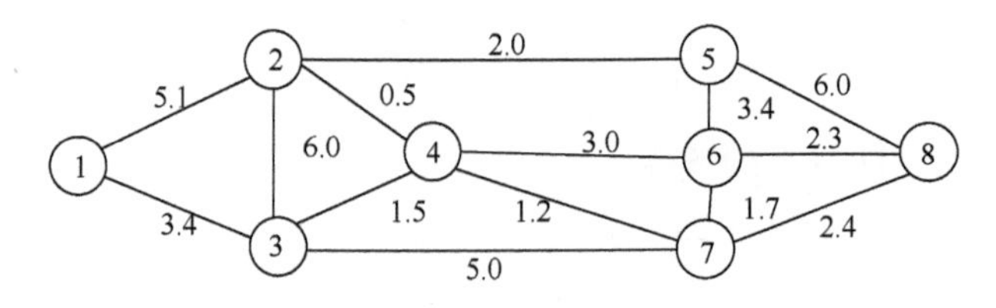

图 6-9　习题 4 附图

第七章　多目标规划决策的分析理论

第一节　规划决策问题的基本概念

一、决策与决策过程

决策，作为广泛存在于人类各种社会实践活动中的一种智能，在水资源系统规划、设计与管理中普遍存在并广为应用。但多年来，决策没有一个统一的定义。例如，西蒙（Simon）认为组织是由大大小小的决策者个人组成的系统，决策贯穿于管理的全过程，“管理就是决策”；于光远则认为“决定就是决策”。但不管决策如何定义，任何决策都应包括以下内容的动态反馈过程（《运筹学》教材编写组，2005）。

（1）认识阶段：主要是探索环境、诊断问题或机会所在，确定决策目标。

（2）设计阶段：收集信息，进行系统建模，拟定各种可能的备选方案。

（3）选择阶段：对多种备选方案进行综合评价并从中选出最满意的方案。

（4）实施阶段：主要是执行决策，实施所选决策方案。

（5）控制阶段：主要通过对决策任务的执行控制和监督，并在实施中对原有决策做出评价、调整和结果反馈。

在实际决策过程中，决策者如果能够正确地预见决策的结果，则可以采用单目标决策或多目标决策的方法进行面向决策结果的决策问题建模，因此，任何决策并非是决策者的灵机一动拍板，而是需要经过“预决策—决策—决策后”三个相互依赖的阶段。

在预决策阶段，决策者应能立即想到各种可能的方案；当决策者意识到没有理想方案时，就会产生矛盾冲突，需寻找减少矛盾的方案，并收集有关信息。收集信息时，开始比较客观而无倾向性，以后逐渐变得主观和有倾向性，这种倾向性意见往往就是局部决策的开始。在决策阶段，需对前述倾向性意见、决策环境作方向性调整，如排除劣解，重新考虑已放弃的方案，增加和去掉一些评价准则等，并在合并一些方案后，减少变量数和方案数。决策者按主观倾向重新评估各方案并保留有倾向性的少数方案，并进行最终决策，在最终决策后，决策者考虑的主要问题往往是决策后的看法不一致。这时，决策者更倾向于解释和强调已选方案的优点，并寻找更多的信息来证明已选方案的优点和正确性；

更愿听取相同的意见而不愿听取不同的意见。在决策后的阶段，要对决策的实施进行了解，因为它关系到决策的继续，某个决策后的阶段往往是下次决策的预决策阶段。

二、决策问题的分类

水资源系统的实际规划管理过程，通常是一个由规划、设计、施工组织和调度运行管理等组成的多重循环的过程。其中每一步都要针对不同的问题制定不同的决策。对这些不同的决策问题，从不同角度可划分为不同的决策类型。

（1）按性质的重要性分类，可将决策分为战略决策、策略决策和执行决策，或称为战略计划、管理控制和运行控制。

战略决策，是指贯穿于一个系统在一定历史时期内所有决策中的指导思想指导下关系到全局发展的重大谋划，具有全局性（即强调整体发展而非局部发展）、长期性（即立足当前、着眼未来而非着眼当前）、层次性（如有全国性战略、地区性战略等）和相对稳定性（即能适应社会经济活动的动态多变性）等基本特征。西蒙（2013）认为战略决策是通过对决策系统的内在因素和外部环境所拥有的全部信息进行系统地分析研究，抉择系统运动、变化发展目标和方向的循序渐进的认识过程，强调决策人的主观判断和思维能力在战略决策过程中的重要作用，即决策过程中的有限理性，因此，战略决策是涉及某组织发展和生存的全局性、长远问题的决策，如解决西北、华北水资源问题的途径选择，南水北调工程的建设等。

策略决策是为了完成战略决策所规定的目的而进行的决策，如南水北调的调水规模选择、供水范围的确定等。

执行决策是根据战略决策的要求对执行行为方案的选择，如水资源工程的施工组织、实时调度运行方案的确定等。

通常，由执行决策过渡到战略决策在很大程度上伴随着问题复杂程度的增加、影响范围的拓宽和时间历程的延长等。系统分析人员的作用就是在复杂多变的决策问题和决策环境中，帮助管理人员找出子系统之间的关系，从而有效地构成大系统模型；制定许多可供选择的规划管理方案，并对每个方案可能产生的经济、环境、政治和社会等方面的影响做出评价（即提供各方案的可行性报告），提供给高层次（即可使工程决策级别达到必要权威水平的领导层）的决策人（或决策群体）；通过高层次决策人（或决策群体）综合考虑未来社会经济发展的需要和决策的内、外部环境等因素，做出相应的战略决策。系统分析者为了成功地辅助决策者从事战略决策问题的研究，不但需要掌握必要的专业知识和系统方法的技能，而且还必须对环境工程、社会经济、政治文化等方面有所了解，并与决策者之间保持经常的联系和对话。

（2）根据决策问题的结构优良程度，可将决策划分为结构化决策（或程序化决策）、半结构化决策和非结构化决策（或非程序化决策）。

所谓优良结构问题，是那些既能明确定量地表述出来又有现成可行求解技术的一些问题。结构化决策本身处理的就是一种具有优良结构的决策问题，它要求决策者必须按规范去做，才能获得最佳效果。显然，这是与大多数实际管理决策过程不相适应的。从解决问题的角度而言，管理过程中要处理的绝大多数问题都是非结构化决策和半结构化决策问题。其中，非结构化决策是指那些新颖、复杂而完全没有现成规范可循的一些管理问题，这类问题的求解，完全不能用常规决策的方法进行处理，通常只能依靠决策者个人的经验、价值观、信念和判断能力等素质，审时度势，灵活对付。因此，非结构化决策问题是一类典型的战略决策问题。半结构化决策则是介于结构化决策与非结构化决策之间的一类复杂的管理问题。

（3）根据决策人的多少，可分为单人决策和多人决策（又称群决策）。

单人决策是指所有方案只与同一个决策者（或决策单位）的利益有关，只由这一个决策者进行方案选择的决策。多人决策是指同一决策与多个决策者（或决策单位）的利益相关，必须由两个及以上决策者采用协商对策的方式共同选择大家都满意的方案的决策。根据决策人之间的关系又分为委员会决策和冲突性多人决策。当多个决策人的目标一致而各自的信息结构、知识结构和偏好结构互不相同时，称为委员会决策；当多个决策人的目标不一致，决策人之间存在目标或利益上的分歧和冲突，冲突各方存在利益竞争关系时，称为冲突性多人决策。

（4）按决策的环境，可将决策分为确定性决策、风险性决策和不确定性决策。

确定性决策是指决策的环境和选择的结果都是确定的，每个方案只有一种结局的一类决策，如线性规划、非线性规划、动态规划等；风险性决策是指决策的环境不是完全确定的，一个方案可能产生多种结局中的一种，而每种结局发生的概率是已知的一类决策；不确定性决策指一个方案可能产生多种结局中的一种，但决策者对各种结局的概率未能确知，只能凭决策者的主观倾向进行决策。

（5）按定量和定性分类，分为定量决策和定性决策。

当描述决策对象的指标都可以量化时可用定量决策，否则只能用定性决策。定性与定量相结合是处理复杂决策问题的有效方法与发展趋势。

（6）按决策问题考虑的目标，可分为单目标决策和多目标决策问题。

单目标决策是指决策问题的目标只有一个，各个方案可按单一的评价准则排序、选择的决策。多目标决策是涉及多个目标，方案有多个评价准则，只能按目标准则体系进行综合评价并进行选择的一种决策问题。

（7）按决策过程的连续性分类，可分为单项决策和序贯决策。

单项决策指整个决策过程只作一次决策就得到结果，序贯决策是指整个决策过程由一系列决策组成。

第二节　多目标规划决策问题

水资源的开发利用涉及国民经济的许多部门和多个方面，一项水资源工程也总是有多种功能，如刘家峡水电站，就具有发电、防洪、灌溉、航运及渔业等功能。因此，一个流域或地区的水资源开发和管理以及一项水资源工程的规划设计往往反映其管理或设计的多种效能和经济效果的多种目标，这就是水资源系统工程中的多目标规划问题。水资源规划中应用多目标规划，是社会、经济和技术发展的需要，由于水资源有限，必须对其进行合理开发和科学分配，以满足多方面的利益，如水资源的开发既要考虑经济效益，又要考虑社会效益和环境效益。

一、多目标规划与单目标规划的区别

水资源开发利用或管理规划的目标，是反映流域或研究地区各种效益的主要标志，也是评价优化方案的基本指标。单目标规划与多目标规划之间在目标的数量上和性质上都存在着差别。

（1）在评价管理规划方案过程中，只要评价某项水资源工程的目标只有一个，就称为单目标规划问题；如果用一个以上的目标作为优选的开采方案或工程设计方案的标准，不论它们是经济、社会方面的，还是环境方面的，也不管它们各以什么单位度量，都是多目标问题。

（2）单目标的度量单位是统一的，即可以公度；而多目标问题中各目标的度量单位可以是不可公度的。例如，制定某一含水层系统运行策略的目标可以是：①使地下水开采所获得的经济效益最大；②使含水层中水位下降的总和最小。这两个目标的单位不一致，前者一般以货币形式或产值量表示，而后者只能是 m、cm 等长度单位。

（3）即使多目标的度量单位相同，如均以货币单位表示，目标之间也存在竞争，这仍然不是单目标问题，而是多目标问题。例如，在矿山排水与矿区供水的综合决策的过程中，两个目标均以水量为单位，但二者是互相矛盾的。在这种情况下，只有采用最优协调的办法，才能得到满意的效果。

（4）单目标问题和多目标问题的求解在性质上不同。单目标问题可求得单一

的绝对最优解，而多目标问题一般不存在一个在通常意义下的最优解，但都存在一个非劣解[或称帕累托（Pareto）最优解]。非劣解是指在所有可行解的集合中，没有一个解能优于它，一般把决策人最满意的解称为偏爱解，它总是一个非劣解。因为求解多目标问题的一类方法是先求得问题的非劣解，然后从中挑选决策人的偏爱解。

二、多目标规划的求解方法

在单目标规划问题中，对任意两个解，只要在比较其相应的目标函数值后，就可以辨别谁优谁劣，即总能定出它们的优劣次序。但是，多目标规划问题则不能简单地用这种方法来评价各个解（或方案）的优劣，这是因为对于一个目标效益的改进，就意味着对另一个目标效益的破坏。

因此，在多目标规划问题中很难求得使所有目标都达到最佳的最优解，转而求其非劣解。非劣解往往有很多个，甚至有无穷多个，而最终供使用的解却只有一个，称为偏爱解或选好解。一般把寻找非劣解的人视为分析者，而决定偏爱解的人视为决策者，那么求解方式大致可以分为以下三种情况：首先是决策者与分析者事先商定好求解方法，使找出的解即为选好解；再次是分析者只负责提供非劣解，由决策者自行选一个选好解；最后是决策者与分析者不断交换对解的看法而逐渐改进非劣解，直至找到使决策者满意的选好解为止。

目前，多目标规划的求解方法很多，分为生成法和交互法两大类，主要有权重法、约束法、目标规划法、逐步法、代用权衡法、理想点法、分层序列法、评价函数法、交互规划法、混合优选法等。下面我们以其中的几种方法为例，说明其求解方法。

1. 权重法

在水资源规划中，当有 p 个目标函数 $f_1(x)$，$f_2(x)$，…，$f_p(x)$都要求最小时，问题的目标函数为

$$\begin{cases} \min Z_1 = \min f_1(x) \\ \min Z_2 = \min f_2(x) \\ \quad\cdots\cdots \\ \min Z_p = \min f_p(x) \end{cases}$$

求解步骤如下。

（1）先给上述各目标函数加以相应的权重系数λ_i，把多个目标函数化为一个新的目标函数：

$$\min u(x)=\min\sum_{i=1}^{p}\lambda_i f_i(x)$$

（2）求得使目标函数 $u(x)$达到最小的解作为多目标问题的解，该解为非劣解。这样，把多目标问题化为单目标问题后，就可以直接用单纯形法求解。

本方法适用于那些目标之间的优先顺序不太明显，或其优先程度并非远不可比时，才可将它们视为同一等级。

方法的关键问题在于如何得到适宜的加权系数λ_i。这主要依靠对所研究的水资源问题的透彻理解，并针对具体问题给权重系数赋予一定的实际含义，以选取加权系数的适当的数值范围或确定其合理的数值。确定加权系数常用的方法有解析法、老手法和改变权重法等，这里不再赘述。

2. 约束法

对于某些多目标问题，若其中一些目标可以给出一个可供选择的范围，这些目标函数就可以从目标函数组中排除出去，并作为约束条件。例如，原多目标规划问题为

$$F(x)=\min\{f_1(x),f_2(x),\cdots,f_p(x)\}$$

约束条件：

$$\begin{cases}g_i(x)\leqslant 0,\ i=1,2,\cdots,m\\x_j\geqslant 0,\ i=1,2,\cdots,n\end{cases}$$

在 p 个目标中，除第 k 个目标之外的目标均可转化为约束条件，则经上述方法处理，可化为单目标规划问题：

$$F'(x)=\min f_k(x)$$

约束条件：

$$\begin{cases}g_i(x)\leqslant 0,\ i=1,2,\cdots,m\\f_i^{\min}\leqslant f_i(x)\leqslant f_i^{\max},\ i=1,2,\cdots,k-1,k+1,\cdots,p\\x_j\geqslant 0,\ j=1,2,\cdots,n\end{cases}$$

式中，$f_i^{\max}$、$f_i^{\min}$ 分别为原目标函数$f_i(x)$的上、下限；$f_k(x)$为选定的基本目标函数。

目标函数的上限和下限一般要通过试算来调试。对某一组 $f_i^{\max}$ 和 $f_i^{\min}$ 先进行单目标优化操作，再变化其上、下限重新操作，适当选择 $f_i^{\max}$ 和 $f_i^{\min}$ 即可得出要求的非劣解。

3. 理想点法

有 m 个目标$f_1(x),\cdots,f_m(x)$，每个目标分别有其最优值：

$$f_i^0 = \max_{x \in R} f_i(x) = f_i\left(x^{(i)}\right), \quad i = 1,2,\cdots,m$$

若所有 $x^{(i)}$（$i=1,2,\cdots,m$）都相同，设为 $x^{(0)}$，则令 $x=x^{(0)}$时，每个目标都能达到其各自的最优点，但一般做不到，因此对向量函数来说，向量

$$F(x) = \left[f_1(x),\cdots,f_m(x)\right]^{\mathrm{T}}$$

$$F^0 = \left(f_1^0,\cdots,f_m^0\right)^{\mathrm{T}}$$

只是一个理想点（即一般达不到）。

Салукbадзе 提出的理想点法，其中心思想是定义了模，在这个模的意义下找一个点尽量接近理想点（《运筹学》教材编写组，2005），即让模的长度为

$$\left\|F(x) - F^0\right\| \to \min\left\|F(x) - F^0\right\|$$

对于不同的模，可以找到不同意义下的最优点，这个模也可看作评价函数，一般定义的模的长度是

$$\left\|F(x) - F^0\right\| = \left\{\sum_{i=1}^{m}\left[f_i^0 - f_i(x)\right]^p\right\}^{1/p} = L_p(x)$$

p 的取值一般在$[1,+\infty)$ 。当取 $p=2$ 时，模即为欧式空间中向量 $F(x)$与向量 F^0 的距离，见图 7-1。要求模最小，也即要找到一个解，使它对应的目标值与理想点的目标值最接近，其可表示为

$$\min_{x \in R} L_p(x)$$

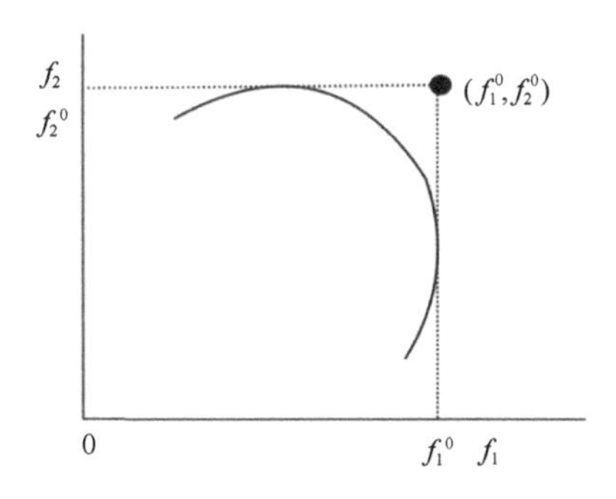

图 7-1　理想点法的示意图

当 $p=1$ 时，

$$L_1(x) = \sum_{i=1}^{m}\left[f_i^0 - f_i(x)\right]$$

当 $p=+\infty$时，

$$L_{+\infty}(x) = \max_{1 \leqslant i \leqslant m}\left|f_i^0 - f_i(x)\right|$$

在 $x_1 = (8, 6)$，$x_2 = (4, 3)$两点之间，当 $p = 1, 2, \cdots, +\infty$时其距离的取值见表 7-1。

表 7-1　变量取值

p	$\left(x_1^1 - x_1^2\right)^p$	$\left(x_2^1 - x_2^2\right)^p$	$L_p(x)$
1	4	3	7
2	16	9	5
3	64	27	4498
⋮	⋮	⋮	⋮
$+\infty$	4	3	4

当 $p = 2$ 时，其几何意义是两点之间的最短距离为直线距离；当 $p>2$ 时，其距离就小于这两点之间的直线距离；p 越大，距离就越趋向于较大的分量（属性、目标）。因此可取不同的 p 以代表人们对较大分量（属性、目标）的偏爱程度，此时它就不是几何概念了。

例 7-1　设 $f_1(x) = -3x_1 + 2x_2$，$f_2(x) = 4x_1 + 3x_2$ 都要求实现最大。约束集合为

$$R = \left\{x \mid 2x_1 + 3x_2 \leqslant 18,\ 2x_1 + x_2 \leqslant 10,\ x_1, x_2 \geqslant 0,\ x \in E^2\right\}$$

试用理想点法求解。

解：先分别对单目标求出最优解为

$$x^{(1)} = (0, 6),\ x^{(2)} = (3, 4)$$

对应的目标值为

$$f_1\left(x^{(1)}\right) = f_1(0,6) = f_1^0 = 12$$

$$f_2\left(x^{(2)}\right) = f_2(3,4) = f_2^0 = 24$$

故理想点为

$$F^0 = \left(f_1^0,\ f_2^0\right) = (12,24)$$

取 $p = 2$，这时要求：

$$\min_{x \in R} L_2(x) = \left\{\left[f_1(x) - f_1^0\right]^2 + \left[f_2(x) - f_2^0\right]^2\right\}^{1/2}$$

这时可求得最优解为

$$x^* = (0.53,5.65)$$

对应的目标值分别为

$$f_1^* = 9.72$$

$$f_2^* = 19.06$$

解题过程见图 7-2。

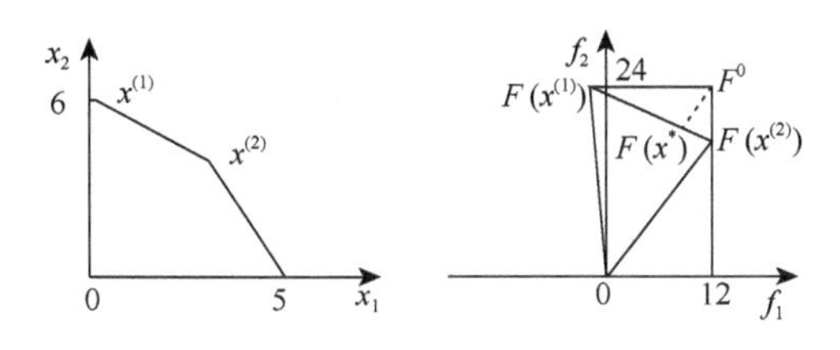

图 7-2　解题示意图

4. 分层序列法

由于同时处理 m 个目标比较麻烦，故可采用分层法。分层法的思想是把目标按其重要性给出一个序列，分为最重要目标和次要目标等。设给出的重要性序列为

$$f_1(x), f_2(x), \cdots, f_m(x)$$

下面介绍求其序列最优化的步骤。

首先对第一个目标求最优，并找出所有最优解的集合记为 R_0，然后在 R_0 内求第二个目标的最优解，记这时的最优解集合为 R_1。如此类推，直到求出第 m 个目标的最优解 x^0，其模型如下：

$$f_1\left(x^0\right)=\max_{x\in R_0\subset R} f_1\left(x\right)$$

$$f_2\left(x^0\right)=\max_{x\in R_1\subset R_0} f_2\left(x\right)$$

$$\cdots\cdots$$

$$f_m\left(x^0\right)=\max_{x\in R_{m-1}\subset R_{m-2}} f_m\left(x\right)$$

这方法求解的前提是 $R_0, R_1, \cdots, R_{m-1}$ 非空，同时 $R_0, R_1, \cdots, R_{m-2}$ 都不能只有一个元素，否则就很难进行下去。

当 R 是紧致集，函数 $f_1(x), \cdots, f_m(x)$都是上半连续，则按下式定义的集求解：

$$R_{k-1}{}^*=\left\{x \mid f_k\left(x\right)=\sup_{u\in R_{k-2}^*} f_k\left(u\right); x\in R_{k-2}^*\right\}; k=1,2,\cdots,m$$

其中 $R_{m-1}{}^*=R$ 都非空，故有最优解，而且是共同的最优解。

第三节　目标规划问题

一、目标规划的概念

在水资源规划的实际问题中，所规划的问题并不是寻求一个或几个目标的最

大值或最小值，而是要求使问题达到几个具体目标。因此规划问题是在满足一系列约束的限制条件下，尽可能达到这些具体目标，这就是目标规划所研究的问题。例如，对于某一个含水层的管理问题，要求在一定水位降深的限制下，既希望在管理期限内使地下水的开采量达到一定的量，又要求开发水资源的能量消耗量不再增加。同时还要求污水排放的污染排放指标控制在某一水平等。

一般地，希望达到的几个具体目标之间可能存在矛盾，不可能同时满足，这就需要权衡这些目标。根据对每个目标的强调程度，将它们分为 $P_1, P_2, \cdots, P_L$ 几个等级。目标规划要求处于不同等级的目标是不可比较的，只有在保证上一等级目标实现的前提下，才有可能考虑下一级目标，即

$$P_1 \gg P_2 \gg \cdots \gg P_j \gg \cdots \gg P_L$$

式中，“$\gg$”表示上一等级的目标远远优先于下一等级的目标。

然而，处于同一等级的目标也可能不止一个，但其优先程度可以相互比较，对其中每个目标的强调程度可加上不同的权重因子来区别。

对于某一等级的具体目标，使规划的目标函数值与其既定的具体目标尽可能接近，就求得这一等级的最优解，然后求下一级最优解，依次类推，逐级求解，直到求得原始目标规划的最优解。这种分级情况与解决办法同样存在于多目标规划问题中。

二、评价函数

评价目标函数与规定具体目标值的逼近程度有下列几种形式的评价函数。

（1）采用最小二乘法原理，即差的平方和形式：

$$u(x) = \sum_{i=1}^{L} \left[f_i(x) - f_i^* \right]^2$$

式中，$f_i(x)$为目标函数值；f_i^*为对目标$f_i(x)$给定的既定目标的具体值；$i = 1,2,\cdots,L$；L为目标个数。求解时，要使$u(x)$达到最小。

（2）如果对某一等级的不同目标要求相差程度不同，可添加权重因子λ，评价函数为

$$u(x) = \sum_{i=1}^{L} \lambda_i \left[f_i(x) - f_i^* \right]^2$$

式中的符号含义同上式。求解时也要使函数$u(x)$达最小：

$$\min u(x) = \min \sum_{i=1}^{L} \lambda_i \left[f_i(x) - f_i^* \right]^2$$

（3）采用极大化极小法形成评价函数，即

$$u(x)=\max_{1\leqslant i\leqslant m}\left|f_i(x)-f_i^*\right|$$

要使上式的 $u(x)$最小，即最大的差值尽可能最小，形式为

$$\min u(x)=\min\max_{1\leqslant i\leqslant m}\left|f_i(x)-f_i^*\right|$$

同样，上式也可以用有权重因子的表示形式：

$$\min u(x)=\min\max_{1\leqslant i\leqslant m}\lambda_i\left|f_i(x)-f_i^*\right|$$

（4）当给定每个目标具体的目标值后，目标函数的实际值与其之间就会出现正的或负的偏差。例如，对于第 i 个目标，如果给定具体目标值 b_i，正偏差 d_i^+，负偏差 d_i^-，则有

$$f_i\left(x\right)-d_i^+ + d_i^- = b_i$$

式中，正偏差 d_i^+ 为目标函数值 $f_i(x)$超过给定的具体目标值 b_i；负偏差 d_i^- 为低于或未达到 b_i 的差值。

正负偏差的性质：正负偏差均为正值，而且不能共存，必有一个为 0，即

$$d_i^+,d_i^- > 0\text{；}\ d_i^+d_i^- = 0$$

三、目标规划模型

下面通过一个实例分析来介绍如何建立目标规划模型。

例 7-2　某供水系统从两个不同的水源地向 3 个城镇供水。城镇 1、城镇 2、城镇 3 的需水量分别为 2000 个单位、1500 个单位、5000 个单位。由于水源不足，各城镇的总需水量超过系统供水能力 1500 个单位，因此，根据各城镇不同的经济条件及重要性程度，管理部门拟定了下列 6 个不同等级的目标。

P_1：希望至少满足城镇 3 需水要求的 85%；

P_2：希望至少满足城镇 1、城镇 2 需水要求的 75%；

P_3：系统输水总费用最小；

P_4：希望水源Ⅱ向城镇 1 供水量为 1000 个单位；

P_5：水源Ⅰ到城镇 3、水源Ⅱ到城镇 2 的输水管道的安全性较差，输水量尽可能要少；

P_6：协调城镇 1、城镇 2 的供水平衡，使之达到满意的水平。

各水源地的供水能力及输水单价如表 7-2 所示。

解：本规划问题在满足各种约束条件下，依次满足上述 6 个目标，求两个水源地对 3 个城镇的供水量 x_{ij}。为此，引入正负偏差变量。

（1）约束条件。

源供水能力约束：

表 7-2　各水源地的供水能力及各城的需水量、输水单价

项目	输水单价/（万元/单位水量）			输水能力/单位水量
	城镇 1	城镇 2	城镇 3	
水源 I	10	4	12	3000
水源 II	8	10	3	4000

$$x_{11}+x_{12}+x_{13}+d_1^-=3000$$

$$x_{21}+x_{22}+x_{23}+d_2^-=4000$$

因供水量不能超过供水能力，d_1^+、d_2^+ 无意义，不予考虑。

城镇的需水量约束：水源不足，不可能超量供水。

$$x_{11}+x_{21}+d_3^-=2000$$

$$x_{12}+x_{22}+d_4^-=1500$$

$$x_{13}+x_{23}+d_5^-=5000$$

同样，供水量不可能超过需水量，d_3^-、d_4^-、d_5^- 不需要考虑。

（2）目标。

拟定的目标引入偏差变量后就转化为一系列目标约束条件，现分述如下。

城镇 3 的需水量要达到目标 P_1：

$$x_{13}+x_{23}+d_6^--d_6^+=4250\text{（}5000\times85\%\text{）}$$

即转化为软约束——具有希望的含义。

城镇 1、城镇 2 的需水量要达到目标 P_2（软约束）：

$$x_{11}+x_{21}+d_7^--d_7^+=1500\text{（}2000\times75\%\text{）}$$

$$x_{12}+x_{22}+d_8^--d_8^+=1125\text{（}1500\times75\%\text{）}$$

系统输水总费用最小约束（P_3）：

$$10x_{11}+4x_{12}+12x_{13}+8x_{21}+10x_{22}+3x_{23}-d_9^+=0$$

水源 II 向城镇 1 供水量尽可能达到目标 P_4：

$$x_{21}+d_{10}^--d_{10}^+=1000$$

靠性条件目标，若其他路线可满足要求，则尽可能减小 x_{13} 和 x_{22}（P_5）：

$$x_{13}-d_{11}^+=0，\quad x_{22}-d_{12}^+=0$$

协调城镇 1、城镇 2 的供水平衡目标（P_6）：

$$(x_{11}+x_{21})/2000=(x_{12}+x_{22})/1500$$

可以表示为软约束条件：

$$x_{11}-1.33x_{12}+x_{21}-1.33x_{22}+d_{13}^--d_{13}^+=0$$

（3）目标函数。

把上述 6 个目标，根据重要性分成 6 个等级：

$$P_1 \gg P_2 \gg \cdots \gg P_6$$

即只有满足目标 P_i 后，才考虑下一级目标 P_{i+1}。

P_1 要求：$\min P_1 d_6^-$。

P_2 要求：$\min P_2\left(d_7^- + d_8^-\right)$（权重因子为 1）。

P_3 要求：$\min P_3 d_9^+$。

P_4 要求：$\min P_4 d_{10}^-$。

P_5 目标中，输水费用 $C_{13}=12, C_{22}=10$，从输水费用不同的“子目标”来看，这一等级可赋予不同的权重因子，因为 $C_{13}=12, C_{22}=10$，故要求：

$$\min P_5\left(1.2d_{11}^+ + d_{12}^+\right)$$

P_6 要求：$\min P_6\left(d_{13}^- + d_{13}^+\right)$（相当于权重因子相同，均为 1）。

故目标函数为

$$\min Z = P_1 d_6^- + P_2\left(d_7^- + d_8^-\right) + P_3 d_9^+ + P_4 d_{10}^- + P_5\left(1.2d_{11}^+ + d_{12}^+\right) + P_6\left(d_{13}^- + d_{13}^+\right)$$

式中，“+”号应理解为“依次满足各目标”，而不是代数和关系。

由上面的例子可总结出：目标规划是在满足一组资源约束和目标约束的条件下，求得一组决策变量的满意值，使决策结果与给定目标的偏差值最小。目标规划模型有下列特点。

（1）变量。

有三种类型：

决策变量　　　　　　$X=(x_1, x_2, \cdots, x_n)^{\mathrm{T}}$，$X>0$

松弛变量（或人工变量）　　$s_i\ (s_i>0)$

偏差变量　　　　　　$d_i^+, d_i^- > 0, d_i^+, d_i^- = 0$

式中，d_i^- 为负偏差，表示未完成目标 i 的数量；d_i^+ 为正偏差，表示超额目标 i 的数量。

（2）目标的优先等级和权重。

目标规划的一个重点特点是人工干预，决策者根据各个目标（多目标）在规划中的重要性，列出优先等级，按等级逐级求解。同一等级内的几个子目标可以公度，以权重因子 W_i^+、W_i^-（均为非负）区别其重要性。

（3）目标函数。

目标规划中的目标函数总是要求实现的目标与预定的目标值的总偏差最小，

故目标函数中只有偏差变量 d_i^+ 和 d_i^-，且 $Z^* = \min Z$。当 $Z^* = 0$ 时，所有预定目标值都能达到目标；当 $Z^* > 0$ 时，至少有一个预定目标值不能达到目标。

一般地，目标函数式可表示为

$$Z^* = \min Z = \sum_{j=1}^{L} P_j \sum_{i=1}^{k} \left(W_{ij}^+ d_i^+ + W_{ij}^- d_i^- \right)$$

式中，$Z^* > 0$；P_j 为优先等级，$P_1, P_2, \cdots, P_L$，其中 $j = 1, 2, \cdots, L$；$W_{ij}{}^+$ 和 $W_{ij}{}^-$ 为权重因子（$i = 1, 2, \cdots, k$；$j = 1, 2, \cdots, L$）；d_i^+ 和 d_i^- 为偏差变量（$i = 1, 2, \cdots, k$），每个偏差变量在目标函数式中至少出现一次。

（4）约束条件。

分三种情况，介绍如下。

一是资源约束（人力、物力、财力、时间、能量等资源约束）的线性形式：

$$BX = b$$

式中，B 为系数矩阵；b 为右端向量，$b = (b_1, b_2, \cdots, b_s)^{\mathrm{T}}$。

二是目标约束，由目标引入偏差变量转化而成，设有 k 个目标，目标值为 g_i，则

$$CX + d_i^- - d_i^+ = g_i,\ \ i = 1, 2, \cdots, k$$

三是变量约束：

$$X > 0, d_i^+ > 0, d_i^- > 0,\ \ d_i^+ d_i^- = 0$$

因此，目标规划的数学模型可表示如下。

目标函数为

$$\min Z = \sum_{j=1}^{L} P_j \sum_{i=1}^{k} \left(W_{ij}^+ d_i^+ + W_{ij}^- d_i^- \right)$$

约束条件为

$$\begin{cases} BX = b \\ CX + d_i^- - d_i^+ = g_i \\ X > 0;\ \ d_i^+, d_i^- > 0,\ \ d_i^+ d_i^- = 0 \\ i = 1, 2, \cdots, k \end{cases}$$

式中，B、C 为相应约束条件的系数矩阵。

四、目标规划的求解方法（单纯形法）

在上面的目标规划模型的资源约束 $BX = b$ 中再引入 $2(m - k)$个偏差变量：

$$d_i^-, d_i^+ \left(i = m-k, \cdots, m\right)$$

则可将目标规划模型改写为标准形式。

目标函数为

$$\min Z = \sum_{j=1}^{L} P_j \sum_{i=1}^{k} \left(W_{ij}^+ d_i^+ + W_{ij}^- d_i^- \right)$$

约束条件为

$$\begin{cases} AX - d^+ + d^- = b \\ X > 0,\ d^+ > 0,\ d^- > 0,\ d^+ d^- = 0 \end{cases}$$

式中，A 为 $m \times n$ 阶系数矩阵；X 为决策变量，$X = (x_1, x_2, \cdots, x_n)^{\mathrm{T}}$；$b$ 为 m 维列向量，$b = (b_1, b_2, \cdots, b_m)^{\mathrm{T}}$；$d_i^-$ 为负偏差向量，$d^- = \left(d_1^-, d_2^-, \cdots, d_m^-\right)^{\mathrm{T}}$；$d_i^+$ 为正偏差向量，$d^+ = \left(d_1^+, d_2^+, \cdots, d_m^+\right)^{\mathrm{T}}$。

（1）该标准模型有 L 个优先等级目标：$P_1 \gg P_2 \gg \cdots \gg P_L$，有 m 个约束条件（资源约束和目标约束），（$n+2m$）个变量（n 个决策变量，$2m$ 个正负偏差变量）。

（2）由于目标规划的标准型总是使偏差量极小，其单纯形法检验数应大于 0，即对 $C_j - Z_j > 0$ 进行最优性检验，或者将目标转化为求极大值的形式进行求解，检验数判定标准相应地发生变化。

（3）模型中的目标函数式的代数符号“+”应理解为“优先级次序”。下面举例说明线性目标规划模型的单纯形法。

例 7-3　甲、乙两工厂以自备地下水源供水生产，甲、乙两厂每单位体积的地下水分别创造价值 6 元和 4 元。甲、乙两厂要提供单位体积的地下水分别需水泵 2 台和 3 台，需抽水机时数 4 个和 2 个时间单位。在规划期内两工厂总共可提供 100 台水泵，120 个时间单位的总抽水机时数，若抽水机时数不足时，可以加班，两工厂共同制定了如下目标和优先等级。

P_1：计划期内总产值达 180 元；

P_2：水泵要充分利用；

P_3：尽量减少加班机时数；

P_4：甲、乙两厂的用水量分别为 22 个单位体积和 18 个单位体积。

试确定两厂的实际用水量。

解：设 x_1 和 x_2 分别为甲、乙两厂的实际用水量，建立目标规划模型如下。

（1）约束条件。

P_1 总产值约束：

$$6x_1 + 4x_2 + d_1^- - d_1^+ = 180$$

P_2 水泵台数不超过总数：

$$2x_1 + 3x_2 + d_2^- = 100$$

P_3 抽水机时可加班：

$$4x_1 + 2x_2 + d_3^- - d_3^+ = 120$$

P_4 用水需求量：

$$x_1 + d_4^- - d_4^+ = 22, \quad x_2 + d_5^- - d_5^+ = 18$$

（2）目标函数。

分属四个等级。

第一优先等级，所创总产值的 d_1^- 最小，超出目标值的差额可不考虑，故有 $\min Z_1 = P_1 d_1^-$。

第二优先等级，水泵闲置量最小，故为

$$\min Z_2 = P_2 d_2^-$$

$$\min Z_3 = P_3 d_3^+$$

第四优先等级，包含两个子目标，据其产值分别加上权重因子

$$\min Z_4 = 6P_4 d_4^- + 4P_4 d_5^-。$$

综上所述，目标函数为

$$\min Z = P_1 d_1^- + P_2 d_2^- + P_3 d_3^+ + 6P_4 d_4^- + 4P_4 d_5^-$$

至此，完成了此问题的目标规划的建模。

（3）逐级求解。

按目标函数优先等级，优先等级最高的取最小值，当无法改进时，考虑下一级目标，而且在其以下优先等级的目标函数求解时，不得破坏上一优先等级目标函数的最优值。

目标规划有几个优先等级不同的目标函数，这是与线性规划的不同之处，那么，我们能否把解线性规划的单纯形法做某些修改，使之也适用于目标规划呢？这是目标规划逐级求解的出发点。

在目标规划模型中，上一等级的目标函数绝对优先于下一等级的目标函数，故不能对每个目标函数加权而合并为一个函数求解。因此，在单纯形表中，目标函数不是一行，而是依其优先等级的次序，形成一个目标函数的系数矩阵（符号 P_j 可略去）。

本目标规划模型可写为

$$\min Z_1 = P_1 d_1^- \quad (\min Z_1 = -P_1 d_1^-)$$

$$\min Z_2 = P_2 d_2^- \quad (\min Z_2 = -P_2 d_2^-)$$

$$\min Z_3 = P_3 d_3^+ \quad (\min Z_3 = -P_3 d_3^+)$$

$$\min Z_4 = 6P_4 d_4^- + 4P_4 d_5^- \quad (\min Z_4 = -6P_4 d_4^- - 4P_4 d_5^-)$$

$$\begin{cases} 6x_1 + 4x_2 - d_1^+ + d_1^- = 180 \\ 2x_1 + 3x_2 + d_2^- = 100 \\ 4x_1 + 2x_2 - d_3^+ + d_3^- = 120 \\ x_1 - d_4^+ + d_4^- = 22 \\ x_2 - d_5^+ + d_5^- = 18 \\ x_1, x_2, d_i^+, d_i^- > 0，\ i = 1,2,3,4,5 \end{cases}$$

将此模型列成单纯形表，就是把这个目标规划模型的标准型填入表格中（目标为max），如表7-3所示。

表7-3　单纯形法求解多目标规划的初始表

基变量	x_1	x_2	d_1^+	d_3^+	d_4^+	d_5^+	d_1^-	d_2^-	d_3^-	d_4^-	d_5^-	解
Z_1	0	0	0	0	0	0	–1	0	0	0	0	0
Z_2	0	0	0	0	0	0	0	–1	0	0	0	0
Z_3	0	0	0	–1	0	0	0	0	0	0	0	0
Z_4	0	0	0	0	0	0	0	0	0	–6	–4	0
d_1^-	6	4	–1	0	0	0	1	0	0	0	0	180
d_2^-	2	3	0	0	0	0	0	1	0	0	0	100
d_3^-	4	2	0	–1	0	0	0	0	1	0	0	120
d_4^-	1	0	0	0	–1	0	0	0	0	1	0	22
d_5^-	0	1	0	0	0	–1	0	0	0	0	1	18
Z_1	（6）	4	–1	0	0	0	0	0	0	0	0	180
Z_2	2	3	0	0	0	0	0	0	0	0	0	100
Z_3	0	0	0	–1	0	0	0	0	0	0	0	0
Z_4	6	4	0	0	–6	–4	0	0	0	0	0	204
d_1^-	6	4	–1	0	0	0	1	0	0	0	0	180
d_2^-	2	3	0	0	0	0	0	1	0	0	0	100
d_3^-	4	2	0	–1	0	0	0	0	1	0	0	120
d_4^-	[1]	0	0	0	–1	0	0	0	0	1	0	22
d_5^-	0	1	0	0	0	–1	0	0	0	0	1	18

注：[ ]表示进行初等变换时的主元素，( )表示此处没有实际意义，只是提醒读者，有强调的作用。下同。

用单纯形法迭代求解。

第一步：

首先满足第一等级目标，以它为判断依据进行运算，迭代过程中，其他目标函数方程也随之相应地变换，做选主元（进入基本变量，换出基本变量）换基运算，得到单纯形表（表 7-4）。

表 7-4　单纯形法求解多目标规划的过程一

基变量	x_1	x_2	d_1^+	d_3^+	d_4^+	d_5^+	d_1^-	d_2^-	d_3^-	d_4^-	d_5^-	解
Z_1	0	4	–1	0	（6）	0	0	0	0	–6	0	48
Z_2	0	3	0	0	2	0	0	0	0	–2	0	56
Z_3	0	0	0	–1	0	0	0	0	0	0	0	0
Z_4	0	4	0	0	0	–4	0	0	0	–6	0	72
d_1^-	0	4	–1	0	[6]	0	1	0	0	–6	0	48
d_2^-	0	3	0	0	2	0	0	1	0	–2	0	56
d_3^-	0	2	0	–1	4	0	0	0	1	–4	0	32
x_1	1	0	0	0	–1	0	0	0	0	1	0	22
d_5^-	0	1	0	0	0	–1	0	0	0	0	1	18
Z_1	0	0	0	0	0	0	–1	0	0	0	0	0
Z_2	0	（1.7）	0.3	0	0	0	–3	0	0	0	0	40
Z_3	0	0	0	–1	0	0	0	0	0	0	0	0
Z_4	0	4	0	0	0	–4	0	0	0	–6	0	72
d_1^-	0	[0.7]	–0.17	0	1	0	0.17	0	0	–1	0	8
d_2^-	0	1.7	0.3	0	0	0	–0.3	1	0	0	0	40
d_3^-	0	–0.7	0.7	–1	0	0	–0.7	0	0	0	0	0
x_1	1	0.7	–0.17	0	0	0	0.17	0	1	0	0	30
d_5^-	0	1	0	0	0	–1	0	0	0	0	1	18

此时，目标函数 Z_1 中 $\sigma_j < 0$（已达最优）：

$$x_1 = 30，x_2 = 0，Z_1 = 0$$

这说明只有甲厂用水 30 个单位体积，乙厂不生产满足第一优先等级的目标要求，产值为 6×30=180 元，最优解为 0，即 $P_1 d_1^- = 0$，$d_1^- = 0$。

第二步：

考虑下一优先等级的目标函数，以第二个目标函数方程式为判断依据，但不得破坏第一优先等级目标的最优值。这样在选进入基本变量时，不但第二个目标函数方程中的 $\sigma_j > 0$，而且第一个目标函数方程中的 $\sigma_j > 0$（无正的，就选零），否则该 σ_j 对应的进入基本变量会使第一个目标函数偏离最优解。只有相对于第一个目标函数存在多个最优解时，才有可能继续考虑其以下优先等级的目标。

在第二个目标函数方程中取 max $\sigma_j > 0$ 时，对应的换入变量为 x_2，其对应于第一个目标函数方程中的系数（检验数）为 0，所以 x_2 可以为进入基本变量，能保证在不影响第一个目标函数已达到的最优值前提下，改善第二个目标函数值。迭代后见表 7-5。

表 7-5　单纯形法求解多目标规划的过程二

基变量	x_1	x_2	d_1^+	d_3^+	d_4^+	d_5^+	d_1^-	d_2^-	d_3^-	d_4^-	d_5^-	解
Z_1	0	0	0	0	0	0	−1	0	0	0	0	0
Z_2	0	0	0.75	0	−2.5	0	−0.8	0	0	（2.5）	0	20
Z_3	0	0	0	−1	0	0	0	0	0	0	0	0
Z_4	0	0	1	0	−6	−4	−1	0	0	0	0	24
x_2	0	1	−0.3	0	1.5	0	0.25	0	0	−1.5	0	12
d_2^-	0	0	−0.8	0	−2.5	0	−0.8	1	0	2.5	0	20
d_3^-	0	0	0.5	−1	1	0	−0.5	0	1	−1	0	8
x_1	1	0	0	0	−1	0	0	0	0	1	0	22
d_5^-	0	0	0.25	0	−1.5	−1	−0.3	0	0	[1.5]	1	6
Z_1	0	0	0	0	0	0	−1	0	0	0	0	0
Z_2	0	0	0.33	0	0	（1.7）	−0.3	0	0	0	−1.7	10
Z_3	0	0	0	−1	0	0	0	0	0	0	0	0
Z_4	0	0	1	0	−6	−4	−1	0	0	0	0	24
x_2	0	1	0	0	0	−1	0	0	0	0	1	18
d_2^-	0	0	0.3	0	0	[1.7]	−0.3	1	0	0	−1.6	10
d_3^-	0	0	0.7	−1	0	−0.7	−0.7	0	1	0	0.67	12
x_1	1	0	−0.17	0	0	0.7	0.17	0	0	0	−0.67	18
d_4^-	0	0	0.17	0	−1	−0.7	−0.17	0	0	1	0.67	4
Z_1	0	0	0	0	0	0	−1	0	0	0	0	0
Z_2	0	0	0	0	0	0	0	−1	0	0	0	0
Z_3	0	0	0	−1	0	0	0	0	0	0	0	0
Z_4	0	0	（1.8）	0	−6	0	−1.8	2.4	0	0	−4	48
x_2	0	1	0.2	0	0	0	−0.2	0.6	0	0	0	24
d_5^+	0	0	0.2	0	0	1	−0.2	0.6	0	0	−1	6
d_3^-	0	0	[0.8]	−1	0	0	−0.8	0.4	1	0	0	16
x_1	1	0	−0.3	0	0	0	0.3	−0.4	0	0	0	14
d_4^-	0	0	0.3	0	−1	0	−0.3	0.4	0	1	0	8

此时，第二目标函数方程式中的 $\sigma_j < 0$，已达到最优：$Z_2 = 0$，$x_1 = 14$，$x_2 = 24$，$d_1^- = 0$。

第三步：

以下一优先等级（第三个）目标函数方程式为判断依据，但不破坏上面两级目标函数的最优性。对于 Z_3，所有 $\sigma_j < 0$，已达到最优：$Z_3 = 0$，即 $d_3^+=0$。

第四步：

第四个目标的单纯形法迭代，其中，d_2^-（2.4）最大，但在第二个目标函数方程中，其对应值为负值（−1），故 d_2^- 不能选为进入基本变量，否则会使第二个目标函数偏离最优解。其次选 d_1^+（1.8）为进入基本变量，它在其他目标函数方程中均为 0。迭代计算后，得新单纯形表如表 7-6 所示。

表 7-6　单纯形法求解多目标规划的过程三

基变量	x_1	x_2	d_1^+	d_3^+	d_4^+	d_5^+	d_1^-	d_2^-	d_3^-	d_4^-	d_5^-	解
Z_1	0	0	0	0	0	0	−1	0	0	0	0	0
Z_2	0	0	0	0	0	0	0	−1	0	0	0	0
Z_3	0	0	0	−1	0	0	0	0	0	0	0	0
Z_4	0	0	0	2.25	−6	0	0	1.5	−2.3	0	0	12
x_2	0	1	0	0.25	0	0	0	0.5	−0.25	0	0	20
d_5^+	0	0	0	0.25	0	1	0	0.5	−0.25	0	−1	2
d_1^+	0	0	1	−1.3	0	0	−1	0.5	1.25	0	0	20
x_1	1	0	0	−0.4	0	0	0	−0.25	0.4	0	0	20
d_4^-	0	0	0	0.4	−1	0	0	0.25	−0.4	1	0	2

表 7-6 第四个目标函数式中的 d_3^+、d_2^- 为正，但它们在第二、第三个目标函数式中为负，不能再进一步进基，即此目标就不能迭代了。如果存在下一级目标函数，则应转向第五个目标函数，进行判断迭代。本例无下一等级目标函数，即已求得整个原始问题的最优解：

$$x_1 = 20，x_2 = 20，d_1^+ = 20，d_5^+ = 2，d_4^- = 2$$

目标函数值为

$$\min Z = P_1 d_1^- + P_2 d_2^- + P_3 d_3^- + 6P_4 d_4^- + 4P_5 d^- = 0+0+0+12P_4+0 = 12P_4$$

该模型的最优解已满足了前三个目标，但未满足第四个目标，甲厂用水量与所希望达到的目标差 $d_4^- = 2$ 个单位体积。

综上所述，目标规划的优点是方法灵活，既适用于一个大目标附带许多从属目标的问题，又适用于许多目标附带许多从属目标的问题；目标的物理意义和计量单位是多种多样的，而不像线性规划那样单一。

习　　题

某水利企业生产 A 和 B 两种型号的电子产品，已知 A 型电子产品每台利润为 100 元，B 型每台利润为 80 元。设 A 型每台生产的平均时长为 3h，B 型为 2h，共有 200 台时数。工厂每周的生产利润为 7000 元。设市场每周需生产 A 和 B 两种型号的产品各 30 台以上，试问在尽量满足市场需要的前提下，如何安排生产，才能使：①利润最大，②加班时间最少。

第八章 随机规划

第一节 概　　述

前面几章讨论了确定性的水资源规划问题，在确定性规划中，其目标函数和约束条件中的各项参数是确定的量。但是，实际的水资源系统规划，在大多数情况下都具有随机性。随机模型就是数学模型的两组方程（目标函数和约束条件）中，其某些系数或常数具有一定的变化范围，甚至是随机变量。在这种情况下，最优化的含义本身也就大不相同。例如，降雨和径流总是随机地出现，有关地区的用水量和用电量往往不能准确地预估。这就需要用随机模型来处理它们。在水资源系统分析中，一般可将随机过程分成以下几类。

（1）独立随机过程。过程在任意时刻的状态和任何其他时刻的状态之间互不影响。也就是说，对于时间 t 的任意几个数值 $t_1,t_2,\cdots,t_n$，其随机变量 $x(t_1),x(t_2),\cdots,x(t_n)$ 是互相独立的，随机过程 $x(t)$ 的 n 维分布函数可以表示成

$$F_n\left(x_1,x_2,\cdots\cdots,x_n;t_1,t_2,\cdots\cdots,t_n\right)=\prod_{k=1}^{n}F_1\left(x_k,t_k\right)$$

则称 $x(t)$ 为独立随机过程。

（2）马尔可夫过程。如果对时间 t 的任意 n 个数值 $t_1<t_2<\cdots<t_n$，$n\geqslant 3$，在 $X\left(t_i\right)=x_i\left(i=1,2,\cdots,n-1\right)$ 的条件下，$X\left(t_n\right)$ 下的分布函数恰好等于在条件 $X\left(t_{n-1}\right)=x_{n-1}$ 下的分布函数，$X\left(t_n\right)$ 的分布函数为

$$F\left(x_n;t_n|x_{n-1},\cdots,x_1;t_{n-1},t_{n-2},\cdots,t_1\right)=F\left(x_n;t_n|x_{n-1};t_{n-1}\right),\ n=3,4,\cdots$$

则称 $x(t)$ 为马尔可夫过程，简称马氏过程。

（3）独立增量过程。在任意时段，过程状态的改变并不影响未来任意时段上过程状态的改变。设随机过程的 $x(t)$，$t\geqslant 0$，当 $0\leqslant t_1\leqslant t_2$ 时，记 $X\left(t_2\right)-X\left(t_1\right)=X\left(t_1,t_2\right)$，它是一个随机变量，称为 $x(t)$ 在 $\left[t_1,\ t_2\right]$ 上的增量。如果 $0\leqslant t_1<t_2<\cdots<t_n$，增量：

$$X\left(t_1,t_2\right),X\left(t_2,t_3\right),\cdots,X\left(t_{n-1},t_n\right)$$

是相互独立的，则称 $x(t)$ 为独立增量过程。

（4）平稳随机过程。它的特点是，过程的统计特性不随时间的变化而变

化，或者说不随时间原点的选取不同而变化。严格地说就是：如果对于时间 t 的任意 n 个数值 $(t_1,t_2,\cdots,t_n)$ 和任意实数 k，随机过程 $x(t)$ 的 n 维分布函数满足关系式：

$$F_n(x_1,x_2,\cdots,x_n;t_1,t_2,\cdots,t_n)=F_n(x_1,x_2,\cdots,x_n;t_1+\varepsilon,t_2+\varepsilon,\cdots,t_n+\varepsilon),\ n=1,2,\cdots$$

则称 $X(t)$ 为平稳随机过程。

本章主要讨论具有独立概率分布的动态规划问题。

第二节　随机线性规划

已知影响水资源系统特性的经济、水文、技术和其他因素的预报是不确定的，对于制定有效的初步规划及其评价方案，确定性规划模型往往是不适用的。因此，必须对前几章讨论的许多最优化方法加以扩充，以能解决各种随机过程的数学问题。

随机线性规划模型的主要特点是研究不确定性系统效益（也可能是费用）的最优化问题。随机线性规划问题的求解要比确定性规划模型复杂得多。求解随机线性规划的一般思路是根据模型中随机性信息的特点，按照一定的途径将其转化为确定性线性规划来求解。在数学模型上具体表现为以下两种情况。

（1）目标函数中有随机参数的线性规划问题——概率规划。这类问题中的各随机参数的概率分布是已知的，而且必须完全满足约束条件。多数情况下，只处理目标函数中的价格系数具有随机性的问题，常以求期望效益的办法解决，称为概率规划。

（2）约束条件中有随机参数的线性规划问题——机遇约束规划。这类问题中各随机参数的概率分布也是已知的，而对于约束条件中的一个或若干个方程，可以以一个较大的概率来满足，也就是说，允许这些约束有小概率的破坏，这就构成了机遇约束问题。这些问题的约束条件可以是输入资源的约束，也可以是需求方面的约束，或者是其他种类的随机约束等。

用线性规划求解随机问题时，其结果有两种情况，一是在确定性的情况下，大大增加变量数和约束数以考虑各种可供选择的方案；二是使用随机约束。这两种情况可用简单的例子加以说明。

讨论一个简单的两阶段线性规划问题。假设要从未经调节的河流引水供给三个用户：市政部门、工厂企业和农业灌区。该地工业和农业正在发展，现要求其能得到多少水量。如果分配水量不足，就要限制其发展和计划。

水资源管理者的目标显然应是使该地区经济活动的期望值极大化。令

$T_i(i=1,2,3)$ 为对用户 i 的允许供水量。如果供给 T_i 的水量，则每单位分配水量使当地经济生产的净效益（net benefit，NB）估计为 NB_i。如果不能供给额定的水量，则所缺水量将造成经济损失，设少供给用户 i 一个单位的水量，将造成用户 i 净效益的损失为 $C_i(C_i > NB_i)$。

令随机变量 Q 为总的可利用水量，则管理模型可表述如下：

$$\max\left(\sum NB_i T_i\right) - E\left(\sum_{i=1}^{3} C_i D_{iQ}\right) \tag{8-1}$$

式中，$E(x)$ 为随机变量 x 的期望值；D_{iQ} 为当河流量为 Q 时，距目标供水量 T_i 的缺水量。

约束条件

$$\begin{cases} Q > T_1 + T_2 + T_3 - \left(D_{1Q} + D_{2Q} + D_{3Q}\right) \\ T_{i\max} \geqslant T_i \geqslant D_{iQ} \geqslant 0 \end{cases}$$

式中，T_i 为已确定的分配水量或目标供水量；D_{iQ} 为当河流量为 Q 时，距目标供水量 T_i 的缺水量。所有的 T_i 和 D_{iQ} 是未知的；Q 为随机变量。

为了能用线性规划求解这个问题，Q 的分布必须用离散型分布近似表示。设 Q 的取值为 q_j，其概率为 $p_j(j=1,2,\cdots,n)$，该问题可重新表述如下：

$$\max \sum NB_i T_i - \sum_{i=1}^{3}\sum_{j=1}^{3} p_j C_i D_{ij} \tag{8-2}$$

其约束条件为

$$\begin{cases} q_j \geqslant T_1 + T_2 + T_3 - D_{1j} - D_{2j} - D_{3j} \\ T_{i\max} \geqslant T_i \geqslant D_{ij} \geqslant 0 \end{cases}$$

对于每个 j 值，必须重列基本约束集，这些约束集将可利用水资源 q_j、目标供水量 T_i 及缺水量 D_{ij} 联系起来，这使得随机线性规划变得非常复杂。由于目标供水量 T_1、T_2 和 T_3 是确定河流量大小之前在第一阶段设定的，而缺水量 D_{ij} 是当河流量已知和目标供水量已确定时，在第二阶段设定的，该问题的这种表述称为两阶段线性规划。一般来说，阶段数超过 2 个或 3 个时，线性规划常常变得非常复杂，此法不能适用。

随机约束的线性规划。如前所述，对一个简单的分配问题加入随机因素，将大大增加线性规划问题的规模。为避免这种情况，就需要引入随机约束条件。

以上述问题为例，假设水资源管理者不需要估算缺水费用系数，但需要确定满足目标供水量的保证率。

设

$$\max\sum_{i=1}^{3} \mathrm{NB}_i T_i \tag{8-3}$$

其约束条件为

$$\begin{cases} P_r\left[Q \leqslant T_1+T_2+T_3\right] \leqslant P \\ T_{i\max} \geqslant T_i \geqslant 0 \end{cases}$$

注意到$P_r\left[Q \leqslant T_1+T_2+T_3\right]$等效于$F_Q\left(T_1+T_2+T_3\right)$，这里$F_Q$是$Q$的分布函数，则约束条件变为

$$F_Q\left(T_1+T_2+T_3\right) \leqslant P$$

或

$$T_1+T_2+T_3 \leqslant F_Q^{-1}(P)=q(p) \tag{8-4}$$

式中，P为$Q \leqslant q(p)$的概率。式（8-4）是随机约束条件。这样该问题的管理模型就为

$$\max\sum_{i=1}^{3} \mathrm{NB}_i T_i \tag{8-5}$$

约束条件为

$$T_1+T_2+T_3 \leqslant q(p)$$

$$T_{i\max} \geqslant T_i \geqslant 0$$

对于随机线性规划，在实际应用中不常用，本章只作简单介绍，有兴趣的读者可参考有关书籍。

第三节　随机动态规划

动态规划方法是一种具有显著特点和灵活性的数学规划方法，它不但已广泛解决确定性模型，而且对于随机性模型，其应用也很广泛。在确定性动态规划问题中，认为状态变量、决策变量、各项有关参数及整个决策过程都是确定的。因而在某一个指定的状态使用某个决策，就形成一个确定的状态转移结果，并得到一个确定的效益或费用。实际上，许多系统经常受到随机事件和随机因素的影响而具有随机性。水资源系统尤为明显。

随机动态规划是随机规划的一个分支，它是把动态规划用于求解具有序列结构的随机系统。这种随机系统往往包括随机输入，如水库来水径流量的观测序列等；但其随机性并不仅由随机输入引起，还包括系统由某一状态转移到下一状态时的随机性以及某个决策所产生效益（或费用）的随机性。总之，随机动态规划与确定性动态规划不同之处，在于数学模型中所包含的随机性，其包含了以下几个方面的随机因素。

1. 状态转移函数中含有的随机变量

$$s_{n+1}=T_n\left(s_n,d_n,k_n\right),\ \ n=1,2,\cdots,N \tag{8-6}$$

式中，n 为阶段序号；s_n 和 s_{n+1} 分别为阶段 n 和阶段 $n+1$ 的状态变量；d_n 为阶段 n 的决策变量；k_n 为阶段 n 的随机变量，k_n 的概率分布为 $p_n(k_n)$；T_n 为阶段 n 的状态转移函数。

2. 效益（或费用）函数中含有的随机变量

随机效益函数一般可表示为

$$R_n=r_n\left(s_n,d_n,k_n\right),\ \ n=1,2,\cdots,N \tag{8-7}$$

式中，R_n 为效益函数，其他符号意义同式（8-6）所述。

由于效益函数是随机的，不再可能求最大化效益，这时就求助于概率论中最常用的方法，即最大化期望效益。对某指定的 s_n 和 d_n，期望效益可用平均效益近似计算如下。

（1）若 k_n 是离散性随机变量，则

$$E\left(R_n\right)\approx\overline{r_n}\left(s_n,d_n\right)=\sum_k P_n r_n\left(s_n,d_n,k_n\right) \tag{8-8}$$

（2）若 k_n 是连续性随机变量，则

$$E\left(R_n\right)\approx\overline{r_n}\left(s_n,d_n\right)=\int P_n\left(k_n\right)r_n\left(s_n,d_n,k_n\right)\mathrm{d}k_n \tag{8-9}$$

式中，$E\left(R_n\right)$ 为期望函数；$\overline{r_n}\left(s_n,d_n\right)$ 为平均效益；P_n 为 k_n 所相应的概率。

3. 最优策略具有随机特征

由式（8-6）和式（8-7）可知，任意阶段 n 的输出状态变量 s_{n+1} 和效益函数 R_n 都是随机变量 k_n 的函数，仅是概率上的“已知”。因此，随机的多阶段决策过程的最优策略，必然包括了各阶段随机变量的影响而具有随机特性。

4. 最优准则的概率性质

以最大化效益为例加以说明。对一个指定的输入状态 s_n 而言，当其对所有的可行决策均成立时，

$$E\left[r_n\left(s_n,d_n^*\right)\right]\geqslant E\left[r_n\left(s_n,d_n\right)\right] \tag{8-10}$$

决策 d_n^* 将被认为是全局最优决策；$E\left[r_n\left(s_n,d_n^*\right)\right]$ 是全局最优期望效益。然而这里

存在一个问题，即在求解冒险情况下的最优期望值时，可能出现与随机变量变化幅度（以其方差或均方差度量）这一重要特性无关的情况，对 s_n 的一个指定值，两个可能决策的收益及其概率如表 8-1 所示。

表 8-1 两个可能决策的收益及其概率数据

	决策			
	$d_n^{(1)}$		$d_n^{(2)}$	
概率(k_n)	0	100	1	4
收益率 $r_n(s_n,d_n,k_n)$	$\frac{29}{30}$	$\frac{1}{30}$	$\frac{1}{3}$	$\frac{2}{3}$

$$E\left[r_n\left(s_n,d_n^{(1)}\right)\right]=\frac{29}{30}\times 0+\frac{1}{30}\times 100=3\frac{1}{3}$$

$$E\left[r_n\left(s_n,d_n^{(2)}\right)\right]=\frac{1}{3}\times 1+\frac{2}{3}\times 4=3$$

根据最大期望值法，应选取一个决策 $d_n^{(1)}$，但是这样就因没有考虑到第一个决策而有很大的冒险性，也就是 30 次中有 29 次收益为 0。而第二个决策 $d_n^{(2)}$ 时，至少有 1/3 的概率能得到 1，有 2/3 机会得到 4。所以期望值本身不提供所包含的冒险程度是多少。事实上，人们可能宁愿接受一个期望收益略小的第二个决策 $d_n^{(2)}$，也不去选择第一个决策 $d_n^{(1)}$，以免无收益。在计算收益时，必须考虑全部影响因素。为了有理由选取 $d_n^{(2)}$ 不选取 $d_n^{(1)}$，可以分配给零收益一个大的负权重。这样最大期望值法仍不失为冒险条件下的一个有效决策方法。

一、基本方程式

在确定性动态规划中，对于某一阶段的子系统，若已知系统的状态 s_i，对于每一个决策 d_i 相应地得到一个阶段效益 $R_i(s_i,d_i)$；而在随机动态规划中系统的变量为 s_i,k_i，此处 k_i 为系统输入的随机变量，因此，阶段效益函数也是随机的，则

$$R_i=R_i(s_i,d_i,k_i) \tag{8-11}$$

假设第 i 阶段输入随机变量 k_i 的概率为 $p_i(k_i)$，那么该阶段效益的期望值为

$$ER_i\left(s_i,d_i\right)=\sum_k p_i\left(k_i\right)R_i\left(s_i,d_i,k_i\right) \tag{8-12}$$

第 i 阶段的状态转移方程为

$$s_{i+1}=T_i\left(s_i,d_i,k_i\right) \tag{8-13}$$

其最末阶段的阶段效益为

$$R_N = R_N\left(s_N, d_N, k_N\right) \tag{8-14}$$

期望效益为

$$ER_N = \sum P_N\left(k_N\right) R_N\left(s_N, d_N, k_N\right) \tag{8-15}$$

最优期望效益为

$$ER'_N\left(s_N\right) = \max_{d_N}\left[\sum_{k_N} P_N\left(k_N\right) R_N\left(s_N, d_N, k_N\right)\right] \tag{8-16}$$

相应的 d'_N 为最优决策。

因此，可以得到第 i 阶段的递推公式（逆序）为

$$ER'_i\left(s_i\right) = \max_{d_i}\left[\sum_{k_i} p_i\left(k_i\right)\left[R_i\left(s_i, d_i, k_i\right) + ER'_{i+1}\left(s_{i+1}\right)\right]\right] \tag{8-17}$$

$$i = 1, 2, \cdots, N$$

根据式（8-17）就可以进行具有独立概率分布的动态规划问题的计算，下面举例说明这种方法。

二、应用实例

例 8-1　某一引水工程，施工期只需一天，要求在五天内完成，当时正值雨季，若在雨天施工则需增加施工费用，已知大雨时的施工费用为 800 元/d，小雨时的施工费用为 600 元/d，无雨时为 500 元/d，预报五天内的雨情概率分布如表 8-2 所示。

表 8-2　雨情概率分布信息

信息	第 1 天			第 2 天			第 3 天			第 4 天			第 5 天		
雨情	大	小	无	大	小	无	大	小	无	大	小	无	大	小	无
概率	0.2	0.2	0.6	0.2	0.2	0.6	0.2	0.2	0.6	0.4	0.4	0.2	0.4	0.4	0.2

根据以上情况，该工程在哪一天施工最好？

解：该问题按天分为五个阶段，并且每天都要做出决策。这个问题的目标应该是使得施工费用最少。

现在我们分析这个问题，先看两个极端的情况，如果这一天无雨，则很容易做出立即施工的决策，这是因为不可能有比这更有力的施工条件。如果这一天大雨，就有两种情况，如果这一天在前 1～4 天内，则应做出暂不施工的决策；而当这一天已经到第 5 天，因为是最后一天已不允许再拖延工期，故只能冒雨施工。这是由于只知道以后几天天气情况的概率分布，而不能确切地知道以后几天的天气情况。

从上面的分析可以看出，这是一个简单的五阶段的一维随机状态变量的动态

规划问题。对第 i 天来说，要研究的是在第 i 天碰上第 j 种天气状态（$j=1,2,3$，分别表示大雨、小雨、无雨）时，决定当天是否能够施工。如何判断该天是否施工呢？将当天施工所需要的施工费用和当天不能施工而等待以后施工可能花费的施工费用进行比较，取其较小者，此时的决策就是这一阶段的最优决策。

以 s_{ij} 表示第 i 天的雨情，i=1, 2, 3, 4, 5，j=1, 2, 3。设 s_{i1} 为第 i 天大雨，相应的概率为 p_{i1}；s_{i2} 为第 i 天小雨，相应的概率为 p_{i2}；s_{i3} 为第 i 天无雨，相应的概率为 p_{i3}。$R_i(s_{ij})$为第 i 天遇到 j 天气时的施工费用；$R_i'(s_{ij})$为第 i 天遇到 j 天气时，采用最优决策时的施工费。用逆向递推公式进行计算，则最优化公式为

$$\min\left\{R_{i-1}\left(s_{i-1,j}\right),\sum_{j=1}^{3}R_i'\left(s_{ij},p_{ij}\right)\right\}$$

（1）第五天是施工的最后一天，前四天若该工程尚未施工，则无论第五天遇到什么天气其最优决策均为当天施工。

故可得

$$R_5'\left(s_{51}\right)=R_5\left(s_{51}\right)=800\text{元，}\ p_{51}=0.4$$
$$R_5'\left(s_{52}\right)=R_5\left(s_{52}\right)=600\text{元，}\ p_{52}=0.4$$
$$R_5'\left(s_{53}\right)=R_5\left(s_{53}\right)=500\text{元，}\ p_{53}=0.2$$

（2）第四天，应将第四天的施工费 $R_4(s_{4j})$ 和第五天可能的施工费进行比较。由于在第五天遇到不同天气时有不同的施工费，可以根据各种天气出现的概率求得第五天施工费用的期望值。

$$\begin{aligned}\sum_{j=1}^{3}R_5'\left(s_{5j}\right)p_{5j}&=R_5'\left(s_{51}\right)p_{51}+R_5'\left(s_{52}\right)p_{52}+R_5'\left(s_{53}\right)p_{53}\\&=800\times0.4+600\times0.4+500\times0.2=660\text{元}\end{aligned}$$

则第四天遇到 j 种天气时，其最优决策的目标函数值为

$$R_4'\left(s_{4j}\right)=\min\left\{R_4\left(s_{4,j}\right),\sum_{j=1}^{3}R_5'\left(s_{5j},p_{5j}\right)\right\}$$

则

$$R_4'\left(s_{41}\right)=\min\left\{800,660\right\}=660\text{ 元}$$

这个结果说明，第四天如果遇大雨，暂不施工为好。同样地，第四天如果遇到小雨和无雨的天气，则

$$R_4'\left(s_{42}\right)=\min\left\{600,660\right\}=600\text{ 元}$$
$$R_4'\left(s_{43}\right)=\min\left\{500,600\right\}=500\text{ 元}$$

以上说明第四天遇到小雨或无雨时均应施工。

（3）第三天，其递推公式为

$$R_3'\left(s_{3j}\right)=\min\left\{R_3\left(s_{3,j}\right),\sum_{j=1}^{3}R_4'\left(s_{4j},p_{4j}\right)\right\}$$

式中，

$$\sum_{j=1}^{3}R_4'\left(s_{4j}\right)p_{4j}=660\times0.4+600\times0.4+500\times0.2=604\text{元}$$

因此可得

$$R_3'\left(s_{31}\right)=\min\{800,604\}=604\text{ 元}$$
$$R_3'\left(s_{32}\right)=\min\{600,604\}=600\text{ 元}$$
$$R_3'\left(s_{33}\right)=\min\{500,604\}=500\text{ 元}$$

说明当天遇小雨或无雨时均应施工。

（4）第二天，其递推公式为

$$R_2'\left(s_{2j}\right)=\min\left\{R_2\left(s_{2,j}\right),\sum_{j=1}^{3}R_3'\left(s_{3j},p_{3j}\right)\right\}$$

式中，

$$\sum_{j=1}^{3}R_3'\left(s_{3j}\right)p_{3j}=604\times0.2+600\times0.2+500\times0.6=540.8\text{元}$$

因此可得

$$R_2'\left(s_{21}\right)=\min\{800,540.8\}=540.8\text{元}$$
$$R_2'\left(s_{22}\right)=\min\{600,540.8\}=540.8\text{元}$$
$$R_2'\left(s_{23}\right)=\min\{500,540.8\}=500\text{元}$$

说明当天无雨时施工是最优决策。

（5）第一天，其递推公式为

$$R_1'\left(s_{1j}\right)=\min\left\{R_1\left(s_{1,j}\right),\sum_{j=1}^{3}R_2'\left(s_{2j},p_{2j}\right)\right\}$$

式中，

$$\sum_{j=1}^{3}R_2'\left(s_{2,j}\right)p_{2j}=540.8\times0.2+540.8\times0.2+500\times0.6=516.32\text{ 元}$$

因此可得

$$R_1'\left(s_{11}\right)=\min\{800,516.32\}=516.32\text{元}$$
$$R_1'\left(s_{12}\right)=\min\{600,516.32\}=516.32\text{元}$$

$$R_1'(s_{13}) = \min\{500, 516.32\} = 500\text{元}$$

说明第一天如果遇大雨或小雨，则不施工，无雨时施工。

从这个一维随机状态变量的动态规划问题中可以看出，每个阶段有三个可能的状态，这三种状态在各个阶段有一定的概率分布，每个阶段的决策都可以有两种选择，即当天施工和暂不施工。由于各个阶段的状态不是确定的，而是随机的。因此随着状态的不同最优决策也不同。

从上面的这个例题我们可以看出随机动态规划的一些特点：①由于各个阶段的状态中有随机因素输入，它对最优策略的选择有影响，因此随机动态规划产生的最优策略也就是随机的，由于各个阶段包含随机因素，根据实际出现的不同状态，选择这个阶段及其以后各个阶段的最优策略。②随机动态规划的最优标准则采用期望收益最大或期望费用最小的原则，由于期望收益只是在问题的多次重复时才能实现。因此，按这种最优化准则选择的最优策略去实行，在任何一个实际的过程中所得到的收益并不是计算得到的期望收益，这个收益有时比它大，有时比它小。经过多次重复，才会等于或接近这个期望收益。因此，对于一些不是多次重复性的动态规划问题，采用期望收益最大作为最优化准则所选择的最优策略，在实际应用中是有一定风险性的，这种风险性是随机性规划问题的一种特征。但是，按期望值最优的原则做出的决策，其风险性的方差是最小的，这一点可以给予证明，有兴趣的读者可以参看有关书籍。

第四节　马尔可夫决策过程

马尔可夫决策方法的主要研究对象是一个运行系统的状态和状态转移，应用马尔可夫决策方法的目的，就是根据某些变量的现在状态及其变化趋向，预测其在未来某一特定期间可能出现的状态，从而为决策提供依据，马尔可夫决策的基本方法是用转移概率矩阵进行预测和决策。

一、什么是马尔可夫决策过程

如果一个随机过程，当时刻 t_0 所处的状态在已知的条件下，过程在 $t(t > t_0)$ 所处的状态与 t_0 时刻以前的状态无关，即过程的未来值对过去值的相依性可用过程的当前值加以概括。具有这种特点的随机过程被称为马尔可夫决策过程。这种特性称为无后效性，即

$$F_x\left[x(t+k)|x(t), x(t-1), x(t-2), \cdots\right] = F_x\left[x(t+k)|x(t)\right] \tag{8-18}$$

马尔可夫决策过程根据时间和状态（空间）是否连续可分为离散的马尔可夫决策过程（状态和参数都是离散的，也称为马尔可夫链）和连续的马尔可夫决策过程两种。在水资源规划中，常用马尔可夫链近似表示一个连续的随机过程，本章只介绍这种马尔可夫决策过程。

马尔可夫决策过程模型主要解决以下几个问题。

（1）设系统现在处于 v_i 状态，从现在起走几步（或经过 t 时间）系统转移到 v_j 状态的概率，这个问题称为转移概率问题。

（2）如果系统原来处于 v_i 状态，当 $t \to +\infty$（或$n \to +\infty$）时是否存在着一个与 v_i 无关的极限概率 P_j（P_j 表示系统处于 v_j 的概率），称为转移概率的遍历性问题。

（3）首次到达时间，即从状态 v_i 首次到状态 v_j 的转移步数。

二、马尔可夫预测模型

马尔可夫决策过程的主要特征是转移性和遍历性，用转移概率描述马尔可夫决策过程的统计性质就好像用概率分布描述随机变量一样，下面讨论其数学模型。

（1）转移概率。设已知第 k 步的状态 $x_k = v_i$，并已知以前各状态为 $x_0, x_1, x_2, \ldots, x_{k-1}, x_k$，走一步以后转移到新状态 $x_{k+1} = v_j$，用 P_{ij} 表示一步转移概率，由马尔可夫决策过程的特性可知

$$P_{ij} = P\left(x_{k+1} = v_j | x_0, x_1, x_2, \ldots, x_{k-1}, x_k\right) = P\left(x_{k+1} = v_j | x_k = v_i\right) \qquad (8\text{-}19)$$

如果从第 k 步的状态 $x_k = v_i$ 走一步到 $x_{k+1} = v_i$ 的概率 P_{ij} 与 k 无关，也就是第几次转移到 P_{ij} 没有影响，称为时齐性——对时间的齐次性，其数学形式为

$$P\left(x_{k+1} = v_j | x_k = v_i\right) = P\left(x_1 = v_j | x_0 = v_i\right) = P_{ij} = \text{常数} \qquad (8\text{-}20)$$

则 P_{ij} 称为过程的一步平稳转移概率。

转移概率 P_{ij} 还具有以下性质：

$$\sum_{j=0}^{N} P_{ij} = 1,\ P_{ij} \geqslant 0（\text{对所有}x_i\text{均成立}） \qquad (8\text{-}21)$$

其物理意义：从任一状态 $x_k = v_i$ 出发，经过一次转移后必然到达 $x_{k+1} = v_0$，v_1，$\cdots$，v_N 中的任意状态。

马尔可夫链的转移概率可用矩阵形式表示，称为转移概率矩阵，或马尔可夫矩阵，其形式如下：

$$
P=\begin{bmatrix} P_{00} & P_{01} & P_{02} & \cdots & P_{0m} \\ P_{10} & P_{11} & P_{12} & \cdots & P_{1m} \\ P_{20} & P_{21} & P_{22} & \cdots & P_{2m} \\ \vdots & \vdots & \vdots & & \vdots \\ P_{m0} & P_{m1} & P_{m2} & \cdots & P_{mm} \end{bmatrix} \tag{8-22}
$$

（上方列标：状态（j）：$0 \quad 1 \quad 2 \quad \cdots \quad m$）

下面通过一个简单例题说明马尔可夫链及其转移矩阵。

例 8-2 某地计划修筑一水库，其最大库容为 $400\times10^4\text{m}^3$，简称 4 单位，每周的入流量和概率分布如表 8-3 所示，设入流量为独立的概率分布。其用水方式如下，每周灌溉需水量为 2 单位，为保证下游水质，每周需水量最少为 1 单位，故每周放水量为 3 单位，若该水库的可供水量和入流量小于 3 单位，当水库蓄水量达到最高水位时，所有入流量将从溢洪道中泄出。

表 8-3 每周的入流量及其概率分布

入流量/m³	概率	入流量/m³	概率	入流量/m³	概率	入流量/m³	概率
2×10^6	0.3	3×10^6	0.4	4×10^6	0.2	5×10^6	0.1

解：取水库系统的状态变量为每周开始时水库的蓄水量（或水位）。若用 s 代表状态空间，则 s 为从 1～4 单位的蓄水量，它是连续的，若将其分隔为离散的状态，则 s=1, 2, 3, 4 四个单位。

若水库开始时的状态为 1，入流量为 5 单位，放水量为 3 单位，则周末水库蓄水量为 3 单位，状态从 1 转变到 3；如果入流量为 4 单位，放水量仍为 3 单位，则周末水库状态为 2，其状态从 1 转变到 2；当入流量为 3 单位时，放水量还保持 3 单位，则周末水库状态为 1；当入流量为 2 单位时，按要求减少灌溉用水量 1 单位，则此时放水量为 2 单位，周末水库状态仍为 1。若用一步转移概率 P_{ij} 代表其转移概率，i 和 j 代表水库可能的状态，由上面的分析，当 i=1 时，可算出 P_{ij} 如表 8-4 所示。

表 8-4 入流量的相关数据

入流量（Q_t）	概率（P）	放水量（R_t）	初始状态	新状态 sj	P_{1j}
5	0.1	3	1	3	P_{13}=0.1
4	0.2	3	1	2	P_{12}=0.2
3	0.3	3	1	1	
2	0.4	2	1	1	P_{11}=0.7

显然 $P_{14}=0$，而由 $\sum_{j=1}^{4}P_{1j}=1$ 同样可得 $i=2,3,4$ 时的状态转移概率，从而得到一步平稳转移概率矩阵如下：

$$\text{状态}(j)$$

$$P=\begin{array}{c} \\ 1 \\ 2 \\ \vdots \\ m \end{array}\begin{array}{c} 0\quad 1 \qquad 2 \qquad 3 \qquad 4 \\ \begin{bmatrix} 0.7 & 0.2 & 0.1 & 0 \\ 0.3 & 0.4 & 0.2 & 0.1 \\ 0 & 0.3 & 0.4 & 0.3 \\ 0 & 0 & 0.3 & 0.7 \end{bmatrix} \end{array}$$

（2）n 步平稳转移概率。如果从第 k 步转移到第 $k+n$ 步，也就是说一共走了 n 步，则定义 n 步平稳转移概率 $P_{ij}^{(n)}$ 如下。

让 $P_{ij}^{(n)}$ 代表 n 步状态转移概率，显然，$P_{ij}^{(1)}=P_{ij}$；当 $n=2$ 时，转移过程的第一步状态可以从 i 转移到 k，再在第二步从 k 转移到 j，故其概率为 $P_{ik}P_{kj}$，因为 k 可以为状态空间中的任意状态，故

$$P_{ij}^{(2)}=\sum_{k}P_{ik}P_{kj} \tag{8-23}$$

同理，可推到 n 步平稳转移概率：

$$P_{ij}^{(n)}=\sum_{k}P_{ik}^{\ n-1}P_{kj}，\quad i=1,2,\cdots,m;\ j=1,2,\cdots,m \tag{8-24}$$

式（8-23）和式（8-24）可分别用下列矩阵表示：

$$P^{(2)}=PP，\quad P^{(n)}=P^{(n-1)}P$$

式（8-24）中的第 i 行代表起始状态为 i，经过 n 步转移后其状态的概率分布。

先仍以上例来求起始状态为 2（即 $i=2$），经 16 周以后水库在每一种状态的概率：

$$P^{(2)}=PP=\begin{bmatrix} 0.7 & 0.2 & 0.1 & 0 \\ 0.3 & 0.4 & 0.2 & 0.1 \\ 0 & 0.3 & 0.4 & 0.3 \\ 0 & 0 & 0.3 & 0.7 \end{bmatrix}\begin{bmatrix} 0.7 & 0.2 & 0.1 & 0 \\ 0.3 & 0.4 & 0.2 & 0.1 \\ 0 & 0.3 & 0.4 & 0.3 \\ 0 & 0 & 0.3 & 0.7 \end{bmatrix}$$

$$=\begin{bmatrix} 0.55 & 0.25 & 0.15 & 0.05 \\ 0.33 & 0.28 & 0.22 & 0.17 \\ 0.09 & 0.24 & 0.31 & 0.36 \\ 0 & 0.09 & 0.33 & 0.58 \end{bmatrix}$$

$$P^{(4)} = P^{(3)}P = P^{(2)}P^{(2)} = \begin{bmatrix} 0.399 & 0.248 & 0.200 & 0.153 \\ 0.294 & 0.229 & 0.235 & 0.242 \\ 0.157 & 0.196 & 0.281 & 0.366 \\ 0.059 & 0.157 & 0.341 & 0.470 \end{bmatrix}$$

$$P^{(8)} = P^{(4)}P^{(4)} = \begin{bmatrix} 0.272 & 0.219 & 0.243 & 0.266 \\ 0.236 & 0.209 & 0.255 & 0.300 \\ 0.186 & 0.196 & 0.271 & 0.347 \\ 0.147 & 0.186 & 0.284 & 0.383 \end{bmatrix}$$

$$P^{(16)} = P^{(8)}P^{(8)} = \begin{bmatrix} 0.210 & 0.203 & 0.263 & 0.324 \\ 0.205 & 0.201 & 0.265 & 0.329 \\ 0.198 & 0.202 & 0.265 & 0.335 \\ 0.193 & 0.198 & 0.269 & 0.340 \end{bmatrix}$$

$P^{(16)}$中第二行的数据即为所求的答案，即在第 16 周以后每一种状态的概率。随着n增大，$P^{(n)}$中各个行元素的值逐渐趋于一致，与起始状态无关，在本例中，当$n=32$时，各状态的概率为

$$P^{(32)} = \begin{bmatrix} 0.200 & 0.210 & 0.266 & 0.333 \\ 0.200 & 0.201 & 0.266 & 0.333 \\ 0.200 & 0.201 & 0.266 & 0.333 \\ 0.200 & 0.201 & 0.266 & 0.333 \end{bmatrix}$$

该矩阵称为恒定状态转移概率矩阵。

（3）马尔可夫链的极限性质。在上例中，当n增加到 32 时，在一定列中的各元素的值趋近于同一极限值，而各列均有此规律，同时各行趋向于同一极限行向量，这就是马尔可夫链的极限性质，也称遍历性。

若P是一个马尔可夫链的转移矩阵，则当$n \to +\infty$时，P^n趋近于唯一的极限矩阵A，其中各行均为$\pi = (\pi_0, \pi_1, \pi_2, \cdots, \pi_m)$。此共同的行向量代表极限状态概率分布或恒定状态概率分布，这种长期状态与起始状态无关，即

$$\lim_{n \to +\infty} P_{ij}^{(n)} = \pi_j \tag{8-25}$$

式中，π_j满足下列各方程式：

$$\pi_j \geqslant 0, \quad j = 1, 2, \cdots, m$$

$$\pi_j = \sum_{i=0}^{m} \pi_j P_{ij} \left(\sum_{j=0}^{m} \pi_j = 1 \right) \tag{8-26}$$

三、马尔可夫决策过程实例

现以例题来说明马尔可夫决策过程的一般概率。

例 8-3　假设某工厂有一机床，在每日工作完毕后要鉴定并标定其状态，不同状态的描述如表 8-5 所示。

表 8-5　机床的状态描述

机床状态（j）	描述
0	良好
1	可使用，但有磨损
2	可使用，磨损严重
3	不能使用

经过实际调查及统计分析，得到机床的状态转移概率矩阵如下：

$$P_{ij}=\begin{array}{c} \text{状态} \\ 0 \\ 1 \\ 2 \\ 3 \end{array}\begin{array}{c} \begin{matrix} 0 & 1 & 2 & 3 \end{matrix} \\ \begin{bmatrix} \frac{1}{8} & \frac{3}{4} & \frac{1}{16} & \frac{1}{16} \\ 0 & \frac{3}{4} & \frac{1}{8} & \frac{1}{8} \\ 0 & \frac{2}{5} & \frac{1}{2} & \frac{1}{2} \\ 0 & 0 & 0 & 1 \end{bmatrix} \end{array} \tag{8-27}$$

企业管理人员必须做出决策，决定如何处理这种情况。

随着时间的演变，机床必然受到磨损，产品质量受到一定影响，这将直接影响到生产的费用，现将其期望损失列于表 8-6。

表 8-6　机床状态及其期望损失

状态	期望损失/（元/天）
0	0
1	1000
2	3000
3	6000

如果我们确定一种运行决策，即机床处在 0，1，2 状态时，可继续工作，当其达到状态 3 时，机床不再使用，应更换新机床，则式（8-27）中的 P_{30} 应等于 1，而 $P_{33}=0$，其他不变。利用长期运行的恒定状态概率，可求出每天损失的期望值。由式（8-26）可得

$$
(\pi_0,\pi_1,\pi_2,\pi_3)\times\begin{bmatrix}\frac{1}{8} & \frac{3}{4} & \frac{1}{16} & \frac{1}{16}\\ 0 & \frac{3}{4} & \frac{1}{8} & \frac{1}{8}\\ 0 & 0 & \frac{1}{2} & \frac{1}{2}\\ 1 & 0 & 0 & 0\end{bmatrix}=(\pi_0,\pi_1,\pi_2,\pi_3)
$$

则

$$\pi_0=\frac{1}{8}\pi_0+\pi_3$$

$$\pi_1=\frac{3}{4}\pi_0+\frac{3}{4}\pi_1$$

$$\pi_2=\frac{1}{16}\pi_0+\frac{1}{8}\pi_1+\frac{1}{2}\pi_2$$

$$\pi_3=\frac{1}{16}\pi_0+\frac{1}{8}\pi_1+\frac{1}{2}\pi_2$$

$$\pi_0+\pi_1+\pi_2+\pi_3=1$$

联立求解得

$$\pi_0=\frac{4}{23},\quad \pi_1=\frac{12}{23},\quad \pi_2=\pi_3=\frac{7}{46}$$

按上面决策长期运行，其长期运行费用的期望值将等于

$$0\pi_0+1000\pi_1+3000\pi_2+6000\pi_3=1891.3\text{元}$$

如果用另外一个决策，就可以得到另一个期望费用，由于决策不同，其状态转移概率也不同。例如，当机床的运行状态处于状态 2 时，采用立即转移到状态 0 的决策，而状态 3 时，则更换新机床，那么，其状态转移概率矩阵为

$$
\begin{array}{c} \text{状态}\quad 0\quad 1\quad 2\quad 3 \end{array}
$$

$$
P_{ij}=\begin{array}{c}0\\1\\2\\3\end{array}\begin{bmatrix}\frac{1}{8} & \frac{3}{4} & \frac{1}{16} & \frac{1}{16}\\ 0 & \frac{3}{4} & \frac{1}{8} & \frac{1}{8}\\ 0 & 1 & 0 & 0\\ 1 & 0 & 0 & 0\end{bmatrix}
$$

由式（8-26）得

$$\pi_0=\frac{4}{37},\quad \pi_1=\frac{26}{37},\quad \pi_2=\pi_3=\frac{7}{74}$$

按此决策执行时，其长期运行费用的期望值为

$$0\pi_0 + 1000\pi_1 + 3000\pi_2 + 6000\pi_3 = 1554.05\text{元}$$

这样，将不同决策的长期运行费用的期望值进行比较，就可以求出好的运行方案。以上这种办法实际上是穷举法寻优，如果状态和决策很多时，则计算的工作量大，其是无法完成的，因此，对于这种多阶段决策过程需要用动态规划法寻找其最优解。

1. 值迭代法

构成一个马尔可夫决策过程，需要以下五个基本要素。

（1）状态集：$s(0,1,2,3)$ 即（良好，较好，受损坏，坏）。

（2）措施集：$D=(0,1,2,3\ldots)$ 即（不修，小修，大修，不换，更换，…）。

（3）转移概率：$[P_{ij}]$。

（4）效益函数：$v=v(s_i,d_i,k_i)$。

（5）目标函数：一般用各阶段的总期望效益表示。

若已知一个系统起始状态的概率分布 $P\{x_0=i\}$ 和其措施集，则该过程按随机过程的规律在一系列决策的联合影响下随时间演变，这个过程构成一个随机的多阶段决策过程。

设 $V_j(n)$ 表示系统的起始状态为 j，经过 n 步转移后，使用最优策略时的期望效益或费用。$v_{ij}{}^k$ 为在第 i 状态使用决策 k 时的阶段效益；$P_{ij}{}^k$ 为在第 i 状态使用决策 k 时的转移概率。则第 n+1 阶段的总期望效益 $V_i(n+1)$ 为

$$V_j(n+1)=\sum_{j=1}^{N} P_{ij}^k\left[v_{ij}^k+V_j(n)\right] \tag{8-28}$$

需要寻求在状态 i 时，式（8-28）取最大值的决策，即

$$V_j(n+1)=\max\sum_{j=1}^{N} P_{ij}^k\left[v_{ij}^k+V_j(n)\right]$$

也即

$$V_j(n+1)=\max_k\left[a_{ij}^k+\sum_{j=1}^{N} P_{ij}^k V_j(n)\right] \tag{8-29}$$

式中，

$$a_{ij}^k k=\sum_{j=1}^{N} P_{ij}^k v_{ij}^k$$

表示在 i 状态时的即时期望收益。

利用式（8-29）就可以求出一个决策过程在每个阶段的每个状态应使用哪个

决策，同时也给出了决策过程在每个阶段的期望收益。

对于无限期的过程，或者是需要非常多次转移才能结束的过程，上述方法不是非常有效的，下面介绍一种解决这类问题的方法。

2. 策略迭代法

策略迭代法可用较少的迭代次数求出最优策略，它由两部分组成，即定值运算和策略改进程序。

（1）定值运算。对于一个马尔可夫过程，其极限概率 π_i 与初始状态无关，且系统长期运行的阶段效益为

$$g = \sum_{i=1}^{N} \pi_i q_i \tag{8-30}$$

式中，

$$q_i = \sum_{j=1}^{N} P_{ij} v_{ij}$$

表示状态 i 做一次转移的即时期望效益。

假定系统为在给定策略下的马尔可夫过程。当过程进行 n 次转移后，定义 $V_j(n)$ 为得到的总期望效益，则

$$V_j(n) = q_i + \sum_{j=1}^{N} P_{ij} V_j(n-1) \tag{8-31}$$

当 n 增加到足够大时，$V_j(n)$接近 ng，并可用下面线性近似式表示：

$$V_j(n) \approx ng + v_j \tag{8-32}$$

将式（8-31）代入式（8-32）得

$$ng + v_j \approx q_i + \sum_{j=1}^{N} P_{ij}[(n-1)g + v_j]$$

则

$$ng + v_j = q_i + (n-1)g\sum_{j=1}^{N} P_{ij} + \sum_{j=1}^{N} P_{ij} v_j$$

由于

$$\sum_{j=1}^{N} P_{ij} = 1$$

此方程可化简为

$$g + v_j = q_i + \sum_{j=1}^{N} P_{ij} v_j,\ \ i = 1,2,\cdots,N \tag{8-33}$$

这样就得到了一组包括v_i、g、转移概率P_{ij}及即时期望效益q_i的N个线性联立方程式，未知量有N个v_i和g，共有N+1 个未知量。如果令某一个v_i等于 0，则未知量就只有（N–1）个，于是可以解出g和N–1 个v_i。

（2）策略改进程序。由值迭代法可知，在$n-1$阶段对状态i的所有决策取极大化可以确定在状态i的最优决策，即

$$q_i^k + \sum_{j=1}^{N} P_{ij}^k V_j(n) \text{极大化}$$

对于很大的n，上式有下面的形式：

$$q_i^k + \sum_{j=1}^{N} P_{ij}^k \left(ng + v_j\right)$$

又

$$\sum_{j=1}^{N} P_{ij}^k = 1$$

则得

$$ng + q_i^k + \sum_{j=1}^{N} P_{ij}^k v_j$$

由此式可以看出，ng是与决策k无关的任意常数，因此决定状态i的决策时，对状态i的所有决策取极大化即可，可不考虑上式中的ng项，即

$$\max_k \left(q_i^k + \sum_{j=1}^{N} P_{ij}^k v_j \right) \tag{8-34}$$

式（8-34）被称为对每个状态取极大化时的检验数。

对于每一种状态$i(i=1,2,\cdots,N)$，利用由预先设定的某一策略，将由式（8-33）求解得出的设定策略的g与v_i代入式（8-34），求出使其极大化的决策k'，k'即成为状态i的新决策，其用${q_i}^{k'}$代替${q_i}^{k}$，用${q_{ij}}^{k'}$代替${q_{ij}}^{k}$。这样连续迭代，直到两次迭代的最优效益相同或者两者差小于某一个给定的值为止。

3. 具有贴现的马尔可夫决策过程

前面讨论的马尔可夫决策过程中，计算收益或费用时都把货币的值看成是一定的，没有考虑货币随时间的变化因素，即货币随时间的增值，下面我们讨论把将来的收益或费用换算成现值的马尔可夫决策过程。

（1）值迭代法。

其基本方程为

$$V_j(n+1)=\max\left[q_i^k+\beta\sum_{j=1}^{k}P_{ij}^kV_j(n)\right] \tag{8-35}$$

式中，$0\leqslant\beta\leqslant1$。

β 为一个时段末得到一个单位收入对应的该时段初的价值。式（8-35）的计算过程与前述值迭代法的计算过程完全一样。

（2）有贴现的策略迭代法。

首先做定值运算，将初步设定的策略的参数 P_{ij}、q_i 及 β 代入下式：

$$v_i=q_i+\beta\sum_{j=1}^{N}P_{ij}^kv_j \tag{8-36}$$

求出所有的现值 v_i，然后用 v_i 求出满足式

$$\max\left[q_i^k+\beta\sum_{j=1}^{N}P_{ij}^kv_j\right] \tag{8-37}$$

的决策 k'，k' 就是状态 i 时比较好的新决策。再用次决策做定值运算，求出 v_i，再用策略改进程序寻找更好的决策，这样反复迭代即可求出最优策略。

例 8-4 一个用作发电和防洪的多目标水库，水库最大库容为 3 单位，每月的入流量为 0、1、2、3 单位，由实际统计资料得到其概率分布如表 8-7 所示。

表 8-7 每月的入流量及其概率分布

入流量	概率	入流量	概率	入流量	概率	入流量	概率
0	1/6	1	1/3	2	1/3	3	1/6

其运用情况：发电需水量为 1 单位，电厂泄出的水可用于灌溉，两项可得收益 20 万元，若有更多的水仍可用于灌溉，每单位水量还可得 10 万元收益，若水库月初蓄水量少于 1 单位，则需要从外电网输入电能，其费用为 30 万元，若放水超过 3 单位则为弃水，从而无损失和收益。根据以上条件，试决定此水库的最优运行策略，贴现率为 0.9。

解：本问题的状态及措施集如下。

（1）状态，取水库的蓄水量作为状态变量，将其分为 4 个离散化的状态，$S=$（0，1，2，3）。

（2）措施集，将放水量作为决策，根据每次放水量的不同组成可行性措施集合。

措施（D）	0	1	2	3
	不放水	放水	放水	放水
决策（k）	输入电能	1 单位	2 单位	3 单位

基本数据汇总如表 8-8 所示。

表 8-8　基本数据汇总表

状态	措施集	决策 k	转移概率				效益				即时期望效益 q_i
			P_{i0}^k	P_{i1}^k	P_{i2}^k	P_{i3}^k	v_{i0}^k	v_{i1}^k	v_{i2}^k	v_{i3}^k	
0	0	0	1/6	1/3	1/3	1/6	–3	–3	–3	–3	–3
	1	1		不存在							
	2	2		不存在							
	3	3		不存在							
1	0	0		不存在							
	1	1	1/6	1/3	1/3	1/6	2	2	2	2	2
	2	2		不存在							
	3	3		不存在							
2	0	0		不存在							
	1	1	0	1/6	1/3	1/2	2	2	2	2	2
	2	2	1/6	1/3	1/3	1/6	3	3	3	3	3
	3	3		不存在							
3	0	0		不存在							
	1	1	0	0	1/6	5/6	2	2	2	2	2
	2	2	0	1/6	1/3	1/2	3	3	3	3	3
	3	3	1/6	1/3	1/3	1/6	4	4	4	4	4

首先任意选定一个运行策略，然后用有贴现的马尔可夫过程中所给出的策略迭代公式求解。

设初步选定的策略为 $d=(0,1,2,2)$。

进行定值计算，由

$$v_i = q_i + \beta\sum_{j=0}^{3} P_{ij} v_j \text{，取 } \beta = 0.9$$

列出线性方程组：

$$\begin{cases} v_0 = -3 + 0.9\left(\dfrac{1}{6}v_0 + \dfrac{1}{3}v_1 + \dfrac{1}{3}v_2 + \dfrac{1}{6}v_3\right) \\ v_1 = 2 + 0.9\left(\dfrac{1}{6}v_0 + \dfrac{1}{3}v_1 + \dfrac{1}{3}v_2 + \dfrac{1}{6}v_3\right) \\ v_2 = 3 + 0.9\left(\dfrac{1}{6}v_0 + \dfrac{1}{3}v_1 + \dfrac{1}{3}v_2 + \dfrac{1}{6}v_3\right) \\ v_3 = 3 + 0.9\left(0 + \dfrac{1}{6}v_1 + \dfrac{1}{3}v_2 + \dfrac{1}{2}v_3\right) \end{cases}$$

解此联立方程得

$$v_3 = 21.749 \text{，} v_2 = 20.249 \text{，} v_1 = 19.249 \text{，} v_0 = 14.249$$

策略改进程序，见表8-9。

表 8-9　策略改进程序一

状态 i	决策 k	值检验数 $\left(q_i^k + \beta\sum_{j=0}^{3} P_i^k v_j\right)$，$i = 0,1,2,3$	
0	0	$-3 + 0.9(1/6\times14.249 + 1/3\times19.249 + 1/3\times20.249 + 1/6\times21.749) = 14.249 \leftarrow$	
1	1	$2 + 0.9(1/6\times14.249 + 1/3\times19.249 + 1/3\times20.249 + 1/6\times21.749) = 19.249 \leftarrow$	
2	1	$2 + 0.9\left(0 + 1/6\times19.249 + 1/3\times20.249 + 1/2\times21.749\right) = 20.749 \leftarrow$	
	2	$3 + 0.9(1/6\times14.249 + 1/3\times19.249 + 1/3\times20.249 + 1/6\times21.749) = 20.249$	
3	1	21.349	
	2	21.749 ←	同上运算
	3	21.249	

经过第二次迭代后，得出的比较好的策略仍为 d=（0,1,1,2），这个策略就是最优策略。

用新选出的策略 d=（0,1,1,2）相应的数据继续进行迭代计算。

列出线性方程组并联立求解得

$$v_0 = 9.148 \text{，} v_1 = 14.148 \text{，} v_2 = 13.337 \text{，} v_3 = 16.648$$

然后进行策略改进程序，见表8-10。

表 8-10　策略改进程序二

状态 i	决策 k	值检验数 $\left(q_i^k + \beta\sum_{j=0}^{3} P_i^k v_j\right), i = 0,1,2,3$	
0	0	$-3 + 0.9(1/6\times9.148 + 1/3\times14.148 + 1/3\times13.447 + 1/6\times16.648) = 9.148 \leftarrow$	
1	1	$2 + 0.9(1/6\times9.148 + 1/3\times14.148 + 1/3\times13.447 + 1/6\times16.648) = 14.148 \leftarrow$	
2	1	$2 + 0.9\left(0 + 1/6\times14.148 + 1/3\times13.447 + 1/2\times16.648\right) = 15.648 \leftarrow$	
	2	$3 + 0.9(1/6v_0 + 1/3v_1 + 1/3v_2 + 1/6v_3) = 15.148$	
3	1	10.878	
	2	16.684 ←	同上运算
	3	16.148	

得到策略为 d=(0,1,1,2)，与上一步计算结果相同，所以此策略就是最优策略。

习 题

1. 已知一步平稳转移概率（表 8-11）。

表 8-11 一步平稳转移概率

状态	0	1	2
0	0.5	0.5	0
1	0	0.5	0.5
2	0.5	0	0.5

（1）计算三步平稳转移概率。

（2）如果 $p(x_0=0)=p(x_0=1)=0,\ p(x_0=2)=1$，则三步后处于状态 1 的概率是多少？

2. 某地建一水库，最大库容为 4 单位，每周入流量的状态和概率如表 8-12 所示。

表 8-12 水库的入流量及其概率分布

入流量	概率	入流量	概率	入流量	概率	入流量	概率
2	0.3	3	0.4	4	0.2	5	0.1

每周灌溉需要 2 单位，为保证下游水质，每周最少需水 1 单位，故每周放水量为 3 单位。若该水库的蓄水量和净入流量小于 3 单位，则所缺水量应从灌溉部分减去。水库最低蓄水量为 1 单位，当水库达到最高水位时，多余的水将从溢洪道排走。

（1）试确定其一步平稳转移概率。

（2）若灌溉效益为 10 万元，减少 1 单位供水量，损失 6 万元，保证 1 单位水时，改善水质的收益为 15 万元，多供 1 单位水，进一步改善水质后再增加 5 万元，再多放水就无效，试推求最优决策。

第九章　水资源系统的智能优化

第一节　概　　述

智能优化算法是指通过计算机软件编程，模拟自然界生物的长期演化过程（如繁衍、个体变异、自然选择、适应等行为），从而实现对复杂优化问题求解的一大类算法的统称（李士勇，2012）。与传统的优化算法相比，智能优化算法由于采用启发式的概率搜索，具有仿生行为特征，适用于多种问题求解，且往往能获得全局最优解或准最优解。由于水资源系统模型存在高维性、复杂性、约束性、非线性、非凸性等特点，常规优化算法会陷入难以求解或者陷入局部优化解的尴尬局面，对比之下，智能优化算法已经在复杂的水资源系统规划中得到了广泛应用。

本章将从实际应用角度介绍遗传算法、第二代非支配排序遗传算法、模拟退火算法和粒子群优化算法四种智能优化算法。各算法的数学基础理论可通过查阅相关文献获得。

第二节　遗 传 算 法

一、遗传算法的发展与基本概念

1962 年，美国密歇根大学的 J. 霍兰（J. Holland）教授在 20 世纪 60～70 年代研究适应系统时做了开创性工作，尤其在 1975 年出版的《自然系统和人工系统的适应性》（*Adaption in Natural and Artificial Systems*）中系统而全面地介绍了遗传算法。20 世纪 80 年代以来，遗传算法进入蓬勃发展期，由于该算法在工程领域的广泛应用和本身具有的适用性，一直吸引广大学者对其理论进行深入研究。

遗传算法是一种模拟达尔文遗传选择和自然淘汰的优化技术，它将优化问题的求解表示成染色体（即为解的编码）的适者生存过程，通过染色体的适应值来评价染色体的好坏，适应值大的染色体被选择的概率高；适应值小的染色体被选择的可能小。被选择的染色体通过交叉、变异等操作不断迭代进化，最终收敛到最适应环境（即适应值最大）的染色体，从而求得问题的最优解或准最优解（王凌，2001；苑希民等，2002）。遗传算法早期的基础理论主要是 J. Holland 教授的模式（Schema）定理、隐含并行性原理以及建筑块假设（building block hypothesis），但由于 Schema 定理无法解释遗传算法实际操作中的许多现象，隐含并行性的论证也存在严重的漏洞，而建筑块假设无有效证明性，因而遗传算法本身的理论还在进一步发展中，其基础理论的研究目前还主要集中在 Schema 理论的拓展与深入、遗传算法的马氏链分析及其收敛理论等方面（李敏强等，2002；张文修和梁怡，2003）。

从实际应用角度看，遗传算法与传统的优化算法相比，遗传算法具有以下几个方面特点：①对可行解表示的广泛性，遗传算法的处理对象不是参数本身，而是针对那些通过参数集进行编码得到的基因个体（染色体或解的编码中每一个分量的特征），因此在每个变量的可行域内随机取值，具有广泛的应用领域；②遗传算法搜索只利用目标函数值（可表达为染色体的适应值）进行搜索，不需要传统优化算法中的连续可微（求梯度）或其他辅助信息来确定搜索方向要求；③群体搜索特性，遗传算法能够在种群中同时大规模地进化寻优，而不是单点搜索，具有较好的全局搜索性能，降低了陷入局部最优解的可能性，也使得遗传算法易于并行化；④内在启发式随机搜索特性。遗传算法不是按某个确定性的规则而是采用概率的变迁规则来引导搜索方向，实则上是按照误差梯度下降的方向搜索寻优，具有内在的并行搜索机制等。但正如前文所述，遗传算法本身的基础理论还在发展中，还存在参数编码不规范及编码表示的不准确性的问题，单一的遗传算法编码不能全面地将优化问题的约束表示出来，容易出现过早收敛，计算效率较低以及算法的精度、可信度、计算复杂性量化等方面的问题。

二、基本遗传算法的应用步骤与算法结构

1. 基本遗传算法的应用步骤

基本遗传算法（也称为标准遗传算法或简单遗传算法）的步骤如下。

（1）编码。解的数据在遗传算法中的表现形式。目前几种常用的编码技术有二进制编码、浮点数编码、字符编码、编程编码等。由于浮点数编码能够直接给定变量的取值范围，不需要转换，因此常在求解实际问题中广泛应用。

（2）初始种群 $P(0)$生成。该种群应该是优化问题可行域空间的一个解集集合，即由 N 个不同的个体（染色体）构成。

（3）个体评价（适应度计算）。利用适应度函数说明个体的优劣性。

（4）终止条件判断。若满足算法的收敛准则或终止条件，则输出搜索结果，否则执行以下步骤。

（5）选择（又称为复制）运算。根据适应度大小按照一定方式复制。通常采用比例复制，即复制概率正比于个体的适应度，适应度高（优质）的个体在下一

代中复制自身的概率较大，而适应度低（劣质）的个体复制自身的概率较小，从而提高种群的平均适应度。选择运算体现了达尔文进化论中的适者生存原则。

（6）交叉（或称杂交）运算。尽管复制过程能提高平均适应度，但不能产生新的个体，模仿生物中杂交产生新品种的方法，将群体内的个体随机搭配成对，以某个概率（称为交叉概率）对染色体的某些部分进行交叉换位。

（7）变异（或称突变）运算。模仿生物基因突变的方法，在种群中随机选择一个个体，以变异概率选中染色体上的某些基因并将其改变，从而获得新的个体（为产生新的解提供了机会），有助于增加种群的多样性，避免过早收敛。

（8）经过选择运算、交叉运算和变异运算得到由 N 个新个体组成的新群体 $P(t)$，并返回步骤（3）。

基本遗传算法的流程图如图 9-1 所示。

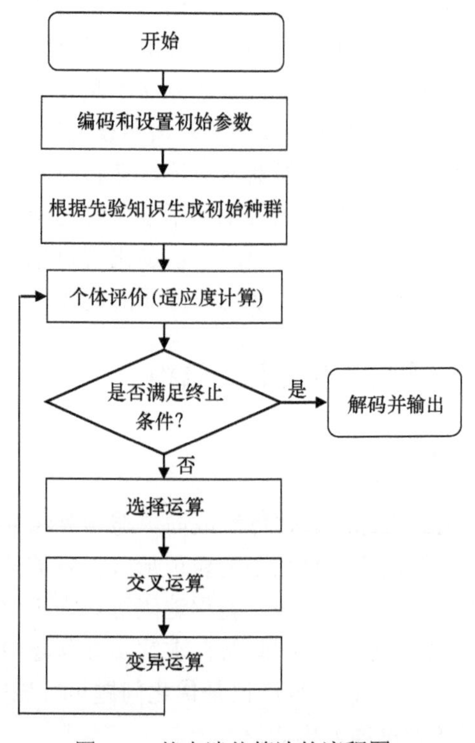

图 9-1　基本遗传算法的流程图

2. 水资源优化配置模型算例

例 9-1　如图 9-2 所示为某水资源系统的示意图，该系统主要由两个用水区（即图中的节点 3 和节点 6）、一个上游水库（节点 1）和水源地（节点 5）组成。90% 频率下节点 1 的入库流量和节点 5 的来水量以及节点 1、节点 5 至节点 8 的区间来水量分别列于表 9-1 中第（2）、第（3）、第（4）列。节点 3 和节点 6 的需水量也分别列于表 9-1 中的第（5）、第（6）列。节点 2、节点 5 取水后河道内要求的最小生态环境流量分别为 3 m^3/s（$R_{2,t}$）、5m^3/s（$R_{5,t}$），控制节点 8 处河道内最小生态环境流量是 10 m^3/s （$R_{8,t}$）。水库 1 的有效库容为 30m^3/（s·月）。为简化计算，不考虑水库的蓄水量限制（即水位限制）和下泄流量限制，也不考虑各用水区域供水工程的供水能力限制，但在实际的水资源系统规划中需要考虑。节点 3 和节点 6 各自的单位供水量的综合净效益系数分别为 $b_{i=3,t}=417元/m^3$ 和 $b_{i=6,t}=769元/m^3$，而它们的耗水系数（综合用水回归水系数）分别为 $\alpha_{i=3,t}=0.4$ 和 $\alpha_{i=6,t}=0.5$。

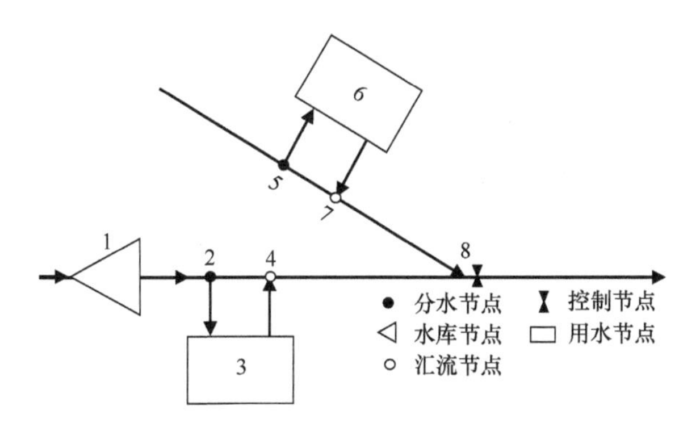

图 9-2　水资源系统的示意图（梅亚东等，2017）

表 9-1　90%频率下来水过程及各用水区的需水过程的相关数量［单位：m^3/（s·月）］

月份（t）（1）	节点 1 来水量/入库流量（2）	节点 5 来水量（3）	节点 1、节点 5 至节点 8 的区间来水量（4）	节点 3 需水量（5）	节点 6 需水量（6）
5	35	21	25	15	9
6	39	28	37	19	11
7	45	37	46	21	13
8	36	25	54	23	15
9	23	18	35	20	12
10	16	15	17	17	11
11	14	12	10	16	10
12	9	10	9	12	9
1	8	9	8	10	8
2	5	12	12	10	8
3	18	13	17	12	8
4	20	15	19	15	9
合计	268	215	289	190	123

解：（1）优化目标（两个用水区的总供水净效益最大）。

$$F=\sum_{t=1}^{12}\sum_{i=3,6} b_{i,t}x_{i,t}=417x_{3,t}+769x_{6,t} \tag{9-1}$$

式中，$x_{i,t}(i=3,6)$分别是节点3、节点6处两个用水区的供水量。

（2）约束条件。

节点1为水库调蓄点，对应水量平衡方程与库容限制约束如下：

$$V_{1,t+1}=V_{1,t}+q_{1,t+1}-Q_{1,t}-L_{1,t} \tag{9-2}$$

$$V_{1,t+1}\leqslant 50 \tag{9-3}$$

式中，$V_{1,t+1}$和$V_{1,t}$分别为水库第t时段初、末的蓄水量，$V_{1,t}$已知；$q_{1,t+1}$为第t时段水库的入库流量，其已知；$Q_{1,t}$为水库通过河道的下泄流量；$L_{1,t}$为水库蒸发和渗漏的损失量［按0.1 m^3/（s·月）计］。

节点2和节点5均为取水口，对应水量平衡方程如下：

$$R_{2,t}=Q_{1,t}-x_{3,t} \tag{9-4}$$

$$R_{5,t}=q_{5,t}-x_{6,t} \tag{9-5}$$

式（9-4）和式（9-5）中的$R_{2,t}$和$R_{5,t}$分别为节点2和节点5取水后的河道内流量。

节点4和节点7分别表示节点3和节点6用水后的退水进入河道，对应的水量平衡方程如下：

$$R_{4,t}=Q_{1,t}-\alpha_3 x_{3,t} \tag{9-6}$$

$$R_{7,t}=q_{5,t}-\alpha_6 x_{6,t} \tag{9-7}$$

控制节点8的水量平衡方程：

$$R_{8,t}=R_{4,t}+R_{t,t=7}+qL_{t,8} \tag{9-8}$$

供水量不大于需水量：

$$x_{3,t}\leqslant D_{3,t},\ x_{6,t}\leqslant D_{3,t} \tag{9-9}$$

非负约束：

$$x_{3,t}\geqslant 0,\ x_{6,t}\geqslant 0 \tag{9-10}$$

若将节点2、节点5和节点8处各自的最小生态环境流量作为最优先考虑的条件，则各处的水量平衡方程［式（9-4）、式（9-5）和式（9-8）］的$R_{2,t}$、$R_{5,t}$、$R_{8,t}$分别大于3 m^3/s、5 m^3/s、10 m^3/s。

3. 遗传算子的算法结构与程序

遗传算法中遗传算子，包括选择算子、交叉算子和变异算子，其介绍如下。

（1）选择算子。选择算子主要目的是避免有用遗传信息的丢失，提高全局收敛性和计算效率。目前常用的选择算子有：轮盘赌选择（roulette wheel selection）、随机竞争选择（stochastic tournament selection）、最优保持策略选择（elitist selection）、期望值选择（expected value selection）、排挤选择（crowing selection）等。下面以轮盘赌选择为例进行详细说明。

轮盘赌选择是一种回放式随机采样方法。所有选择是从当前种群中根据个体的适应度并按照某种准则（比例选择，proportional selection）挑选出好的个体进入下一代种群，每个个体进入下一代的概率等于它的适应度与整个种群中个体的适应度和的比例，适应度越高，被选中的可能性就越大，进入下一代的概率就越大。因为每个个体就像圆盘中的一个扇形部分，扇面的角度和个体的适应度成正比，随机拨动圆盘，当圆盘停止转动时指针所在扇面对应的个体被选中，所以为轮盘赌式，其 MATLAB 程序可编写如下。

```
function  individuals=selection （individuals，sizepop）  %选择算子函数
%input 参数：individuals-种群；sizepop-种群规模
%output 量：newindividuals-经过选择算子后的新的种群

%第一步：求种群中各个个体的适应度值
select_fitness=individuals.fitness；

%第二步：个体选择概率
sumfit=sum（select_fitness）；%求适应值之和
prob_individual_select=select_fitness./sumfit；%单个个体被选择的概率
sum_prob_individual_select=cumsum（prob_individual_select）；%累积概率
ms=sort（rand（sizepop，1））；%从小到大排序，将“rand（sizepop，1）”产生的一列随机数变成轮盘赌形式

%第三步：采用轮盘赌法选择新个体
index=1；
newindex=1；
while newindex<sizepop
    if （ms（newindex））<sum_prob_individual_select（index）
        individuals.chrom（newindex，:）=individuals.chrom（index，:）；
        individuals.fitness（newindex）=individuals.fitness（index）；
        newindex=newindex+1；

    else
        index=index+1；
    end
end
```

（2）交叉算子。交叉算子是模仿生物的自然进化过程中，两个同源染色体通过交配而重组形成新的染色体，从而产生新的个体。将种群中的两个个体以一定的概率随机地在某些基因位进行交换，从而产生下一代新的个体，是遗传算法收敛性的核心。交叉算子有单点交叉、两点交叉、均匀交叉、多点交叉、算术交叉等多种形式，以算术交叉为例编写 MATLAB 程序如下。

```
function newchrome=crossover（cr，lenchrom，chrom，sizepop）  %交叉算子函数
% input 参数：cr-交叉概率；lenchrom-染色体长度；chrom-染色体群；sizepop-种群规模
%output 量：newchrome-新染色体群
for i=1：sizepop
    %随机选择染色体进行交叉
    pickrate=rand（1，2）；
    while prod（pickrate）==0
        pickrate=rand（1，2）；
    end
    index=ceil（pickrate.*sizepop）；%得到两个序号

    %交叉计算的概率判断
    pick=rand；
    while pick==0
        pick=rand；
    end；
    if pick>cr
        continue；
    end；
    %pick<=cr 时则有以下交叉计算操作
    flag_co=0；
     crosslocation=ceil（rand.*sum（lenchrom））；%随机选择交叉位置
    while flag_co==0
         v0=chrom（index（1），crosslocation）；
         v1=chrom（index（2），crosslocation）；
         pb=rand；
         chrom（index（1），crosslocation）=pb*v1+（1-pb）*v0；
         chrom（index（2），crosslocation）=pb*v0+（1-pb）*v1；%算术交叉计算

         %检验染色体的可行性
```

```
            flag_co_test1=test（chrom（index（1），：））；
            flag_co_test2=test（chrom（index（2），：））；
            if flag_co_test1*flag_co_test2==0  %只要有一个不可行，则重新交叉
                flag_co=0；
            else
                flag_co=1；
            end；
    end
end
newchrome=chrom；
```

（3）变异算子。变异是以较小的概率对个体编码串上的某个或某些位置进行改变，进而形成新的个体。变异算子本身是一种随机算法，但与选择算子和交叉算子结合后，能够避免由选择和交叉运算造成的信息丢失，从而保证遗传算法的有效性。交叉算子决定了遗传算法的全局搜索能力，变异算子虽然只是产生新个体的辅助方法，但它是必不可少的步骤，这是因为它决定了遗传算法的局部搜索能力，交叉算子与变异算子通过相互配合共同完成对搜索空间的全局和局部搜索。变异算子主要有基本位变异、均匀变异、边界变异、高斯变异和非均匀变异等（雷英杰等，2014）。以非均匀变异算子为例给出 MATLAB 程序。

```
function newchrome=mutation（mr，lenchrom，chrom，sizepop，num，maxgen）
%变异算子函数
% input 参数：mr-变异概率；lenchrom-染色体长度；chrom-染色体群；sizepop-种群规模；num-当前迭代次数；maxgen-最大的迭代次数
%output 量：newchrome-新染色体
for i=1：sizepop
    %随机选择染色体进行变异
    pickrate=rand；
    index=ceil（pickrate*sizepop）；%得到一个序号即变异位置

    %变异计算的概率判断
    pick=rand；
    if pick>mr
        continue；
    end；
    %pick<=mr 时则有以下变异计算操作
```

```
    flag_mu=0；
     mutationlocation=ceil（rand*sum（lenchrom））；%随机选择变异位置
    while flag_mu==0
            %开始变异
            pb=rand；
            vv=（rand*（1-num/maxgen））^2；
            if pb>0.5

chrom（i，mutationlocation）=chrom（i，mutationlocation）-（chrom（i，
mutationlocation））*vv/length（lenchrom）；
            end；
            %检验染色体的可行性
            flag_mu=test（chrom（i，:））；%可行为1；不可行为0，则需重新变
异；
    end
end
newchrome=chrom；
```

（4）检测染色体是否是可行解。在优先满足式（9-2）～式（9-10）的约束条件以及河道内的生态环境需求的条件下，可以进行编写以下MATLAB程序。

```
function flag=test（chrom）
% input 参数：chrom-染色体群或编码值，
% parameters1-约束条件中的参数集，为全局变量 （用表8-1赋值）
% parameters2-约束条件中的参数集，为全局变量
%output 量：判断值1或0；
global parameters1 parameters2
x=chrom；%浮点数编码或真值编码；若为其他编码法还需解码
flag=1；
for i=1：12 %length（chrom），x1到x12为节点3在12月内的供水量，x13到
x24为节点6在12给月的供水量
    Q0=parameters2（1）*x（i）+parameters2（2）*x（i+12）+parameters2（5）
-parameters1（i，2）-parameters1（i，3）；
    if Q0<parameters2（7）+x（i）              %满足节点2河道内要求的最小
生态环境流量
        Q0=parameters2（7）+x（i）；
    end
    if i==1
```

```
        V（1）=0.0+parameters1（1，1）-parameters2（9）；%五月份起调水位为死水位，有效库容为0.0 并减去损失量；
    end
    if i>=2
        V（i）=V（i-1）+parameters1（i，1）-parameters2（9）；
    end
    if Q0>0
        if Q0>V（i）    %需要水库放水量超过水库的需水量
            flag=0；
        else
            V（i）=V（i）-Q0；
            if V（i）>parameters2（8）
                V（i）=parameters2（8）；
            end
            flag=1；
        end
    else
        if V（i）<=parameters2（8）
            V（i）=V（i）；
        else
            V（i）=parameters2（8）；
        end
        flag=1；
    end
end
```

（5）模型的适应度函数。根据模型的目标函数［式（9-1）］设定其MATLAB程序如下。

```
function fitnessvalue=fitness（chrom）
% input参数：chrom-染色体群或编码值，
% output量：适应度函数值；
% parameters2-约束条件中的参数集，为全局变量
global parameters2
x=chrom；%浮点数编码或真值编码；若为其他编码法还需解码
watersupply_benefit=0；
for i=1：12
    watersupply_benefit=watersupply_benefit+parameters2（3）*x（i）+parameters2
```

```
(4) *x (i+12);
end;
fitnessvalue=watersupply_benefit*30.4*24*3600/100000000; %将单位换算为亿元，30.4为每个月平均时间长度，不考虑不同月份天数不同
```

（6）基本遗传算法的主程序。在完成了选择算子、交叉算子和变异算子以及适应度函数后，根据图 8-1 给出的基本遗传算法的流程图进行主程序设计，其 MATLAB 程序如下。

```
%%主程序，GA
%%清空命令窗口，清空工作空间所有变量、函数等，关闭所有的Figure窗口
clc, clear all, close all
%定义全局变量；%parameters1-约束条件中的参数集，为全局变量（用表8-1赋值）；%parameters2-约束条件中的参数集，为全局变量
global parameters1 parameters2
%模型参数赋值
parameters1=[35, 21, 25, 15, 9; 39, 28, 37, 19, 11; 45, 37, 46, 21, 13; 36, 25, 54, 23, 15; 23, 18, 35, 20, 12; 16, 15, 17, 17, 11; 14, 12, 10, 16, 10; ...
9, 10, 9, 12, 9; 8, 9, 8, 10, 8; 5, 12, 12, 10, 8; 18, 13, 17, 12, 8; 20, 15, 19, 15, 9]; %来需水情况，或用load('路径\文件.xls')或xlsread('路径\文件.xls');
parameters2=[0.4, 0.5, 417, 769, 10, 5, 3, 30, 0.1];
%遗传算法参数赋值
maxgen=200; %进化迭代次数
sizepop=100; %种群规模
cr=0.8; %交叉概率，取值在0.0-1.0之间
mr=0.3; %变异概率，取值在0.0-1.0之间
lenchrom=ones(1, 24); %变量初始值：因为有两个取水区，每个区一年内有12个月，所以变量为12+12=24个
individuals=struct('fitness', zeros(1, sizepop), 'chrom', []); %结构化种群信息
bestfitness=[]; %每代中最佳适应值（目标函数表示）
bestchrom=[]; %每代中最佳适应值对应的染色体即解
months={'May', 'Jun', 'Jul', 'Aug', 'Sep', 'Oct', 'Nov', 'Dec', 'Jan', 'Feb', 'Mar', 'Apr'};
```

```
%种群初始化
for i=1：sizepop
    chrom00=[]；
    flag=0；
    while flag==0
        for j=1：12
          chrom00（j）=randi（parameters1（j，4））；
          aa=min（parameters1（j，5），parameters1（j，2）-parameters2（6））；
          chrom00（j+12）=randi（aa）；
        end
        flag=test（chrom00）；%生成一个可行解，采用实数编码
    end；
    individuals.chrom（i，:）=chrom00；
    individuals.fitness（i）=fitness（chrom00）；%染色体的适应度值
end
     %找到最好的染色体
    [bestfitness，bestindex]=max（individuals.fitness）；%例子为最大化目标
    bestchrom=individuals.chrom（bestindex，:）；
    bestvariable=[bestfitness]；%记录每一代中最好的适应度值

    %进化开始
    for i=1：maxgen
        disp（['当前迭代的次数：'，num2str（i），'最大迭代次数：'，num2str
（maxgen）]）；
        %选择算子
        individuals=selection（individuals，sizepop）；
        %交叉算子          individuals.chrom=crossover（cr，lenchrom，
individuals.chrom，sizepop）；
        %变异算子          individuals.chrom=mutation（mr，lenchrom，
individuals.chrom，sizepop，i，maxgen）；
        %计算适应度值
        for j=1：sizepop
            chrom00=individuals.chrom（j，:）；
             individuals.fitness（j）=fitness（chrom00）；
        end
        %寻找最大和最下适应度的染色体及其在种群中位置
         [newbestfitness，newbestindex]=max（individuals.fitness）；% 例子为
         最大化为最优
         [newworststfitness，newworstindex]=min（individuals.fitness）；%例子
         为最小为最差
```

```
        %替代与上一次进化中最好的染色体，如果它更好的话
        if bestfitness<newbestfitness
            bestfitness=newbestfitness；
            bestchrom=individuals.chrom（newbestindex，：）；
        end
         if newworststfitness<bestfitness
            individuals.chrom（newworstindex，：）=bestchrom；
            individuals.fitness（newworstindex）=bestfitness；
         end

        bestvariable=[bestvariable；bestfitness]；
    end
    %输出结果
    watersupply=bestchrom；%最优值
    figure （'color'，[1，1，1]）；
    x=1：1：12；
    plot（x，watersupply（1：12），'k--'，x，watersupply（13：24），'b：'，'linewidth'，
2）；%节点3和节点6的供水量
    hold on；
    plot（x，parameters1（：，4），'k-'，x，parameters1（：，5），'b-'，'linewidth'，
2）；%节点3和节点6的需水量
    xlabel（'月份'）；
    set（gca，'xtick'，x）；
    set（gca，'xticklabel'，months）；
    ylabel（['各月供、需水量（m{^3}/s·月）']）；
    title（['供需水分析']）；
    figure（'color'，[1，1，1]）；
    plot（1：length（bestvariable），bestvariable，'b.--'，'linewidth'，2，'Markersize'，
20）；
    xlabel（'进化代数'）；
    ylabel（'总供水效益 （亿元）'）；
    title（['适应度值' '终止代数=' num2str（maxgen）]）；
    legend（'每代最优适应度值'）；
```

水资源优化配置模型算例运行结果如图 9-3 和图 9-4 所示。

尽管基本遗传算法有许多优点，但存在“早熟”（即很快收敛到局部最优解而不是全局最优解）和在最优解附近左右摆动的现象，如本算例每次的优化结果亦会存在差异，实际上本节中水资源优化配置模型为线性模型，亦可以采用线性规

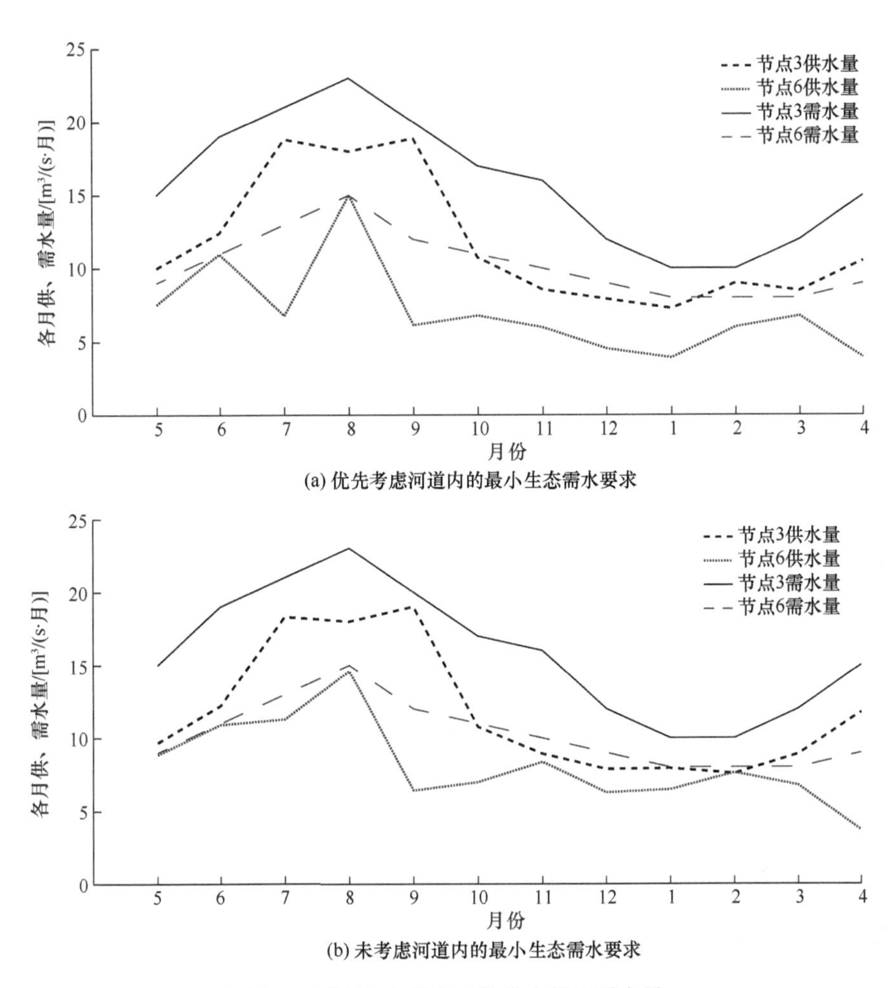

(a) 优先考虑河道内的最小生态需水要求

(b) 未考虑河道内的最小生态需水要求

图 9-3　节点 3 和节点 6 的供水量和需水量

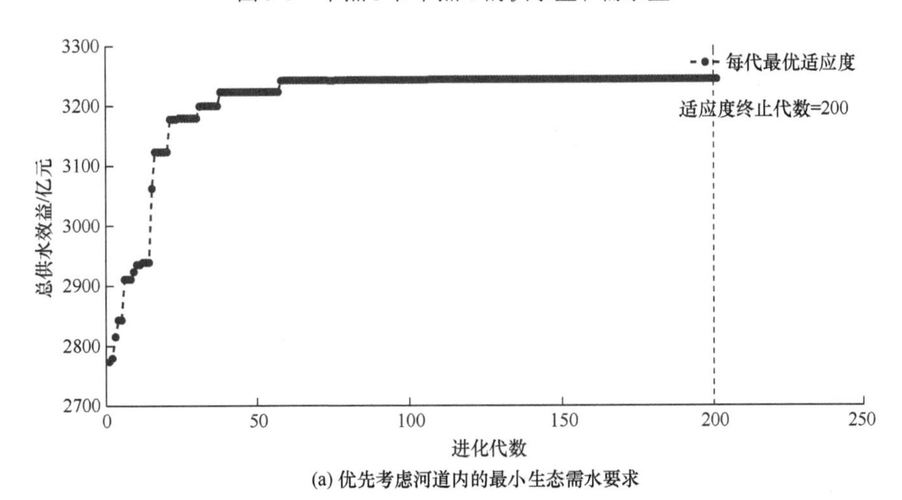

(a) 优先考虑河道内的最小生态需水要求

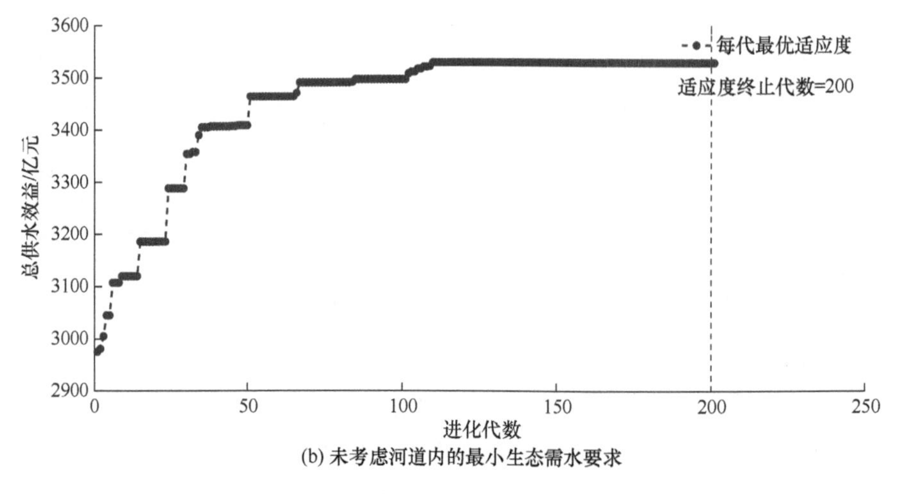

(b) 未考虑河道内的最小生态需水要求

图 9-4　目标函数随进化代数的变化

划中的方法进行对比分析，从而针对编码方案、适应度函数、遗传操作方式以及相关控制参数、停止准则以及遗传算法结构等方面有不同的改进遗传算法，如分层遗传算法（hierarchic genetic algorithm）、自适应遗传算法（adaptive genetic algorithm）、并行遗传算法（parallel genetic algorithm）以及不同优化算法的混合遗传算法（hybrid genetic algorithm）。

第三节　第二代非支配排序遗传算法（NSGA-Ⅱ算法）

水资源规划与管理往往需考虑多个目标同时优化，如优化经济效益的同时，还要兼顾生态环境和社会效益等目标，因此实际水资源系统优化配置是一个多目标优化的问题。

以 9.2 节水资源优化配置模型为例，本节除考虑经济目标[目标 1，见式(9-1)]，还考虑两个区域缺水总量最小［目标 2，见式（9-11)］和河道内生态环境缺水量最小［目标 3，见式（9-12)］。其中，目标 3 体现了河流生态环境效益。

$$F_2=\sum_{t=1}^{12}\sum_{i=3,6}\left(D_{t,i}-x_{t,i}\right) \tag{9-11}$$

$$F_3=\sum_{t=1}^{12}\sum_{i=2,5,9}\max\left\{0,RT_{t,i}-R_{t,i}\right\} \tag{9-12}$$

如果将式（9-1）和式（9-11）、式（9-12）同时作为优化对象，则属于多目标优化问题。对照水资源系统的示意图（图 9-2），则其约束条件为式（9-2）～式（9-10）。

由于多个目标之间常常存在冲突，如目标 3 中河道内生态环境缺水量越小，则给河道外的供水越少，则目标 2 缺水总量和目标 2 净效益就越小，因此各个目标之间往往需要折中。多目标优化问题往往没有绝对唯一的最优解，而是存在多个非劣解。

Schaffer 于 1985 年在对基本遗传算法进行扩充的基础上，提出了向量评价遗传算法（vector evaluated genetic algorithm，VEGA）（Schaffer，1985a，1985b），由于 VEGA 不能根据各个目标的属性进行折中和平衡，在选择算子中只考虑一个目标而忽视了其他的目标，所以产生的非支配解是局部的而非全局的。由 Srinivas 和 Deb（1994）根据 Goldberg（1989）的工作提出了非支配排序遗传算法（non-dominated sorting in genetic algorithm，NSGA），并在多个领域进行了应用（Weile et al.，1996；Mitra et al.，1998）。但 NSGA 存在没有最优个体（elitist）保留机制、共享参数难以确定和构造 Pareto 最优解集的时间复杂度高等方面的缺点，为了克服 NSGA 这些方面的不足（Deb et al.，2000；郑金华和邹娟，2017），Deb 等（2000）在 NSGA 的基础上提出了第二代非支配排序遗传算法（称为 NSGA-Ⅱ）。NSGA-Ⅱ的求解效率高，已成为常用的多目标智能优化算法（van Veldhuizen and Lamont，2000），并在水资源管理中得到了广泛的应用（Liu et al.，2014；Kim et al.，2006，2008；Reddy and Kumar，2006；Prasad and Park，2004；Reed and Minsker，2004；Kuo et al.，2003），因此，这里主要介绍如何采用 NSGA-Ⅱ求解多目标优化问题。

NSGA-Ⅱ是一种基于模拟自然基因和自然选择机制的寻优方法，按照优胜劣汰的法则，将适者生存与自然界的基因变异、繁衍等规律相结合，采用随机搜索的方法，以种群为单位，根据个体的适应度进行选择、交叉及变异等操作，达到优化目的。NSGA-Ⅱ首先利用合适的编码求得优化问题的可行解，每个可行解被认为是一条染色体，而染色体上的单元为基因，可以看作决策变量值（Mujumdar and Subbarao Vemula，2004）。

例 9-2　在水资源优化配置模型的算例中（例 9-1），决策变量 X 是节点 3 和节点 6 的 12 个月的供水量。利用 NSGA-Ⅱ进行求解。

根据约束条件［式（9-9）和式（9-10）］给出决策变量的取值范围；一旦 N 个染色体的初始值确定，每个个体根据多目标要求和支配与非支配要求对 N 个染色体进行排序，并进行编号（Panda，2010），最佳值编号为 1，其次为 2，以此类推（Vavrina，2008）。如果两个染色体的适应度函数值相等，NSGA-Ⅱ采用拥挤（crowding）距离度量个体间的紧密程度，以拥挤距离最大为原则扩大优化范围，以寻求全局最优解。在算法的进化选择中，父代选择根据适应度函数和 crowding 距离利用二元竞赛制选择（binary tournament selection）进行确定。通过交叉和变异过程生成子代，并循环迭代直到循环次数最大为止（Kang et al.，2009）。

优胜劣汰原则可大大提高搜索效率（Zitzler and Thiele，1998），NSGA-Ⅱ也在父代和子代中选定最优解，并将此解与目前的子代根据适应度函数值大小排序（Kang et al.，2009），得到最优的个体，保证了进化后的解不劣于进化前的解（Panda，2010）。NSGA-Ⅱ的相关材料与代码可查询 https://ww2.mathworks.cn/。

NSGA-Ⅱ求解水资源多目标优化配置模型算例（目标函数最大化和最小化在编程序时采用取负数的方法统一），其结果如图 9-5 所示。

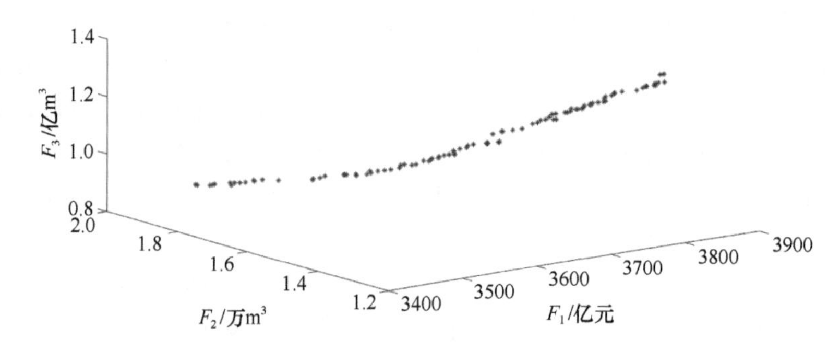

图 9-5　水资源优化配置模型供水净效益（F_1）最大、缺水总量（F_2）最小和河道内生态环境缺水量（F_3）最小

需要指出的是，除本节介绍的基于遗传算法的智能优化算法外，还有模拟退火算法（Kirkpatrick et al.，1983）、蚁群优化算法（Dorigo，1991）、粒子群优化算法（Kennedy and Eberhart，1995）、免疫算法（如克隆选择算法）（de Castro and von Zuben，2002）和声算法（Geem et al.，2002）等大量的智能优化算法，Eskandar 等（2012）甚至通过模仿自然界中的水循环过程，提出了水循环优化算法（water cycle algorithm，WCA）。大多数智能优化算法在水资源规划与调度中已有广泛应用，但不同水资源配置模型考虑的目标与约束存在差异，常需根据实际情况建立优化模型，并针对优化模型的特点选择适合的智能优化算法进行求解。

第四节　模拟退火算法

模拟退火（simulated annealing，SA）算法的思想是由 Metropolis 等（1953）提出的，Kirkpatrick 等（1983）将其用于组合优化问题。SA 算法是一种基于蒙特卡罗（Monte Carlo）迭代求解策略的一种随机寻优算法，其出发点是基于物理中固体物质的退火过程与一般组合优化问题之间的相似性。目前，其已经在水文模型参数率定、水库调度和水资源优化配置领域得到了广泛的应用。

一、物理退火过程与模拟退火模型

1. 物理退火过程

将固体高温加热至熔化状态，再徐徐冷却使之凝固成规整晶体的热力学过程称为物理退火（又称固体退火）。物理退火过程可以视为一个热力学系统，是热力学与统计物理的研究对象。简单而言，物理退火有以下三个过程：① 熔化过程。固体在加热过程中，随着温度的逐渐升高，固体粒子的热运动不断增强，能量提高，于是粒子偏离平衡位越来越远，当温度升至熔化温度后，固体熔化为液体，粒子排序从较有序的结晶态转变为无序的液态，这个过程称为熔化，其目的是消除系统内可能存在的非均匀状态，使随后进行的冷却过程以某一平衡态为起始点。熔化过程与系统的熵增过程相联系，系统能量随温度升高而增大。② 等温过程。对于与周围环境交换热量而温度不变的封闭系统，系统状态的自发变化总是朝自由能减少的方向进行，当自由能最小时，系统达到平衡态。③ 冷却过程。冷却时，随着温度逐渐降低，液体粒子的热运动逐渐减弱至有序进行。当温度降至结晶温度后，粒子运动变为围绕晶体格子的微小振动，由液态凝固成晶态，这一过程称为退火。为了使系统在每一温度下都达到平衡态，最终达到固体的基态，退火过程就必须缓慢进行，这样才能保证系统能量随温度降低而趋于最小值。

2. 最优化（模拟退火）与物理退火的相似性

一个最小值优化求解过程是利用局部搜索即从一个给定的初始解出发，随机生成新的解，如果这一代解的代价小于当前解的代价，则用它取代当前解，否则舍去这一新解。不断地随机生成新解重复上述步骤，直至求得最小优化值，与物理退火过程存在一定的相似性（表 9-2）。

表 9-2　模拟退火优化问题与物理退火过程的相似性

物理退火	模拟退火过程（优化）	物理退火	模拟退火过程（优化）
熔化过程	设定初温	能量最低状态	最优解
等温过程	Metropolis 抽样过程	能量	目标函数（代表函数、费用函数等）
物理系统中一个状态	最优化问题的一个解答	温度	控制参数
状态的能量	解答的代价	冷却	控制参数下降
粒子的迁移率	解答的接受率		

3. 模拟退火模型

固体在恒定温度下达到热平衡的过程可以用 Monte Carlo 方法加以模拟，虽然该方法简单，但必须大量采样才能得到比较精确的结果，因而计算量很大。鉴于物理系统倾向于能量较低的状态，而热运动又妨碍它准确地落到最低态，采样时着重取那些有重要贡献的状态则可较快达到较好的结果。因此，Metropolis 等（1953）根据统计力学原理提出了重要性采样法，用以描述在温度 T 下粒子从具有能量 $E(i)$的状态 i 进入具有能量 $E(j)$的状态 j 的原则。

若 $E(j) \leqslant E(i)$，则状态转换被接收；若 $E(j) > E(i)$，则状态转换以如下概率被接收：

$$P_T = \mathrm{e}^{\frac{E(i)-E(j)}{KT}} \tag{9-13}$$

式中，K 为玻尔兹曼（Boltzmann）常数；T 为材料的温度。

在特定的环境下，如果进行足够多次的转换，系统将趋于能量较低的平衡态，此时，材料处于状态 i 的概率服从玻尔兹曼分布，即

$$\pi_i(T) = P_T(S=i) = \mathrm{e}^{\frac{-E(i)}{KT}} \Big/ \sum_{j\in s} \mathrm{e}^{\frac{-E(j)}{KT}} \tag{9-14}$$

式中，S 为当前状态的随机变量；分母为状态空间中所有可能状态之和。在高温 T 趋于无穷大时，则有

$$\lim_{T\to 0} \pi i(T) = \lim_{T\to +\infty} \left(\mathrm{e}^{\frac{-E(i)}{KT}} \Big/ \sum_{j\in s} \mathrm{e}^{\frac{-E(j)}{KT}} \right) = \frac{1}{|S|} \tag{9-15}$$

这一结果表明在高温下所有状态具有相同的概率。

随着温度的下降，T 趋于 0℃时，则有

$$\lim_{T\to 0} \pi_i(T) = \lim_{T\to 0} \left\{ \mathrm{e}^{\frac{-[E(i)-E_{\min}]}{KT}} \Big/ \sum_{j\in s_{\min}} \mathrm{e}^{\frac{-[E(j)-E_{\min}]}{KT}} \right\} = \begin{cases} \dfrac{1}{|S|}, & i \in S_{\min} \\ 0, & \text{其他} \end{cases} \tag{9-16}$$

式中，$E_{\min} = \min_{j\in S} E(j)$ 且 $S_{\min} = \{i : E(i) = E_{\min}\}$，当温度降至很低时，材料趋向进入具有最小能量的状态。

退火过程是在每一温度下热力学系统达到平衡的过程，系统状态的自发变化总是朝着自由能减少的方向进行，当系统自由能达到最小时，系统达到平衡态。在同一温度，分子停留在能量小的状态的概率比停留在能量的大状态的概率要大。当温度相当高时，每个状态分布的概率基本相同，接近平均值 $1/|S|$，$|S|$ 为状态空间中状态的个数。随着温度下降并降至很低时，系统进入最小能量状态。当温度

趋于 0℃时，分子停留在最低能量状态的概率趋于 1。

二、模拟退火算法的步骤与结构

模拟退火算法由某一较高初温开始，利用具有概率突跳特性的 Metropolis 抽样策略在解空间中进行随机搜索（为了避免局部搜索过程陷入局部最优解最小，模拟退火允许产生“爬山运动”，即转移到高代价的解，称之为“突跳性搜索”，与传统的“瞎子爬山”明显不同），伴随温度的不断下降的重复抽样过程，最终得到问题的全局最优解。

标准模拟退火算法的一般步骤可描述如下。

（1）给定初温 T=T_0（充分大），随机产生初始状态 S=S_0（算法迭代的起点），令 K=0。

（2）重复抽样。① 重复抽样：产生新状态 S_j=Genete（S），计算增量 $C(S_j)-C(S)$，其中 C(·)为评价函数，If $\min\left\{1,\exp[-(C(S_j)-C(S))/T_K]\right\}\geqslant \mathrm{random}[0,1]$，$S=S_j$，Until 抽样稳定准则满足；② 退温 $T_{K+1}=\mathrm{update}(T_K)$，并令 K=K+1。

（3）满足 Until 算法终止准则。

（4）输出搜索结果。

上述模拟退火算法的流程框架图如图 9-6 所示。

例 9-3　试用模拟退火算法求解以下优化问题，并将计算结果与单纯形法的计算结果进行对比。

目标函数：

$$\max f(X)=2x_1+3x_2$$

约束条件

$$\begin{cases}x_1+2x_2+x_3=8\\4x_1+x_4=16\\4x_2+x_5=12\\X=(x_1,x_2,\cdots,x_5)T\geqslant 0\end{cases}$$

由单纯形表法可得 $X=(4,2,0,0,4)^{\mathrm{T}}$，$f(X)=14$。

利用模拟退火算法（Yang，2010）求解结果的准确性与决策变量的取值范围相关。当 $x_1\in[0,4]$、$x_2\in[0,3]$、$x_3\in[0,0.1]$、$x_4\in[0,1]$、$x_5\in[0,8]$ 时，$X=(3.9653,1.8716,0.0613,0.0673,4.4769)^{\mathrm{T}}$，$f(X)=13.5455$；当 $x_1\in[0,4]$、$x_2\in[0,3]$、$x_3\in[0,0.1]$、$x_4\in[0,1]$、$x_5\in[0,4]$ 时，$X=(3.9717,2.0200,0.0653,0.0827,3.9624)^{\mathrm{T}}$，$f(X)=14.0034$（由等式约束条件采用近似相等导致）。

模拟退火算法往往得不到全局最优解或者算法结果存在波动性，其结果与初始值关系密切，虽然模拟退火算法的通用性强，但要真正取得质量和可靠性高、初值鲁棒性好的效果，尚需采用改进后的模拟退火算法。

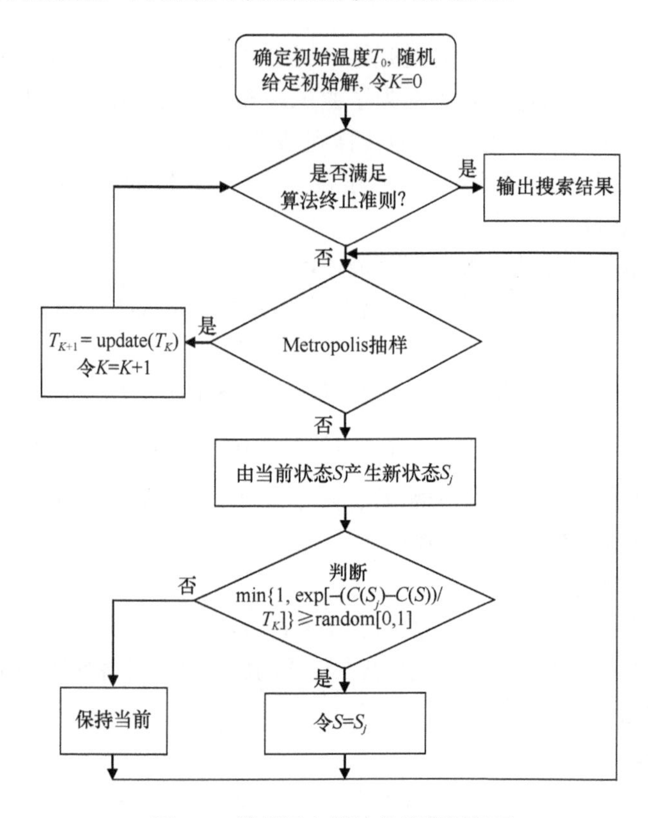

图 9-6　模拟退火算法的流程框架图

第五节　粒子群优化算法

粒子群优化（particle swarm optimization，PSO）算法是 1995 年由美国社会心理学家 J. 肯尼迪（J. Kennedy）和电气工程师 R. 埃伯哈特（R. Eberhart）共同提出的（Kennedy and Eberhart，1995），其基本思想是利用生物学家 F. 赫普纳（F. Heppner）的生物群体模型，模拟鸟类群体觅食行为的仿生智能行为的进化算法。粒子群优化算法具有的特点有：①编程简单，参数少，效率高；②优化结果对初始点位置的依赖性弱；③对目标函数的性质不要求可微或连续；④时间复杂度低。因此在众多优化求解问题（包括水资源优化配置与调度）中得到了广泛应用。

一、粒子群优化算法的基本原理

自然界中许多生物体都具有群聚生存、活动行为，以利于它们捕食及逃避追捕。因此，通过仿生智能行为的进化算法研究鸟类群体的行为时，有以下三条基本准则：①飞离最近的个体，以避免碰撞；②飞向目标（食物源、栖息地、巢穴等）；③飞向群体的中心以避免离群。鸟类在飞行过程中是相互影响的，当一只鸟飞离鸟群而飞向栖息地时，将影响其他鸟也飞向栖息地。鸟类寻找栖息地的过程与对一个特定问题寻优的过程相似。鸟的个体与周围同类比较，模仿优秀个体的行为，因此要利用其解决优化问题，关键要处理好探索一个好解与利用一个好解之间的平衡关系，以解决优化问题的全局快速收敛问题。这样要求鸟的个体具有个性，鸟不互相碰撞，又要求鸟的个体知道其他已找到好解的鸟并向它们学习。在粒子群优化算法框架下，学习是一个核心概念，任何个体都处于某个社会结构中，除依靠自身的经验进行学习外，还要向所处社会的优秀个体学习。

假设有一群鸟在只有一块食物的区域内随机搜捕食物，所有鸟都不知道食物的位置，但它们知道当前位置与食物的距离，则最为简单而有效的方法是搜寻目前离食物最近的鸟所在的区域。每个优化问题的解都是搜索空间中的一只鸟，把鸟视为空间中的一个没有质量和体积的理想化质点，称为粒子，每个粒子都有一个由优化函数决定的适应值，还有一个速度决定它们的飞行方向和距离。粒子们通过追随当前的最优粒子在解空间中搜索最优解。

设 n 维搜索空间中粒子 i 的当前位置 X_i、当前飞行速度 V_i 及所经历的最好位置 P_i（即具有最好适应值的位置）分别表示为

$$X_i=(x_{i1},x_{i2},\cdots,x_{in}) \tag{9-17}$$

$$V_i=(v_{i1},v_{i2},\cdots,v_{in}) \tag{9-18}$$

$$P_i=(p_{i1},p_{i2},\cdots,p_{in}) \tag{9-19}$$

对于最小化问题，若 $f(x)$ 为最小化问题的目标函数，则粒子 i 的当前最好位置确定为

$$P_i(t+1)=\begin{cases}P_i(t),\ f[X_i(t+1)]\geqslant f[P_i(t)]\\ X_i(t+1),\ f[X_i(t+1)]<f[P_i(t)]\end{cases} \tag{9-20}$$

设群体中的粒子数为 S，群体中所有粒子经过的最好位置为 $P_g(t)$，称为全局最好位置，即为

$$\begin{aligned}P_g(t)\in\{P_0(t),P_1(t),\cdots,P_s(t)\}\,\big|\,f[P_g(t)]\\ =\min\{f[P_0(t)],f[P_1(t)],\cdots,f[P_s(t)]\}\end{aligned} \tag{9-21}$$

粒子群优化算法中粒子 i 的进化方程可描述为

$$v_{ij}(t+1)=C_0v_{ij}(t)+C_1r_{1j}(t)[P_{ij}(t)-x_{ij}(t)]+C_2r_{2j}(t)[P_{gj}(t)-x_{ij}(t)] \tag{9-22}$$

$$xi_j(t+1)=x_{ij}(t)+v_{ij}(t+1) \tag{9-23}$$

式中，$v_{ij}(t)$ 为粒子 i 第 j 维 t 代的运动速度；C_0 为惯性系数（权重），其大小决定粒子对当前速度继承了多少；C_1、C_2 均为加速度常数（也可称之为个体认知因子和社会学习因子）；r_{1j}、r_{2j} 为两个相互独立的随机数［一般可取区间（0，1）均匀分布的随机数］；$P_g(t)$ 为全局最好粒子的位置。式（9-22）描述了粒子 i 在搜索空间中以一定的速度飞行的过程，这个速度要根据本身的飞行经历［式（9-22）中右边的第 2 项，也可理解为个体认知，表示粒子本身的思考，即综合自身以往的经历，对下一步行为进行决策，反映个体增强学习的过程］和同伴的飞行经历［式（9-22）中右边的第 3 项，也可以理解为社会学习，表示粒子间的信息共享与相互合作］进行动态调整，另外，式（9-22）中右边的第 1 项为粒子先前的速度继承（表示粒子对当前自身运动状态的信任，有时候也可理解为依据自身的速度进行的惯性运动）。因此可以看出，在搜索过程中，粒子一方面记忆自身的经验，另一方面考虑同伴的经验，当单个粒子察觉到同伴经验比较好的时候，其进行适应性的调整以寻求一致的认知过程。

二、基本粒子群优化算法的步骤与流程

PSO 算法模拟鸟群捕食的群体智能行为，从而研究连续变量的最优化问题。在问题求解中，每个粒子以其几何位置与速度向量表示，每个粒子参考既定方向，所经历的最优方向和整个鸟群公认的最优方向来决定自己的飞行。每个粒子 X 的基本属性（位置和速度）可表示为

$$X=\langle p,v\rangle=\langle \text{几何位置，速度向量}\rangle \tag{9-24}$$

PSO 算法的基本步骤可描述如下。

（1）初始化。构造初始粒子群体，随机产生 n 个粒子 $X_i=\langle p_i,v_i\rangle$，$i=1,2,\cdots,n$

$$\begin{aligned}X(0)&=[X_1(0),X_2(0),\cdots,X_n(0)]\\&=\{\langle p_1(0),v_1(0)\rangle,\langle p_2(0),v_2(0)\rangle,\cdots,\langle p_n(0),v_n(0)\rangle\}\end{aligned} \tag{9-25}$$

（2）选择。①选择 $X(t)$ 中的每一个个体；②求出每个粒子 i 到目前为止所找到的最优粒子 $X_{ib}(t)=[p_{ib}(t),v_{ib}(t)]$；③求出当前种群 $X_{gb}(t)$ 到目前为止所找到的最优粒子 $X_{gb}(t)=\langle p_{gb}(t),v_{gb}(t)\rangle$。

（3）繁殖（更新粒子状态）。对于每个粒子 $X_i=\langle p_i,v_i\rangle$，令

$$p_i(t+1)=p_i(t)+\alpha v_i(t+1) \tag{9-26}$$

$$v_i(t+1)=C_0v_i(t)+C_1r_1(0,1)[P_{ib}(t)-P_i(t)]+C_2r_2(0,1)[P_{gb}(t)-P_i(t)] \tag{9-27}$$

由此形式，第$t+1$代粒子群为

$$\begin{aligned}X(t+1)&=[X_1(t+1),X_2(t+1),\cdots,X_n(t+1)]\\&=\{[p_1(t+1),v_1(t+1)],[p_2(t+1),v_2(t+1)],\cdots,[p_n(t+1),v_n(t+1)]\}\end{aligned} \tag{9-28}$$

（4）终止检验。如果$X(t+1)$已产生满足精度的近似解或达到进化代数的要求，则停止计算，并输出$X(t+1)$最佳个体为近似解。否则，令$t=t+1$转入第（2）步。

在式（9-27）中$r_1(0,1)$及$r_2(0,1)$分别表示（0，1）中均匀分布的随机数，C_1和C_2一般在0～2取值。惯性系数（权重）C_0使粒子保持运动惯性，使其有扩展搜索空间的趋势，有能力探索新的区域，故选择一个合适的惯性系数C_0有助于PSO算法均衡它的探索能力和开发能力，也就是平衡全局和局部搜索的能力，C_0较大有利于全局寻优，而C_0较小则有利于局部寻优。因此，如果在迭代计算的过程中设定C_0线性递减，则PSO算法在开始时具有良好的全局搜索性能，能够迅速定位到接近全局最优点的区域，而在后期具有良好的局部搜索性能，能够精确地得到全局最优解，线性递减公式可表示为

$$C_0=C_{0\text{start}}-\frac{C_{0\text{start}}-C_{0\text{end}}}{t_{\max}}\times t \tag{9-29}$$

式中，$t_{\max}$为最大迭代次数；t为当前迭代次数；$C_{0\text{start}}$为初始惯性系数（权重）；$C_{0\text{end}}$为终止惯性系数（权重）。可采用随机的惯性系数（权重）如$C_0\sim r(0.5,1)$，r是指0.5～0.1均匀分布的随机数，也可取得较好的结果。

PSO算法中粒子飞行方向的校正示意如图9-7所示，图中$P_i(t)$为粒子i当前所处的位置；$P_{ib}(t)$为粒子i到目前为止找到的最优粒子位置；$P_{gb}(t)$为当前种群$X(t)$到目前为止找到的最优位置；$v_i(t)$为粒子i当前飞行速度。

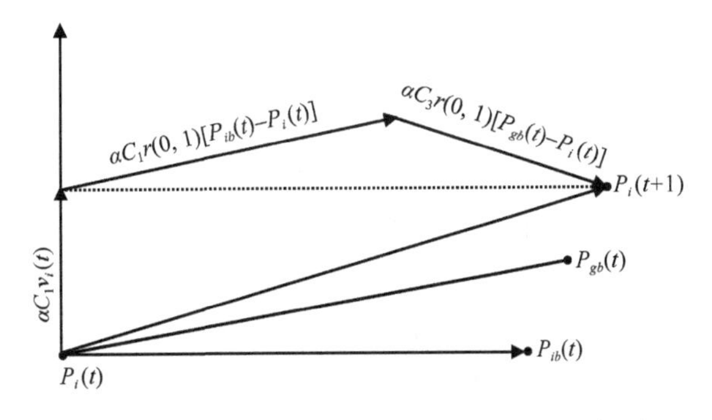

图9-7　PSO算法中粒子飞行方向的校正示意图

PSO 算法的流程图如图 9-8 所示。

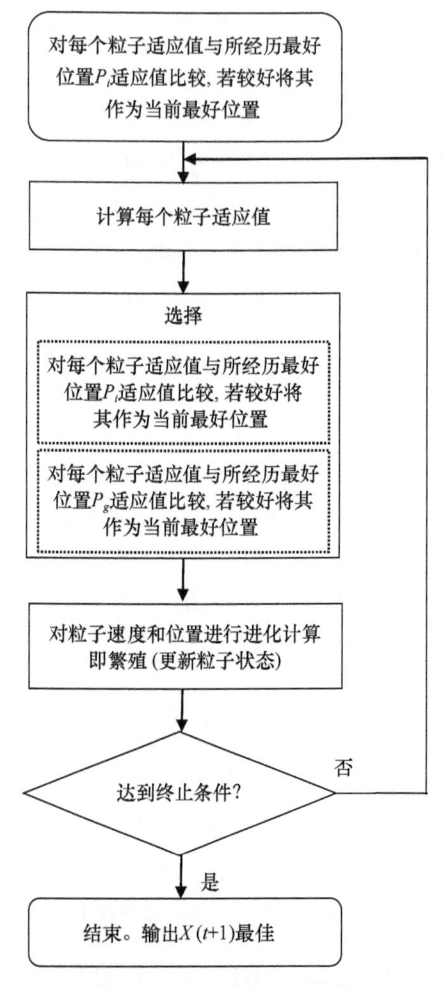

图 9-8　PSO 算法的流程图

例 9-4　用 PSO 算法求解 Schaffer 函数：

$$\min f(x_1,x_2)=0.5+\frac{\left(\sin\sqrt{{x_1}^2+{x_2}^2}\right)^2-0.5}{\left[1+0.001\left({x_1}^2+{x_2}^2\right)\right]^2}，\quad -10.0\leqslant x_1,x_2\leqslant 10.0$$

该函数的特点是一个二维复杂函数，具有无数个极小值点（图 9-9），在（0，0）处取得极小值 0，由于该函数具有强烈震荡的形态，因此很难找到全局最优。

采用 PSO 算法得到的求解过程如图 9-10 所示，结果为 $X=(-2.51\times10^{-9}$，$-3.29\times10^{-9})$。

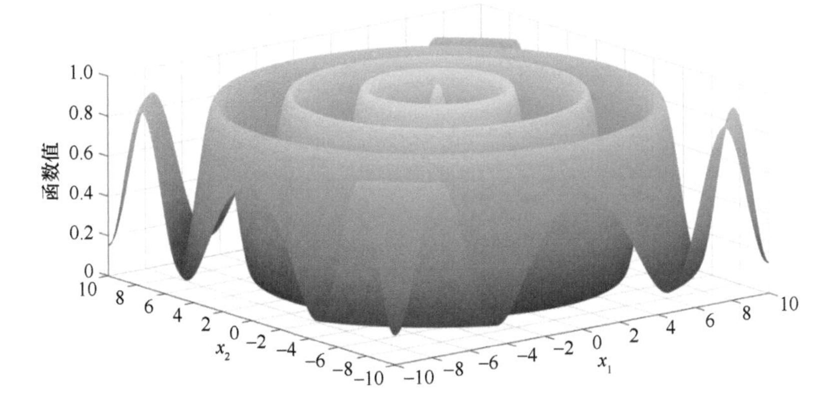

图 9-9 Schaffer 函数图

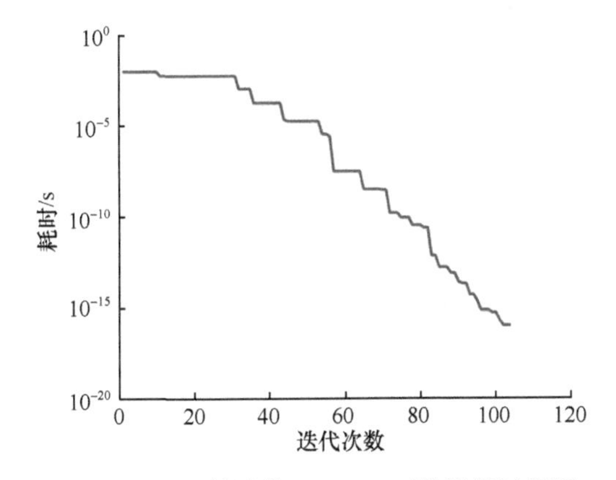

图 9-10 PSO 算法的 Schaffer 函数迭代过程图

例 9-5 用 PSO 算法求解以下多目标优化 Srinivas 测试函数：

$$\min F\left(f_1, f_2\right)=\begin{cases} f_1(x_1, x_2)=(x_1-2)^2+(x_2-1)^2+2 \\ f_2(x_1, x_2)=9x_1-(x_2-1)^2 \end{cases}$$

约束条件为

$$-20 \leqslant x_1, x_2 \leqslant 20;\ x_1{}^2+x_2{}^2-225 \leqslant 0;\ x_1-3x_2+10$$

Srinivas 测试函数的求解结果如图 9-11 所示需要指出的是，除了本章中介绍的遗传算法、第二代非支配排序遗传算法、模拟退火算法、粒子群优化算法外，智能优化算法还有蚁群优化算法（dorigo et al.，1991）、免疫算法（如克隆选择算法）（de Castro and von Zuben，2002）和声算法（Geem et al.，2002；刘德地等，2011）等大量的智能优化算法，Eskandar 等（2012）甚至通过模仿自然界中的水循环过程，提出了水循环优化算法。从智能优化算法研究的当前发展趋势来看，不同的设计思想还会继续催生大量新的智能优化算法，智能优化的过饱和时代

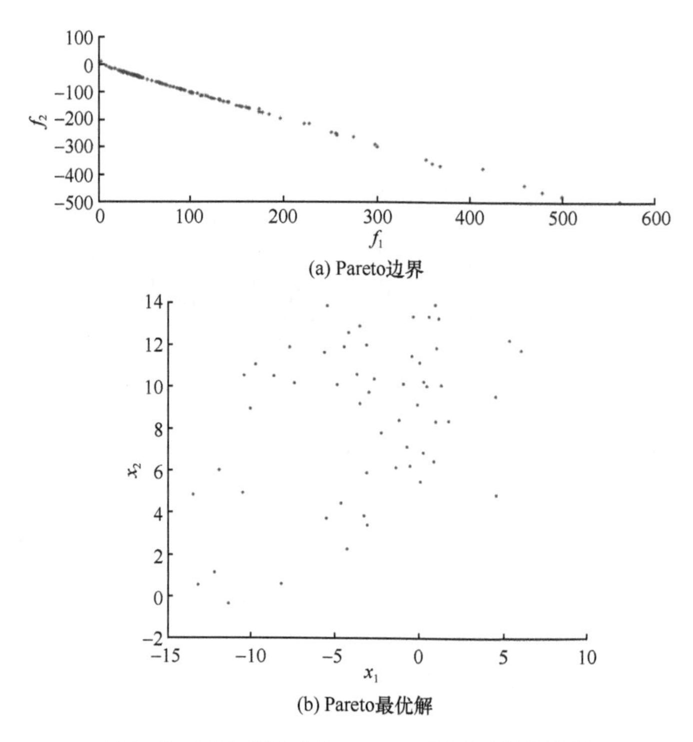

(a) Pareto边界

(b) Pareto最优解

图 9-11　PSO 算法求解 Srinivas 测试函数的结果

已经显现，甚至有很多学者对一些"新概念"算法是否真的新以及对这些新算法的研究意义提出了质疑。对于任何一种搜索优化算法而言，无论它是传统方法还是现代方法，也无论它产生于数学规划领域还是计算智能领域，其本质都是一种解空间的采样方法。什么样的问题适合采用什么样的采样方法需要依据问题而定，并且无免费午餐定理表明没有算法能够在所有可能的优化问题上保持最佳性能。目前智能优化算法也无法确定某一种优化算法在解决哪些问题时能保持最佳性能或哪些问题保持最差性能。因此，尽管大多数智能优化算法在水资源规划与调度中已有广泛应用，但不同水资源配置模型考虑的目标与约束存在差异，常需根据实际情况建立优化模型，并针对优化模型的特点选择合适的智能优化算法进行问题的求解。同时智能优化算法的研究方面还需更加深入研究。

习　题

1. 试利用模拟退火算法求解例 9-1 和例 9-2 中的水资源优化配置问题，并分析优化结果的稳定性与哪些因素有关。

2. 试利用粒子群优化算法求解例 9-1 和例 9-2 中的水资源优化配置问题，并分析优化结果的稳定性与哪些因素有关。

3. 试利用遗传算法与 NSGA-Ⅱ求解例 9-3、例 9-4 和例 9-5 中的测试函数，并从计算效率、计算结果的精度方面比较不同优化算法的优缺点。

参 考 文 献

程声通, 陈毓龄. 1990. 环境系统分析. 北京: 高等教育出版社.

付强, 戴长雷, 王斌, 等. 2012. 水资源系统分析. 北京: 中国水利水电出版社.

高云芳, 郭芳芳, 张媛媛, 等. 2020. 黄河三角洲滨海湿地经济·生态·社会功能综述. 安徽农业科学, 48(23): 23-27.

胡明秀. 2004. 我国水资源现状及开发利用对策. 武汉工业学院学报, (1): 104-108.

金笙. 2011. 北京市节水草坪用水量预测及推广对策研究. 北京: 北京林业大学.

雷英杰, 张善文, 李续武, 等. 2014. MATLAB 遗传算法工具箱及应用. 2 版. 西安: 西安电子科技大学出版社.

李敏强, 寇纪淞, 林丹, 等. 2002. 遗传算法的基本理论与应用. 北京: 科学出版社.

李士勇. 2012. 智能优化算法原理与应用. 哈尔滨: 哈尔滨工业大学出版社.

刘德地, 王高旭, 陈晓宏, 等. 2011. 基于混沌和声搜索算法的水资源优化配置. 系统工程理论与实践, 31(7): 1378-1386.

梅亚东, 高仕春, 付湘, 等. 2017. 水资源规划与管理. 北京: 中国水利水电出版社.

尚松浩. 2006. 水资源系统分析方法与应用. 北京: 清华大学出版社.

王凌. 2001. 智能优化算法及其应用. 北京: 清华大学出版社, 施普林格出版社.

吴春艳, 轩春怡, 刘中丽. 2009. 气候变化对北京市水资源可持续利用的影响及对策. 中国农业气象, 30(S2): 200-204.

西蒙 H A. 2013. 管理行为. 詹正茂, 译. 北京: 机械工业出版社.

熊伟. 2014. 运筹学. 3 版. 北京: 机械工业出版社.

杨春杰. 2010. 吉林省粮食生产可持续发展研究. 长春: 吉林大学.

姚世祥, 张超. 1987. 水资源系统分析及应用. 北京: 清华大学出版社.

叶秉如. 2001. 水资源系统优化规划和调度. 北京: 中国水利水电出版社.

袁宏远, 邵东国, 郭宗楼. 2000. 水资源系统分析理论与应用. 武汉: 武汉水利电力大学出版社.

苑希民, 李鸿雁, 刘树坤, 等. 2002. 神经网络和遗传算法在水科学领域的应用. 北京: 中国水利水电出版社.

《运筹学》教材编写组. 2005. 运筹学. 北京: 清华大学出版社.

张华, 鹿爱莉. 2002. 全球水资源及其利用状况. 国土资源, (1):24-27.

张文修, 梁怡. 2003. 遗传算法的数学基础. 2 版. 西安: 西安交通大学出版社.

郑金华, 邹娟. 2017. 多目标进化优化. 北京: 科学出版社.

de Castro L N, von Zuben F J. 2002. Learning and optimization using the clonal selection principle. IEEE Transactions on Evolutionary Computation, 6(3): 239-251.

Deb K, Agrawal S, Pratap A, et al. 2000. A fast elitist non-dominated sorting genetic algorithm for multi-objective optimization: NSGA-Ⅱ. International Conference on Parallel Problem Solving from Nature, 1917: 849-858.

Dorigo M, Maniezzo V, Colorni A. 1991. Positive Feedback as a Search Strategy. Milan: Politecnico di Milano.

Eskandar H, Sadollah A, Bahreininejad A, et al. 2012. Water cycle algorithm—A novel metaheuristic optimization method for solving constrained engineering optimization problems. Computers & Structures, 110-111(1): 151-166.

Geem Z W, Kim J H, Loganathan G V. 2002. Harmony search optimization: Application to pipe network design. International Journal of Modelling & Simulation, 22(2): 125-133.

Goldberg D E. 1989. Genetic Algorithms In Search, Optimization, and Machine Learning. Reading: Addison-Wesley.

Kang Y H, Zhang Z, Huang W. 2009. NSGA-Ⅱ Algorithms for Multi-objective Short-term Hydro-thermal Scheduling. 2009 Asia-Pacific Power and Energy Engineering Conference: 1-5.

Kennedy J, Eberhart R. 1995. Particle swarm optimization. Proceedings of IEEE International Conference on Neural Networks, 4: 1942-1948.

Kim T, Heo J H, Bae D H, et al. 2008. Single-reservoir operating rules for a year using multiobjective genetic algorithm. Journal of Hydroinformatics, 10(2): 163-179.

Kim T, Heo J H, Jeong C S. 2006. Multireservoir system optimization in the Han River basin using multi-objective genetic algorithms. Hydrological Processes, 20(9): 2057-2075.

Kirkpatrick S, Gelatt C D, Vecchi M P. 1983. Optimization by simulated annealing. Science, 220: 671-680.

Kuo J T, Cheng W C, Chen L. 2003. Multiobjective water resources systems analysis using genetic algorithms—application to Chou-Shui River Basin, Taiwan. Water Science & Technology, 48(10): 71-77.

Liu D D, Guo S L, Shao Q X, et al. 2014. Optimal allocation of water quantity and waste load in the Northwest Pearl River Delta, China. Stochastic Environmental Research & Risk Assessment, 28(6): 1525-1542.

Metropolis N, Rosenbluth A W, Rosenbluth M N, et al. 1953. Equation of state calculations by fast computing machines. Journal of Chemical Physics, 21: 1087-1091.

Mitra K, Deb K, Gupta S K. 1998. Multiobjective dynamic optimization of an industrial nylon 6 semibatch reactor using genetic algorithm. Journal of Applied Polymer Science, 69(1): 69-87.

Mujumdar P P, Subbarao Vemula V R. 2004. Fuzzy waste load allocation model: Simulation-optimization approach. Journal of Computing in Civil Engineering, 18(2): 120-131.

Panda S. 2010. Application of non-dominated sorting genetic algorithm-Ⅱtechnique for optimal FACTS-based controller design. Journal of the Franklin Institute, 347(7): 1047-1064.

Prasad T D, Park N S. 2004. Multiobjective genetic Algorithms for design of water distribution networks. Journal of Water Resources Planning & Management, 130(1): 73-82.

Reddy M J, Kumar D N. 2006. Optimal reservoir operation using multi-objective evolutionary algorithm. Water Resources Management, 20(6): 861-878.

Reed P M, Minsker B S. 2004. Striking the Balance: Long-term groundwater monitoring design for conflicting objectives. Journal of Water Resources Planning & Management, 130(2): 140-149.

Schaffer J D. 1985a. Multiple Objective Optimization with Vector Evaluated Genetic Algorithms. Pittsburgh: Proceedings of the 1st International Conference on Genetic Algorithms.

Schaffer J D. 1985b. Some Experiments in Machine Learning Using Vector Evaluated Genetic Algorithms. Tennessee: Vanderbilt University.

Srinivas N, Deb K. 1994. Muiltiobjective optimization using nondominated sorting in genetic algorithms. Evolutionary Computation, 2(3): 221-248.

van Veldhuizen D A, Lamont G B. 2000. Multiobjective optimization with messy genetic algorithms.

Proceedings of the 2000 ACM Symposium on Applied Computing, 1: 470-476.
Vavrina M A. 2008. A Hybrid Genetic Algorithm Approach to Global Low-thrust Trajectory Optimization. West Lafayette: Purdue University.
Weile D S, Michielssen E, Goldberg D E. 1996. Genetic algorithm design of Pareto optimal broadband microwave absorbers. IEEE Transactions on Electromagnetic Compatibility, 38(3): 518-525.
Yang X S. 2010. Engineering Optimization: An Introduction with Metaheuristic Application. New York: John Wiley & Sons: 270-271.
Zitzler E, Thiele L. 1998. Multiobjective optimization using evolutionary algorithms—A comparative case study//Eiben A E, Bäck T, Marc Schoenauer M, et al. Parallel Problem Solving from Nature—PPSN V. Berlin: Springer: 292-301.